民國園藝史料匯編 2

《民國園藝史料匯編》編委會 編

第2輯

江蘇人民出版社

第二册

種粟法

許心芸 著

商務印書館
民國十九年

種栗法

許心芸著

農學小叢書

種栗法

目錄

種栗法

第一章　緒言

吾國所產著名重要之果樹，除桃、梨、柿、橘與蘋果等類以外，栗亦爲其中最主要者之一。其樹性之強健，樹命之綿長，果實產量之豐盛，及耐貯藏，便搬運等特性，實可與桃、梨、柿、橘等並駕齊驅。有志於斯者，如闢地開園，施行專業之栽培，加以精密之管理，必可獲厚利。

栗之用途甚爲廣大，其果實除供生食以外，或供炒食，或供煮食；並可與雞魚肉等混和烹調，以增美味；又可製成罐頭食物，運銷各地。其他如磨粉，造餡等項，亦有應用栗之果實者。栗之木材，質地堅實，並富於耐久之性質，尤富抵抗水溼之能力，故通常除供薪炭外，尙可供建築及鐵道枕木之用。其他如製造各種器具時，應用亦多。

果樹一類中，對於氣候土質影響較少，在任何場所，俱能生育結實，少遇病蟲之害，而管理方法，又極簡單者，當首推栗樹。故欲從事栽培，無須多量之資本；即普通農家，略闢地畝栽培之，僅於農暇，對於培肥、剪定、整枝、病害之預防與蟲害之驅除等項，稍加注意，即可得佳果。誠爲農家最適宜之副業也。

考吾國從來所稱之果樹，大抵皆指桃、梨、柿、橘與蘋果等類而言。對於栽培簡易之栗，殆皆視同林木。所產果實，亦常被誤認爲森林植物之副產物。因之栽培者，皆毫不關心，每每任其混植於林地中，或於宅旁隙地及田隅，栽植一二本。管理方法完全與林木同，多任其自然生長，從無特闢園地，施行合理之栽培及精密之管理者。甚至目擊病害之襲來，蟲害之蔓延，亦置之不顧，一若無甚輕重者；因之栗之產額，至今未能豐盛。且因病蟲之侵害，栗樹中途枯死者亦常有之。大好農產，任其不振，良堪惋惜。推原其故，在栽培者不明夫栽培之法耳。吾國幅員廣闊，氣候和暖，最適於栗之栽培，皺能利用科學新法以改良栗之栽培，則產額之鉅，獲利之豐，可預卜也。

第二章　性狀

栗在植物學上之位置，屬殼斗科（Fagaceæ）栗屬（Castanea），其結實上相關之部分——最主要共有三部，茲特分述如下：

（一）花　栗之花，概爲單性花。普通大小蕊花，多發生於同一種枝之上。小蕊花於發育旺盛之幼樹上，有自葉腋以外發生者，然普通則多發生於前年生枝梢之頂端及其鄰近二三芽所伸出新梢之葉腋間。其發生之位置，通常多在第二或第三節連續至上方五六節或八九節各處。小蕊花爲穗狀花序，其長度常依品種而無一定，普通者長約三寸至五寸，長者達八九寸者亦有之。一個花穗之上，常著生五十以上至百餘朶之小花。此小花卽爲一個單花。花花被凡六片，花被之內，生有十餘本之長小蕊。每年於五月下旬至六月上中旬開白色之花。其花常自穗之下方次第開至上方。全樹之花，則多爲在基部者先開，次第開至先端。

第一圖　栗之開花狀態

一、果枝。
二、小蕊花
三、大蕊花
四、小蕊花擴大
五、除去總苞之大蕊花羣
六、小蕊花羣附著花穗上之一部

大蕊花常發生於小蕊花羣中，佔先端之位置，或較最先端次一位之花穗基部上。數僅一枚，生二枚者甚少；於勢力纖弱之枝梢上，僅著小蕊花不生大蕊花者亦有之。大蕊花形若酒瓶，最外部有許多綠色之鱗片，圍繞花羣，稱曰總苞。內部有三枚大蕊花，並列成一花羣。各大蕊花具有六裂綠色之花被。花被中央，具六本至八本之細長之花柱。子房凡六室，各室之中，普通藏有胚珠二枚。

（二）果實　栗之果實，俗呼栗子，外包以毬。毬綠色，上生長銳之刺。毬之裏面，生有毛茸。待果實成熟時，毬之頂端，自能開裂。裂形不一，或作十字形，或作丁字形，或作一字形。就中以作十字形開裂者爲最多，丁字形次之，一字形又次之。毬開裂後，果實自能散出。一毬中所含果實之數，普通常爲三枚，就中四五枚者亦有之。各果皆並列著生；其位在中央者，稱曰中果，位在兩側者，稱曰側果。中果與側果之形狀各不相同：中果之形扁平而狹，側果則一面平坦，一面帶圓，一見甚易識別。果實之殼，卽爲果皮。無外果皮、中果皮、與內果皮之分。質薄而堅，表面光滑，有絨毛，並有縱線，生時蒼白色，至成熟以後，則呈褐色。與刺毬附著之部，表面粗糙，作粟粒狀，稱爲毬附部。此部四周，有放射線。果皮內面，又有絨毛，甚爲明顯。

果皮之內，卽爲種子。種子質軟，形狀肥大。分種皮與胚二部，無胚乳，故稱無胚乳種子。種皮卽外層之薄膜，紫褐色，可以剝離；若剝去種皮，露出黃白色之物質，卽爲胚。胚大，子葉兩片亦大，常合爲一塊，有裂痕，可依痕剖開。其大小略異。發芽時所用之養料，卽藏在子葉之中，吾人日常食用之部，卽胚是也。

(三)枝　栗之枝，與結果有關係者爲結果枝，與發育有關係者曰發育枝。發育枝更細別之，有翌年能發生結果枝者，謂之種枝；有徒長過盛，不能發生結果枝者，謂之徒長枝；有勢力孱弱微小者，謂之弱枝。本年結果之結果枝，至翌年發芽伸長時，不能再生結果枝，其狀絕類休止。但勢力旺盛者有時亦能再生結果枝。至前年並不結實之發育枝，如勢力仍旺盛，則花芽因不能充實，或養分貯藏較少之故，結果枝之發生亦必稀少。至矮小微弱之發育枝，則可不必望其發生結果枝矣。普通多以一尺以下，發育中等，伸長健全者，則大抵可成種枝而發生結果枝。如就種枝上發生結果枝之狀態觀之，結果枝係以種枝之頂芽及其附近之二三芽所伸出者為限，其下皆不能發生結果枝。故於一枝種枝之上，所發生結果枝之數，以一枝至三枝為最普通。

第三章　栗與風土之關係

(一)氣候上之關係

栗可稱爲世界的樹木，自亞洲至歐洲與美洲各處，無不栽培。我國地處温帶，爲栽培栗樹最良好之區域，頗有到處産栗之傾向。因栗喜發生於氣候温和之處故也。在北緯四十度至四十二度以北之地，雖能生育無礙，然皆不利於結實。因果實發育期中，如遇温度不足，往往阻礙發育，不免未成熟而脱落。由此可知氣候中温度之高低，最能影響結實作用，而於發育作用，關係較少。

栗對於氣候上之關係，除卻温度之高低以外，對於氣候之乾溼，尤以降雨之多少，其關係愈較前者爲大。因栗之開花期，適爲梅雨初期，如期中多雨，往往妨礙受精，難於結實。然於八月之乾燥期間，卻多望其降雨，因極端乾燥，亦致樹勢衰弱，有時竟有枯死之憂。從事斯業者，一屆乾燥之期，即宜敷草，以防乾燥。

風對於栗之栽培上，亦具有重要之關係。因栗多植於傾斜之地，其樹姿帶喬木性，概以高達丈餘者爲最多，故易受風害；九月前後，如有暴風襲來，未熟之果，尤易摧墜地上，甚至枝梢折傷者有之。故栽培者，宜於栽植之際，先行避去暴風襲來之方向方佳。

(二)地勢上之關係

種栗之初，最宜注意者，爲栽植地之選定，卽宜利用傾斜地乎？抑選擇平坦地乎？此須依照該地方情形而定。照普通而論，在地價低廉，地積廣大之處，宜選平坦之地，否則則宜利用傾斜地。惟栗之栽培極易，卽僅利用傾斜之地，亦無不合。惟傾斜之方向，對於栗之發育，頗有顯著之差異。此因傾斜方向，對於土質之乾燥，暴風之襲來，有密切之關係也。據利害最著之方向而言，大概西南向者之傾斜地，日光照射雖得充分，温度雖得較高，然遇夏季乾燥較甚時，往往易受旱魃之災，害及樹勢，甚者竟至枯死，且受暴風之害，亦數見不鮮。西向之傾斜地，與西南向者相同，亦往往易受旱魃與暴風之害，故西南向與西向之傾斜地，皆不適栽培栗樹之用。反之，在東北向與北向之傾斜地，温度光線，雖不充分，然因風害較少，夏季旱魃爲災較輕，故有較西南向與西向者遠勝之勢。就中惟東南向與東向之地，因常能受着日光之照射，不失於過乾，又不失諸過溼，故爲栽培上最良好之地勢。傾斜地所受各種影響，常隨傾斜度之增進而增大，故傾斜之度，以在十度以內者爲最合；又在十度以上，如能開設廣大之階段者，則常較任其傾斜而栽植者所受之影響少。平坦之地，往往排水不良，土質過溼，故當栽栗於平坦地上時，首宜講求排水之方法，或設明溝，或埋暗渠，宣洩水分，使不致妨礙栗之根部，方稱合法。

(三) 土質上之關係

栗對於各種土質，均能生長。精言之，約以砂質壤土，礫質壤土與火山灰土等最爲相宜。惟對於土質之乾溼，則影響頗大。例如排水佳良，固極需要，但一過其度，致水分缺乏之時，則往往妨害發育，阻止生長，或致果實過小，不能得充分肥大者，亦數見之。反之，排水不良，土質溼潤，地下水較高之處，則往往妨礙直根之伸長，阻害細根之發育，易犯病害，其樹勢有較失諸乾燥者更爲惡劣之傾向。

表土之深淺，對於土質之肥瘠，頗具密切之關係。據普通而論，大概表土深處，土質必甚肥沃，表土淺處，土質必甚瘠薄。栽栗之處，則以選擇肥沃之土質，即表土較深，遇旱魃而不致乾燥過甚者，最稱適宜；如瘠薄之土質，即表土較淺，致易遭旱害者，宜絕對避忌。就中尤以表土淺而心土由砂礫所成之處，其影響最大。然如遇心土膨軟，直根侵入容易之處，因得由深層吸收養分，供給水分，能維持樹勢，不受旱害，植之當亦無礙。要之：凡表土稍深，土質肥沃之處，不顧其土性如何，皆可栽栗。如得含有多少砂礫，排水佳良，乾旱時不致乾燥過甚者，則尤稱美滿。其他如栽植於瘠薄之地時，對於供給養分一端，栽培者亦須時時顧慮之。

第四章　品種

栗之品種頗多，據美國貝力教授（Prof. Bailey）之調查，知產在歐美者與產在吾國與日本者，其種類全異。茲將其分類大要記之如次：

（一）中國及日本種　此種之學名為 Castanea crenata，產於中國及日本各處，幹高達三十餘尺，葉小，葉端尖銳，有鋸齒，幼時生有毛茸，至長成以後，即行消失，僅於葉脈裏面著生微毛。達結果年齡甚早，通常於實生後六年，即能開始結實，耐寒性強，佳種也。

（二）美洲種　此種之學名為 Castanea dentata，為美洲之土著種，葉大而長，普通六吋，有時長達自六吋至十吋者有之。葉之裏面雖幼時亦無毛茸。鋸齒粗，葉之肩部甚瘦，花之香氣甚為濃厚。幹身長大，勢力旺盛者，高達百尺者有之。耐寒性極強，故能產於美國北部各地。果實形小，甘味較歐洲種強，故有甜栗之名。

(三)歐洲種　此種之學名爲 Castanea sativa。幹高約五十至八十餘尺。葉較前種稍矮小，以五至九吋者，爲最普通。嫩葉之裏面，著生多少之毛茸，至長成以後，則完全消滅。果實較前種稍大，品質甚爲優良，栽培甚廣。

第二圖　栗(美洲矮小種)

(四)美洲矮小種　此種之學名爲 Castanea pumila。幹身矮小，稀有高達五十尺者，普通其高僅達五尺至十餘尺而已。葉形甚小，長約三吋至五吋，葉之裏面，密生毛茸，鋸齒尖銳，果實極小，好生育於乾燥之傾斜地，雖岩石之地，亦能發育。較美洲種早熟，品質甚爲名貴。

以上所述者，乃分類之大略，以下當就各種中之主要品種說明之：

(一)中國種　最主要者，約有三種，分述如左：

(甲)良鄉栗　此栗以產於直隸省之良鄉縣，故名良鄉栗。樹性強健，品質優良。果實之形狀甚小，一見即得與普通之栗子相區別。頂端稍尖，帶有毛茸。肩部豐圓整正，接線整齊，毬附部大小適中，粟狀粒細小而淺，凹凸不烈，縱線不明。果皮甚薄，呈赤褐色。種皮亦薄，易於剝離，果肉黃白色，富於甘味，風味絕佳，可供生食；如用砂與糖炒過，則稱糖炒栗子，風味尤佳。

（乙）魁栗　此種品種，我國幾全土皆產之。樹性亦甚強健，品質亦頗佳良。果實之形狀甚大，頂端稍尖，帶有毛茸。肩部之開張充分，接線整齊，毬附部適中，粟狀粒較良鄉栗大，凹凸較烈，縱線稍明。果皮呈鮮麗之赤褐色，種皮之厚適中，稍帶毛茸，剝離較難。果肉黃白色，甘味亦豐，可供生食，亦可供炒食，應用甚廣。

（丙）錐栗　此種品種，產出較少，品質亦甚佳良。一毬之中，祇生一栗，有二栗者，極爲少見。形狀甚小，果實全體之形狀極似圓錐，故名錐栗。頂端尖，毛茸較前二種多，肩部殆無。毬附部大，接線亦整齊，粟狀粒細，縱線尙明瞭。果皮較良鄉栗稍厚，較魁栗稍薄，作淡赤褐色。種皮較厚，毛茸甚多。果肉作淡黃白色，可供生食。

（二）日本種　日本種中最主要者，約有八種，玆亦分述於左：

（甲）八朔早生栗　此栗爲日本最有名之品種。枝梢之發育中等，果實小，先端稍尖，肩部之開張適中，接線整齊，毬附部稍大，粟狀粒稍多。果皮赤褐色，縱線尙明瞭，果皮之厚適中，內容充實，品質佳良，每年於八月中旬成熟，收量甚豐。

(乙)足柄早生栗　此栗亦爲日本之名種。樹勢強健，枝梢之發育良好。果實之形中小，一升約有百十粒內外，重量約三十八兩內外。毬附部之大適中，接線於中央稍低，兩極較高，頂端稍尖，肩部豐圓，縱線不整，並不鮮明，色褐，有濃褐之斑紋。毬附部之大適中，粟狀粒較淺，凹凸不烈。果皮之厚適中，內容充實，呈微黃色。

(丙)彼岸栗　此栗爲日本著名之中生種。樹勢强健，發育佳良，毬作圓形，刺小而短。果實甚小，頂端微尖，肩部之開張適中，接線稍呈波狀，色澤淡褐，果面薄有毛茸，縱線密而不鮮明。果皮薄，種皮亦薄，果肉白色，風味佳良。

(丁)銀寄栗　此種亦甚著名。其樹勢甚爲強健，葉形細長。毬形中大，毬肉甚厚，裏面之毛茸甚多。果實中大，毬附部之大適中，接線鮮明，色澤甚濃，肩部之開張甚大。果皮薄，縱線不明。種皮之剝離甚易，肉質緻密，富於甘味，風味極佳。

（戊）美濃栗　此栗亦佳種。樹勢強健，枝梢粗密，毬大，形狀整正，刺甚長。果實頗大，頂端稍尖，肩部豐圓整正，色赤褐。果皮與種皮俱厚，果肉帶淡黃色，質甚緻密，甘味強，風味佳。其結果良好，隔年結果之弊較少，栽培甚易。

第三圖　岸根栗

第四圖　鹿爪栗

（己）岸根栗　此種栗爲日本地方栽培甚多之品種。樹勢強健，枝梢大而粗。毬形甚大，毬肉甚厚，裏面多毛茸。果實亦大，頂端尖，肩部之開張不甚豐圓。毬附部之大適中，接線整齊鮮明，栗狀粒粗大，縱線疎而顯明。果皮赤褐色，濃淡適中。質甚厚，種皮亦厚，果肉白色，質緻密，風味佳良。

（庚）鹿爪栗　此種栗之生長力，甚爲強健，故在日本地方，多用以爲砧木。果實亦褐，頂端尖，果皮薄，種皮亦薄，肉質緻密，風味絕佳。栽培頗易，且壽命極長。

（辛）今北栗　此栗之樹勢，甚爲強健，植於磽瘠之地，亦能結果。果實之形狀適中，果頂尖，毬附部小，色澤濃褐，頂端密生毛茸，縱線微微隆起。果皮之厚適中，種皮易於剝離。果肉緻密，肉色鮮黃，甘味甚多，風味頗佳。

(三)歐洲種　歐洲種中之品種，最主要者，約有四種，分述如左：

(甲)馬綸(Marron)栗　此種栗以法國及美國最爲賞用之品種。果實極大，形狀甚爲豐滿。果皮甚薄，種皮易於剝離，甘味甚強，品質甚優，通常於一毬中祇藏一果。

(乙)康貝爾(Combale)栗　果實甚大，呈鮮麗之褐色，外觀甚爲美麗，但於果頂部生有軟毛。此栗原產法國，於千八百七十年時，始輸入美洲，現今栽培甚盛，收量極豐。

第五圖　模範栗

(丙)利雲(Liyon)栗　果實甚大，形狀豐滿，亦佳種之一。大體與前種相類似，惟收量則比較稍少。

(丁)模範(Paragon)栗　此栗於美國各洲盛行栽培。樹勢強健，葉之鋸齒甚粗，肩部略瘦，毬形甚大，果實之形狀亦大，外貌豐圓，果頂部厚生軟毛。肉質成爲粉狀，甘味甚強，品質優良，收量甚豐，性能耐寒，栽培甚易。惟本種並非純粹之歐洲種，乃與美洲種交配而成之雜種，故一名大美栗(Great American)。

(四)美洲種　美洲種所產之果實，普通皆爲小形，樹勢則甚強健，對於寒冷之抵抗力，甚爲強大，故美國北部地方，盛行栽培。茲將其主要品種，述之如下：

(甲)哈塔威(Hathaway)栗　此種之果實，爲美洲種中之最大者。色澤鮮麗，果肉富於甘味，有時一毬之中，藏果實達七粒之多。

第六圖　哈塔威栗

(乙)庫拍(Cooper)栗　此種栗之果實，亦爲美洲種中之最大者，產量甚豐。

第五章　繁殖

栗之繁殖上，從來係專用實生法，行接木以繁殖者，比較少見；此因實生一法，不僅得結實早而收量豐富而已，且以實生之作業容易，而接木之活著困難也。然實生之栗，品質每至變劣，與其他果樹相同，故欲求其完全遺傳母樹之形質，則非施行接木法不可。惟供接木用之砧木，亦與其他果樹相同，須利用實生法以養成之。故實生一法，當養成砧木時，亦須施行之。古來供實生用之種子，常選用位在中間者一粒，謂能遺傳母樹之特性。或將殼斗中三枚之栗，盡行播下，待其發芽，將三本接合時，亦有減少變化之說。然按諸實際，此僅爲一種想像，並無何種實驗根據。惟栗之實生，較諸其他果樹（如種實較小者之果樹等）卻有變化較少之傾向。玆將栗之實生法與接木法，詳述如下：

（一）實生法

實生一法，普通於欲養成木材——卽使其形成森林——時利用之，最爲相宜。在果樹園藝上，則多數利用以養成砧木；有時欲育成新種，亦施行之。

供實生用之栗，切忌選取生育緩慢者，因常至翌年，不能卽供砧木之用故也。普通多選用大栗與中栗二種，以供實生。

播種之時期　栗之貯藏困難，至於翌春，常致大半爲害蟲所食害，難供播種，故通常有秋期播種方獲安全之說。然秋期播種者，易被鼠害，致發芽常不良。普通鑒於貯藏之艱難，在翌春播種者，時期常求較早，因播種過遲，栗受蟲害以後，則發芽亦有不良之傾向也。播種最適當之時期，爲二月中下旬；此時如欲更求安全，當先施行催芽法，再行播種。催芽之法，取選定之栗，先將其浸在微溫之水中，經過二晝夜，使其飽吸水分後，乃取出埋入於稍稍溫熱之廄肥或砂中，或於溫床之處，催其發芽。待發芽以後，再行播種，必可十分妥善。惟催芽之際，溫度切勿失諸過高，此爲最須注意之點。

播種之方法　播種之際，先當作成苗床，用條播法以播種。作苗床之際，宜將土塊細碎，畦幅以一尺五寸至二尺，最爲相宜。畦上施以適合之腐熟堆肥與大豆粕。施下以後，上面被以薄土，乃將曾施催芽法之種子，播入土內。或自貯藏所取出之栗，施用點播法，於每隔三四寸處，播下一粒，上再被以深土。播種之際，最宜注意者，卽將栗播下時，頂部與毬附部，俱宜橫向側面，因頂部上向，卽能發生幼根，有阻害發育之慮。播下以後，栗之發芽，則依催芽法之如何與播種之期節而異，普通於二月下旬至三月上旬播種者，約經三週至四週以後，卽能發芽。待芽長至三四寸時，乃將密生之部，施行間拔；發芽不良處，卽行移植；並須時時澆水，以供給其水分；爾後再施以如人糞尿之肥料二次，以期其發育至秋季落葉時，乃調查其生育之狀態，如有發育不良者，宜將其掘出，切去直根，再行假植以培養之。又凡實生一年而不經過假植者之幼苗，側根往往稀少。定植以後，如遇發育不良者，亦須經過一年之假植，方可舉行接木。

(二)接木法

栗之接木，爲果樹類之接木中最稱困難者，故當施行之際，手術必須求其熟練，否則恐致結果不佳。從來對於栗之繁殖上，祇用實生法而不採用接木法者，卽因接木之困難。其理有二：一因於栗之枝幹中，含有多量之鞣酸，當接合之際，由其分泌之結果，致接合之處，難於癒合；二因枝幹中所含之鞣酸，易與接木刀之鐵相化合，發生鞣酸鐵，以致接合不良。故當接木時，後一種原因，切宜充分注意焉。

接穗　接木用之接穗，以前年生之發育枝，擇其勢力中等者，最稱適宜。已結果之枝與發育不良之細枝弱枝，及徒長枝之過於旺盛者，俱屬不良。且當選取接穗之際，又以粗細適中，節間較短，性質充實者，方可當選。截取之際，又宜避去其先端與基部，選取中央一部，與其他果樹相同。惟栗之發育枝，即可成爲種枝者，欲得長達五六寸之良好者，甚爲困難；不能由一本採取一穗或二穗之情形甚多。故欲求得多數之接穗，當選擇樹齡幼小，品種純粹者，對於施肥剪定上，特加注意，阻止其結果，使成充實旺盛之枝梢，而爲專用之接穗焉。

接穗可於接木之前採取，或於數週以前切下，設法貯藏，以待需用。惟其切取之遲早，對於接合上，頗具莫大之關係。如失之過早，貯藏又不得法，往往水分乾枯，切口黑變，終難供需用。若失之過遲，則水分太多，接合亦甚困難。因接穗之水分，宜較砧木稍少故也。通常接木之時期，以四月上旬爲最適宜，接穗以在接木期前十日至二週左右，卽於三月上中旬採下，最稱合法。採下以後，將其埋沒於不過溼之砂中，或一半插入砂中，並貯藏於日蔭涼爽之處，方稱穩妥。

砧木　栗之接木法中所用之砧木，以實生一年或經假植二年，其直徑達五六分以上至一寸許者，最爲合式。然欲改良自然發生之野生栗時，則用一寸至二三寸許之砧木，亦無不可。若欲將三寸以上之大木，施行接木時，則宜在前一年間，先將幹身自根部切斷，使萌發新梢，再行接木。至欲同時養成多數之苗木，則以用實生苗，直徑在五六分內外者方合。栗之砧木，以居接法較揚接法爲佳，故其砧木以一年間栽植養成，擇其勢力旺盛者，施行接木，最爲安全。

接木之時期　接木之時期，雖依地方而有不同，然依通常之情形下，則以四月上中旬樹液開始循環，皮色稍帶光澤，嫩芽開始膨大時，最稱適合。如施行時期，失之過早，蘖酸之生成，常致過多，失之過遲，幹中富於水分，於接木上均屬不利。故栗之接木時期，較諸其他果樹，頗有審愼選擇之必要。

接木之方法　接木之方法，雖有種種，然接栗所常用者，則只有切接剝接二種，茲特分述如下：

(1)切接法　切接法，爲接木法中最主要者。施術時，將所選定直徑五六分以上之砧木，先在根側，將表土稍稍掘開，於表皮帶淡色處切斷。再在平滑無疵之處，用刀切下，長以八九分爲度，深以徹達木質部而止。因達於木質部後，常致鞣酸之生成過多，於接合不利也。待砧木之作業告

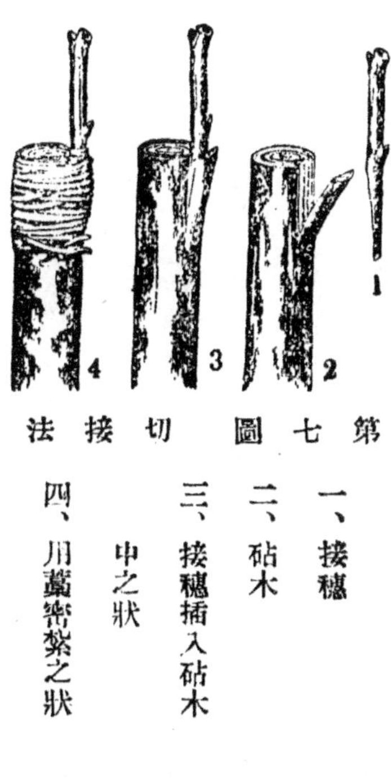

第七圖　切接法

一、接穗
二、砧木
三、接穗插入砧木中之狀
四、用藁密紮之狀

終以後，乃將接穗自貯藏所取出，用利刃截成長約二寸至三四寸，上有二芽至三四芽之小段。惟切截之際，上端宜在近芽處向芽後斜切，下端則選平滑部分一方急削，一方淺削。淺削一方，以不削及木質部爲佳。栗之新梢，其斷面雖成圓形，然木質部則恆帶方形，故當切削時，如審慎視察，能與平面平行削下，削面固得較廣，且可不致削及木質部，而致發生妨礙。接穗削成後，乃將其接合於砧木上，淺削一面，向於內方，使兩者之形成層互相密合。密合以後，即用草藁之屬，自上向下，密密緊紮。藁上再塗抹接蠟，手續即告終了。末後再用細土掩覆，至接穗不見而止，以防乾燥。栗之切接與其他果樹之切接，雖無甚大異之處。惟當施術時所宜注意者，栗之枝幹中易於發生鞣酸，故

其斷面不宜令其久曝於空氣之中，因接觸空氣愈久，鞣酸之生成愈多也。行接木法時，手術務必迅速，藁上與斷面上務須塗抹接蠟，方稱安全。如得不用草藁而用接蠟布紮縛，接蠟布上更塗以接蠟者，則更稱完善矣。

接蠟之製法　接蠟之製法，雖有種種，普通則多用蜜蠟，松香，與豬油之三種原料混合製成。其配合之法，雖隨接木之季節與果樹之種類而異，然通常則俱依左列之分量配合之：

第一種｛蜜蠟——二兩　松香——六兩　豬油——四兩

第二種｛蜜蠟——二兩　松香——四兩　豬油——一兩

調合時，先將豬油放入小鍋中，用火加熱，待其熔解後，乃加入松香，稍頃再加入蜜蠟，攪拌一回，使其均勻。待至完全溶解混和後，乃離火放冷，即可告成。如欲製成比較柔軟，用以塗抹者之接蠟，則可用蜜蠟一分，松香六分，混合加熱，攪拌均勻後，乃自火取下，注入少量之酒精，攪拌放冷，即成糊狀之接蠟，可以任意用筆塗抹，應用甚便。

接蠟布之製法　法取蜜蠟十兩，使與松香七八兩相混合，放入小鍋之中，用火加熱，使其熔解混和，再取濶約三四寸長約六尺內外者之布條，放入鍋中，至內部浸透後，即取出而擰成帶狀，置於不觸空氣處乾燥之，即可製成。不用之時，則宜在不觸空氣處貯藏之。

（2）剝接法　剝接法一名袋接法。如栗生成鞣酸較盛之樹木，當接合時，若與小刀之鐵分相接觸，常致變爲鞣酸鐵，癒合困難，故宜減少小刀與其接觸之機會。剝接法，最能適合於此等目的。惟在削接穗時，須略用小刀耳。施術時，先用小刀將接穗削成。——接穗之長短與削法，可與切接用之接穗，完全相同。——再就砧木之上，選定平滑之側面，適應接穗之闊度，用小刀劃成長達一寸內外之縱線兩條，其深以達於木質部爲度，然後用竹製之篦，徐徐插入於木質部與皮部之中間，將表皮徐徐剝下。剝下以後，即取接穗插入，使與砧木密接，再用草藁密紮，用接蠟塗抹，手續即告終了（如圖甲）。或於砧木之上，用刀僅劃縱線一條，以此線爲中心，用竹篦於皮部及木質部之間隙中，穿成狹孔，並不將皮部剝離，即將接穗插入孔內，再如法密紮塗蠟，亦稱適宜（如圖乙）。

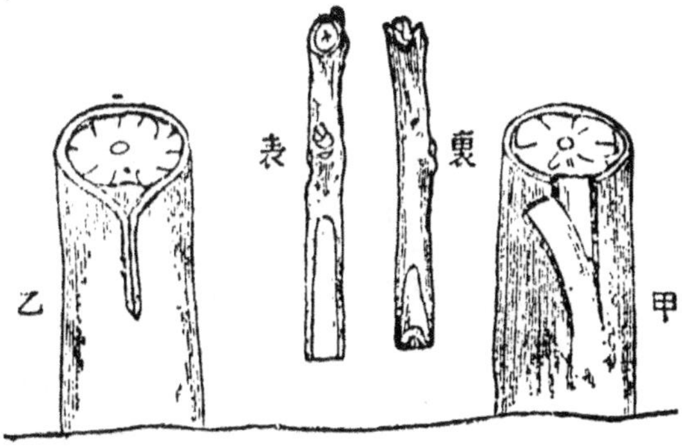

第八圖　剝接法

剝接一法，因砧木上殆近不用小刀，故不致生成鞣酸，頗有接若容易之傾向。本法尤便用於砧木較大者。

接木後之管理　接木告終以後，接穗與砧木四周，宜覆細土，以不見接穗爲度。至發芽後，方可漸漸將其除去。至六七月間，芽長已達一尺內外時，則宜施以大豆粕與人糞尿等肥料，以圖其發育。苗之生育中，宜常常灌水，不使乾燥。又自砧木上所發生之砧芽，宜不絕摘去，不使發育。倘生育不良，一年以後，尚不過一尺內外，則須於同處再培養一年，切勿即行栽植。

第六章　栽植

(一)開園

栗當栽植以先，首宜從事開園。開園者，卽選定場所，以經營栽植幼苗之栗園也。選定場所之際，宜選取已墾之田土乎？抑宜選取未經開墾之山林原野乎？實爲一大問題，如爲求栗園從速營成計，則宜選取已墾之田土，固不必論，然遇附近有緩斜之山林原野，對於地勢與風土等關係上，並無甚大之障礙者，則宜利用此等不毛之地；況栗較桃梨等果樹，無須嚴密之栽培，苟於從來未曾利用之處，選擇適宜之地位而利用之，可稱最爲適宜，惟此等場所，須經一番開墾之手續而已。當場所選定以後從事開墾時，先宜將該處所生之雜木，悉行砍去，掘起根株，並將蔓生之雜草，用火燒却，再用鐵耙深掘，翻轉土塊，打碎耙勻，尤以栽植苗木之部，須愼重處理之。如遇時期已遲，未遑全部開墾時，先將欲栽植之處墾成，待日後有暇，再徐徐開墾其他各處，亦無不可。傾斜之地，如遇傾斜之勢較緩者，則以墾成階段，最稱合法。至達三四十度以上之急傾斜地，似可不必過事開墾，僅開墾栽植之部份，其他惟刈除雜草，已可宣告充分；因傾斜急激之地，不僅土砂易被雨水所流失而已，崩壞傾圯，亦當爲意中之事，故開墾一事，宜審愼行之，免致勞而無功。待開墾既畢，園乃營成，始可從事栽植矣。

(二)栽植距離

栽植以先所宜考慮者，即於園地營成以後，宜直接栽植苗木乎？抑宜預先栽植砧木，再行接木乎？此項問題，頗難卽行斷定。惟栗之苗木，比較虛弱，定植以後，常致枯損，普通雖有預植砧木，再就之以接木較爲安全之說，然當接木之際能接合之機遇亦少，故當如其他果樹，亦以栽植苗木爲宜。

當栽植之際，於一畝地積之中，當以栽植若干株爲最適宜乎？此雖須視該地之土質地勢與品種以斟酌之，然據普通而論，凡土質肥沃，地勢平坦之處，不妨較土質瘠薄地勢傾斜之處稍疏，反之則宜較密，如任意栽植，即不失之過密，亦必失之過疏，過密則栗之發育難得佳良，過疎則土地利用上不合經濟。大概地勢平坦，土質肥瘠適中之處，以株間一丈五尺，行間一丈八尺，或四邊皆一丈五尺之距離爲最宜。地勢傾斜，土質稍稍瘠薄處，則以四邊一丈二尺至一丈五尺之距離方宜。自地力利用之點言之，則初時宜稍稍密植，待其漸漸生長，乃舉行間拔，使達預定之距離而止。

（三）栽植時期

栗之苗木栽植之時期，與其他之落葉果樹相同，自落葉至發芽期間，無論何日，均可栽植。就中以自十一月至十二月或自二月至三月之時期間，栽植之最稱適宜。栽植之時，如遇天氣酷寒，往往凍害根部，以致不能發育者，比比皆然，故寒期與寒氣較烈之時，亟宜避去。供栽植之苗木，宜選取二年生苗，因其根部之發育，恆較一年生苗佳良，即宜選其鬚根較多者是也。至初時購入之苗木，不宜即行栽植，更須於肥沃之處，經一年之培養，然後植之，方稱合法，因購入之苗木，往往祇生直根，側根之發生甚少，如貿然栽植，必致發育不良也。

（四）栽植方法

種栗法

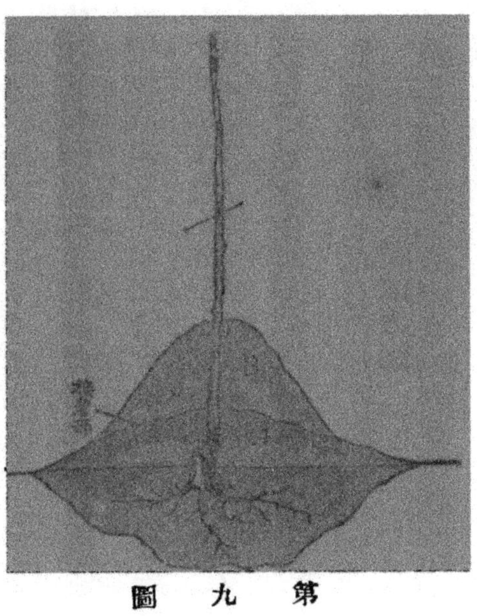

第九圖 栗苗栽植法

三十 栽植苗木之處，務須先行深耕及細碎土塊，並宜將石礫與雜草、雜木等之根，一律除去。此段作業告終以後，乃掘一稍深之穴，穴中施以堆肥，使與泥土充分混和，然後將苗木取來，安置穴中，根部使向四方擴張，不使彎曲或折壓。嗣卽掩土入穴，以覆苗根，待掩土將半時，則宜將苗木稍稍振動一回，然後將全部之土，塡入穴中。待穴已塡平後，宜於根際更掩細土，使較地平稍高，方稱合法，通常高達如圖A所示者已足，如有乾燥之憂處，則宜高達如圖B所示者方可。至發芽以後，雖可將其除去，然以至根部充分伸長而接着部不致露出土外者，爲最適宜。此時並宜略施肥料，促其發育，又在栽植終了後，宜於離地二尺內外處，施以剪定。株旁立一枝柱，支持幹身，以防爲風所動搖，又於根際四周，被以草藁，以防水分之蒸散，免致發育不良。

第七章　剪定

剪定爲限制果之樹冠，使不出某種一定之範圍之作業也。在栽培上最重視之。若前年生之種枝，至本年發生新梢，而能結果者，則宜放任之，使其結果部次第擴大。故當栽植後三四年，爲圖樹姿整正計，先宜將其短剪而注意於各枝之配置，使向四方開張；其後則以圖其結實爲主，同時防止樹冠之擴大即可。栗之枝梢，原可區別爲結果枝與發育枝二種。結果枝至翌年再能發生結果枝者甚稀，常見其須經一年之休養，故於剪定時，以不使發現隔年結果之狀態，爲最主要。又於本年生之結果枝上，其最下部之一二節，雖能發生普通之腋芽，然其上之六七芽，則常爲盲芽，發生無望，如上部有二三芽伸長，則結果部之上昇，斷難避免，此於剪定時亦宜注意。茲將結果枝與發育枝之剪定法，述之如次：

(一)結果枝之剪定

栗之結果枝，如上所述，一度結果以後，至翌年萬不能再生結果枝，故宜舉行冬季剪定，將其剪去。剪定之場所，普通多在下部腋芽之上部，盲芽之下方，然有時於春季中，此部亦能發生一二新梢，其勢力旺盛者，成為種枝，發育不良者，成為發育枝，以經一年之休養。但經一度結果後，因衰弱較甚，結果枝之虛弱者，雖經剪定而不能得發育旺盛之新梢者有之，故已經結果之枝梢，總以與採取同時剪定，以圖腋芽之發育為最重要。剪定時期，以早為妙，因剪定較早，則養液之集注較多，對於翌年之發育，頗具不少之影

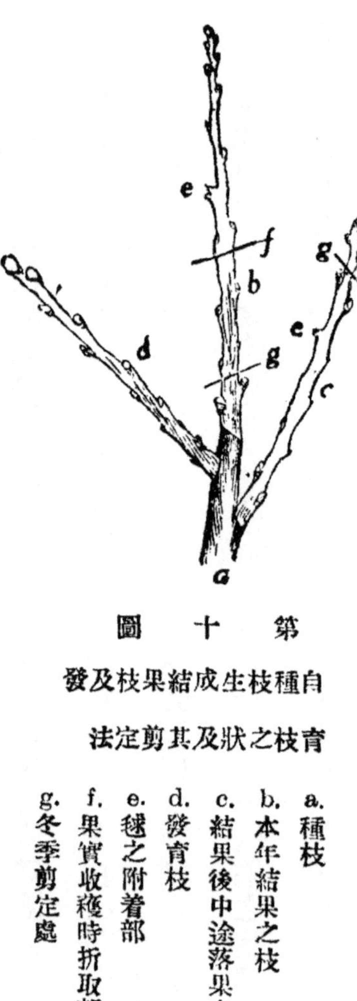

第十圖　自種枝生成結果枝及發育枝之狀及其剪定法

a. 種枝
b. 本年結果之枝
c. 結果後中途落果之枝
d. 發育枝
e. 毬之附着部
f. 果實收穫時折取部分
g. 冬季剪定處

響；故當收採果實之際，宜與毬同時折斷，至翌春再行訂正剪定。如此剪定以後，如見有二芽健全發育，則他日發生之新梢，必得俱帶種枝之性質，翌年結果枝之生成有望矣。至於春季，則宜將內方一枝（較母枝遠者）殘留，一枝則殘留二三芽剪定之，以防其本年結果，同時又宜注意種枝之生成。至於翌年，當將已結果者，自基部剪去，於由前一年短切者所發生之新梢中，擇其接近本幹者，與前年相同，亦殘留二芽剪定之；遠者使爲種枝，如放任之，卽可發生完全之結果枝。如是年年依法而循環剪定，一方既可免除缺乏種枝之憂，一方隔年結果之弊，亦得隨之減少，又得限制枝梢之伸長，以形成於一定面積內之樹冠。惟由種枝所生成之結果枝中，其勢力旺盛者，往往於小蕊花之外，再生大蕊花，勢力貧弱者，則僅着小蕊花，雌花殆付缺如，此種非眞正之結果枝，宜早期剪去之。剪定時期，以六月中下旬爲最適宜。此等結果枝之基部，有時亦常伸出腋芽，雖可生成次年之種枝，然因伸出之時期較遲，致勢力微弱，不能生成種枝者亦甚多，故不如將其先端剪去，圖養分之集注，使至翌春發生健全之芽之爲愈也。

（二）發育枝之剪定

凡不能發生結果枝之枝梢，——即徒長枝及與之相類似之枝梢，——將如何剪定乎？其剪定之法，雖依周圍枝梢之狀態而異，然通常多將其短切，以促進枝梢之分歧，而圖勢力之抑制。成徒長枝者，如任其伸長，不獨擾亂樹姿而已，因僅能使枝梢擴大，致結果枝之生成絕望者有之，故通常多在二分之一或三分之一內外處剪定之。待至分歧爲二三枝梢時，則勢力已次第減弱，遂得完全成爲種枝。勢力旺盛之徒長枝，如於一年中能伸長二尺以上者，則莫若在分歧點上剪去之，較爲妥適。至勢力微弱之發育枝，——即樹冠擴

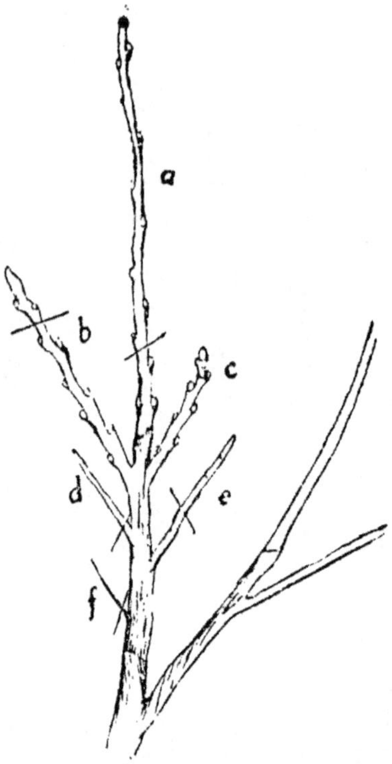

第十一圖　發育枝之剪定

a. 徒長枝
b. 稍長之種枝
c. 良好之種枝
d. 勢力微弱之發育枝
e. 同上
f. 勢力中等之發育枝

大時，於內部所生纖細之枝，——宜悉行剪去，以期空氣與日光能透通佳良。

(三)種枝之剪定

伸長達四五寸至七八寸之種枝，將如何剪定乎？如自然放任之，則往往全部發生結果枝，此時結果雖得較多，但同時妨害樹勢，致果實之品質不良，且常發生隔年結果之弊。故此等種枝至某程度時，必須施以剪定。剪定之法，普通多將長達七八寸者，將其先端剪縮，——即將先端之三四芽剪去；至長僅四五寸之種枝，則可放任之，惟於同處如發生多數之種枝時，則宜舉行疎芟的剪定以調節之。

(四)剪定之時期

剪定之時期，凡自秋季落葉後至翌春發芽前之間，無論何時，均可施行；惟在極寒之時期中，則以避去為宜。故通常以自二月下旬至三月中旬之間施行之，方稱安全。然結果枝之剪定，則須與秋季收穫時，同時行之，以圖基部之芽之發育。因於採收之際，預行剪定者，與放任至春季再行剪定者，翌春新梢之發芽狀態，常有顯著之差異。故任何結果枝，總宜於秋季——卽於採取之際——舉行預備剪定，至春季再行訂正剪定。

第八章　整枝

從來栗之栽培，對於整枝之如何，殆皆不加注意，任其自然發育，致形成所謂野生狀態者，其幹之高度每每達數丈。此不特採收與剪定不便，他如害蟲驅除等管理，亦頗感困難。故在栗之栽培上，如僅以採取木材爲主要用途者，或可任其自然生長，如欲以採取果實爲主要目的者，則非整成一定之樹形，以講求適當之剪定法不可。

栗樹之性狀及結果之習性，前數章已詳細研究考察之，可知其與柿相似之點甚多，且其伸長之度，較柿更烈；故當整枝之時，如欲如桃梨等行矮性整枝，必覺十分困難，且效果又不甚大，因此通常皆以中幹整枝，——卽圓錐形整枝，最爲相宜。

圓錐形整枝，以整成之樹形，頗似圓錐，故名。法將苗木在離地一尺五寸處先行切斷，再在離地一尺左右處，選定與接木痕同向之葉芽，以供誘引主枝之用。其上所發之芽，悉行摘除。至春季自選定之芽，萌發新梢。新梢之中，以在上部者一枝，令繼續幹身之生長，用繩紮縛於摘芽之部，使依垂直之方向而伸長，定爲主枝。在下部之許多新梢中，選擇近於幹頂，平均配置於周圍者五本，向四方平均開張，使與幹身成四十五度之角，其他新梢，悉自基部剪去。至翌年再將各枝於一尺

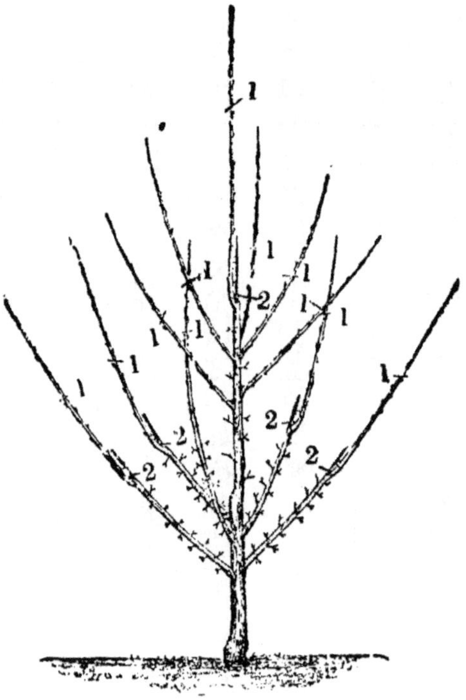

第十二圖　圓錐形整枝

五寸內外處剪定之，使發生二三本之側枝，次在中央主枝之一尺五寸處，與前年之剪定痕同向位，選定腋芽，與上年相同，將先端剪去，各芽摘除。待腋芽發生新梢後，仍將在上部者一條，眞直誘引之，其他各枝，仍向側方開張，如是年年按法施行，一年可形成一段，每至冬季施以剪定。惟當剪定時，宜將下段各枝較上段者依次長剪。又宜將強枝短剪，弱枝長剪，使生長毫無參差，俾能形成圓錐形狀。又於內部如生枝過密處，宜舉行疎芟的剪定，疎空處宜放任之，以圖補充。至樹冠之高與幅，則無一

定之制限，通常皆隨樹齡之增進而次第擴大，此種整枝法，較諸其他矮性，雖不能作周到之管理，惟如栗之粗放者，在大栽培家採用之，最屬相宜。

栗樹除圓錐形整枝以外，採用一種自然形整枝，亦稱適宜。此種整枝法，乃於一本主幹之上，作成樹冠，形成近於自然樹形之整枝法也。今述其大要如下：法將苗木在距地七八尺處切斷，將自幹頂發生之新梢，定一枝爲心幹，其他則斜誘之，至翌年於一尺內外處剪定之，使其分枝，至第三年又如法剪定，則分枝愈多，待樹冠形成以後，年年祇須將徒長枝剪定，密生處間截，枯枝等剪去卽可。

第九章　肥料

吾國從來對於栗之栽培，大都不特施肥料，以人工補給其養分，有時僅取塵芥垃圾等物，堆積於莖之四周而已；至於地宅一隅栽植一二本者，更不必論矣。此等不合理之栽培，有時竟於一度結果以後，樹性卽呈顯著疲乏之狀態，而發生隔年結果，收量減少，品質劣變等現象。故特闢栗園地專以採收其果實爲目的者，欲圖收量之豐盛，品質之優良，則非特施肥料，以供給適當之養分不可。

栗對於肥料之成分如何，因從來缺乏深刻之研究，雖不能作具體之斷言，然據大體上論之，凡肥料中之氫素、燐酸、鉀之三成分，栗亦視爲主要，不能缺少，與其他果樹相同，施肥時，當適宜配合之。

肥料之種類甚多，不勝枚舉，惟種栗所用者，其基本肥料，則不出大豆粕、人糞尿、米糠、過磷酸石灰與木灰等數種。然於施肥之際，通常於某肥中，又混以堆肥廐肥等富於有機質之肥料，以維持或增進地力。因栽栗之園，往往經營於比較瘠磽之場所，如不藉肥料以補助之，維持之，一旦地力告絕，則稙栗前途影響甚大。惟所用肥料，以選取得之較易價目低廉而效果較大者，最稱相宜。如以重價購買濃厚肥料，一方既不合於經濟，一方施肥時管理稍有不周，易流失散亡，宜特加注意。

施肥之分量須視土質之肥瘠表土之深淺與地勢之平斜而酌定之，茲就園藝家所常用之分量，將各肥料之配合法舉例於下，以資參考。

五年生（一畝六分之使用量）

肥料名	總量（兩）	原肥（兩）	補肥（兩）	三成分		
				氰素	磷酸	鉀
人糞尿	一〇、八〇〇	—	一〇、八〇〇	六二兩	一四兩	二九兩
大豆粕	六〇〇	六〇〇	—	四〇	〇七	一三
過燐酸石灰	三〇〇	三〇〇	—	—	六〇	—
共計				一〇二	八一	四二

同上十年

肥料名	總量	三成分 氰素	燐酸	鉀
人糞尿	二一六〇〇兩	一三三兩	二八兩	五八兩
大豆粕	一二〇〇	七九	一四	二五
蒸製骨粉	六〇〇	二三	一三八	—
木灰	一〇〇〇	—	—	一一七
共計	二四四〇〇	二三五	一八〇	二〇〇

同上十五年以上

肥料名	總量	三成分 氰素	燐酸	鉀
大豆粕	二五〇〇兩	一六五兩	三〇兩	五二兩
肉骨粉	一五〇〇	一二〇	一五〇	—

過磷酸石灰	五〇〇	—	一〇〇	—
木灰	二〇〇〇	—	—	二三四
共計	六五〇〇	二八五	二八〇	二八七

〔備考〕木灰中之磷酸分效力薄弱，鉀則含之較多，故宜混合使用之。不能單獨施與。

至樹齡達二十年以上，則各成分以施以三百兩至三百五十兩內外，最爲相宜。所用之肥料之種類，可依據第三表所示者；惟宜將肉骨粉與過磷酸石灰取去，以米糠與蒸製骨粉代用之而已。人糞尿之供給，儘可自由施與，然混用之亦可，有時又宜混施堆肥廐肥與雜草等富於有機質之肥料，在某種情形下，又須加用石灰，以增進土壤中之石灰分。

施肥之期節，在達五六年者，——即當樹齡幼小時，——宜於二月下旬至三月上旬，施以原肥，至六七月之際施以補肥，作二回分施，最稱適宜，待樹齡漸大，則於春季施肥一回，亦告充分。

施肥之法，與其他果樹相同，常以樹爲中心，在幹之周圍三倍至三倍半處之距離處，掘成廣約一尺內外，深約三四寸之輪狀溝，將肥料撒佈溝內，與土攪拌混合，然後覆土塡平，斯可。

第十章　除草中耕與其他之作業

栗栽植於熟地者，可不必論．如栽植於梯田與新開之傾斜地者，則宜常常防止雜草與雜木類之發生，使地面保持十分清潔。因雜草或雜木等繁茂過甚，不僅徒耗養分，隱蔽害蟲，且能使土壤自然固結，妨礙細根之伸長增殖，影響栗樹之生長甚大。又當採收之際，亦多不便。在尚未完全開墾之地上栽植者，則宜於根際仔細耕鋤，並施行除草，其未墾之部，當勵行除草，以使地面清潔。刈取之雜草類，宜卽行埋入土中，或運往他處，以燒棄之。惟如茅草一類，則可鋪積栗之根際，以防土地之乾燥。至其腐敗以後，又可埋沒之，用爲肥料。

中耕亦爲栽培上甚重要之作業，因施行中耕，不僅能膨軟土質，防止雜草之發生而已，兼能助長根部之發育，效益甚大。故宜自晚秋至翌春之間施行中耕，一年一次。在尚未開墾之處，此時更宜兼事開墾。

間作者，爲利用每株株間之空地，種以他項作物之一種作業也。如種栗於傾斜地、階段、或荒地上者，雖在樹齡尚甚幼小之時，其株間難於栽植他項之作物，然栽植於平地或熟地上者，則於樹齡六七年間，極可利用株間空隙施行間作。供間作用之植物，如梅、李、杏之矮生果樹，或如須具利與木苺等小果樹，最爲相宜；其他如栽培大豆、落花生、蠶豆、豌豆等豆料植物，馬鈴薯、甘藷等根菜類亦佳。總之：供間作之植物，宜手續簡單者，方稱適當。

栗之栽培上，所須之作業，除上述三種以外，其他如於栽植之際，設立支柱，以防動搖；由砧木盛生之砧芽，又宜將其搔取以防止其發生；又於多數之苗木中，由病蟲害與風害等而枯死者，宜施行補植，或以接木塡補之；其他如病蟲害之預防與驅除等項，亦宜時時注意；如於一樹之上，結果過多，則宜施行摘果以抑制之；凡此俱爲必要之作業也。

第十一章　採收

栗依品種成熟之早晚，凡自八月中旬至十一月上旬之間，可供採收。果實至成熟時，綠色之毬，往往變爲黃褐色，果實變爲赤褐色，至呈所謂固有之栗色，內容卽隨之充實。且此時毬之中央部，往往作十字形或丁字形之開裂，故一見卽可知其已告成熟。果實成熟以後，若放任之，則果實自能破毬殼而脫落。通常採收之法，最簡便者，卽僅拾取自然脫出之果實。此種自然脫出之果實，其果肉往往比較充實，色澤比較佳良，然遇園內未曾打掃淸潔時，則多致汚損散失，並有被害蟲侵害較多之傾向，是其缺點。至連毬採收者，不僅得免去上述之缺點，且作業容易，合於經濟，故通常多連毬採收之；卽見毬色變黃，稍稍裂開之際，視其熟度之如何，次第將毬打落之。打落方法，通常以分二次或三次打落之，最爲相宜。因作一次打落採收時，往往混有靑栗，致品質不克一律故也。採收之際，宜取長約丈餘之竹竿，上端數節，縛以短切之樹枝，以打落之，如能利用踏臺，以剪定鋏在基部數寸處剪去，

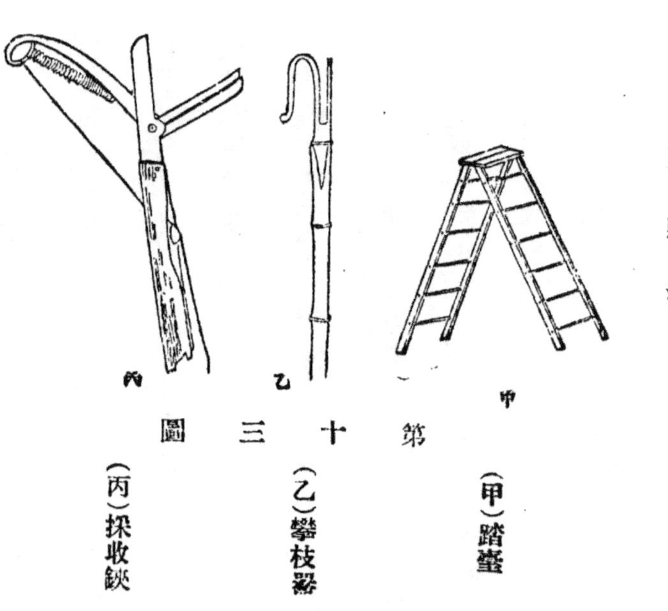

第十三圖

(甲)踏臺　(乙)攀枝器　(丙)採收鋏

或用特製之採收器（如圖所示者之式樣）於同處折去之亦可。此於剪定一章已略述之，卽圖扶助結果枝基部腋芽之發育，使翌年能結果佳良也。又當用竹竿打落果實時，往往作業艱難，並有損傷枝梢與果實之虞，故非領會其方法不可。卽於毬之附着部數寸之下部，向上突然一揚，卽得容易落下，惟須手術熟練，動作敏活而已。

採下之毬果實之脫出較易者，則宜當場取出；如時期尚早，脫出困難者，則宜堆積於園內之凹處或貯藏所中，上被草蓆，放置四五日後，乃用竹製之毬鋏鋏取，足上穿以草履，先將毬踏開，然後用手剝出，以供貯藏。如遇蟲害較多，爲避免傳播計，則不宜堆積較久。又果實脫出之際，果實先端之柱頭部，宜注意保存，切勿折去，最屬緊要。

第十二章　貯藏

栗之果實採下以後，除可出售於市場者以外，餘須設法貯藏之。大概於八月中下旬至九月上中旬採收者，無貯藏之必要，即宜選別大小，揀去受傷者與被病蟲侵害者，裝入麻袋或石油空箱中（箱內宜放入鋸屑以防果實動搖而遭受損傷）輸運市場，因此時新貨缺乏，價目必高，獲利必豐也。如在九月下旬以後採收者，即須設法貯藏，因此時產量已多，市價常常變動，不得不妥為貯藏之以待最適市價之時期。惟栗在貯藏之中途，被害蟲食害者，其例甚多，若貯藏之法，不得其宜，往往經過一月之久而損失大半者有之。此際如不早事驅除，常依時期之漸進，而加害之度，遂從之增高，損失必不小。

栗之貯藏上，被害之主要者，並非病害，乃係蟲害。被害之甚者，貯藏數日之間，即大半被蟲食害。栗之害蟲，其種類甚多，最著名者為實象蟲與豹紋蛾之幼蟲（其經過情形當於第十四章中詳述之，）故欲求長期間之安全貯藏計，當以設法撲滅此等害蟲爲先着。

撲滅害蟲之法，最簡單者，爲浸水法，法取容數石之大桶一只，桶底裝置活塞，取栗充實其中，注入清水，先行洗滌一回，除去附着之塵芥等物，拔塞瀉去汚水，更注入清水浸漬之。桶中清水，宜時瀉時換，方稱合法。如是浸漬一週至二週之久，乃將要栗取出，設法貯藏。此法卽專用水以撲滅害蟲之法也。惟當作業之際，所需手續與時間，較多而久，頗感多少不便，近年施用藥劑之有效方法發明，頗有舍彼取此之傾向矣。

用藥劑驅除害蟲，其法雖有種種，就中以二硫化炭素與青酸氣燻蒸之二法，最爲簡便。此二種驅除法中又以二硫化炭素燻蒸較青酸氣燻蒸之作業簡易，藥劑之價格亦低廉。故現今採用二硫化炭素以驅除害蟲之處比較多見。茲將施行驅除之法述之。

害蟲驅除之法，首推燻蒸。燻蒸器以不致漏出氣體者爲最佳。器之形狀，爲便於計算器之內容計，四角形者似較圓形者爲優。器之內容，宜二尺四寸見方，高宜二尺五寸。如貯藏之量不多，以器大達十立方尺卽足，器身可用木板爲之，板厚以達八分至一寸者爲最相宜。釘合之際，宜密接無纖隙，蓋與緣之接觸面上，宜張以較厚之織物，使當蓋合時，亦得密切無孔，以防止氣體之洩出。

燻蒸器造成以後，乃取出欲貯藏之果實，選擇充分乾燥、不附水溼者，放在燻蒸器中，至高達器之七八分左右爲止。乃將預先測定之二硫化炭素取出，放在口徑廣大之蒸發皿中，置於器中栗上，急急將蓋蓋住，蓋上載以重石，以防氣體之漏出。此時器中之二硫化炭素，次第揮發而爲氣體。此種氣體，因此較空氣稍重，故常常下降，器底之栗，亦得燻蒸無遺。且當使用之際，亦得因之而危險減少。惟此種激烈之藥劑，吾人如不愼吸入鼻中，頗有害於身體，故値燻蒸之時，總以謹愼爲妙。

當燻蒸時，施用藥劑之分量與燻蒸之時間，須隨藥劑之良否，果實之乾燥與空氣之溫度等而有多少之差異。茲將普通使用之量，可爲標準者，舉示如下：

容器	十立方尺
二硫化炭素	四錢（一千立方尺約二磅半）
燻蒸時間	二十四小時

待經過預定之時間後，乃將器蓋揭開，任其放置，以放散內部之氣體。惟當器蓋揭開時，作業者宜卽走避，不可妄近，以防誤吸，妨害身體。待器內之氣體俱放散後，乃走近器旁，將栗自器中取出，勻攤蓆上，使其乾燥，以供貯藏。因經燻蒸以後，栗中隱附之幼蟲，俱被殺死，貯藏無妨也。

貯藏之法，甚爲簡便，通常可取洒罎數個，罎內放入含有適宜溼氣之鋸屑或細砂等，將經燻蒸之栗取來，次第埋入罎內之鋸屑或砂間，置罎於貯藏室內之陰涼之場所，如是貯至翌年三月中下旬時，可得安全不壞。或於排水佳良之家屋之北側，選定無陽光直射，十分陰涼之處，或於屋內床下，掘成深達一尺五寸左右之地坑，坑內放入含有適宜溼氣之鋸屑或細砂等，取果埋入，上蓋木板，以防鼠患，效果亦佳。

栗當貯藏中途，宜保持適當之水溼，因如乾燥過甚時，不僅果實之色澤發生變化，且水分漸漸乾縮，大有損害於外觀。反之，如水溼過甚，常致果實發生腐敗，壞果甚多，皆屬不宜。又當加水之際，宜於水中滴入少量之福爾麼淋液，以防止黴菌之發生，效果亦大。

貯藏之法，如上述者外，又有於排水佳良之山地，或傾斜地之日陰處，家屋之北面與床下等處，掘一深達二三尺之土坑，取砂與栗交互放入坑內，或於坑底鋪藁，傾栗藁上，至達地面而止，堆栗時，常使中央部稍高四周覆藁，上被細土，中開小孔，以使換氣。如此貯藏之法，最爲普通，然始終浸在水中貯藏者，亦有之，惟恐難經久耳。

要之：欲使栗得貯藏永久，不被蟲害，祗須注意保持適度之溼氣卽可。因如失諸乾燥，凡附着於果皮上之害蟲卵，未經殺滅者，常能直接孵化，加以大害；如果面帶有溼氣，其卵每多死滅，不能發育，無從爲害矣。又對於果實之色澤與品質之保存上，加以適度之水溼，亦極重要。

第十三章　病害

栗之栽培，從來皆爲放任野生之狀態，故有性質強健病害甚少之稱，然此乃研究未深之見，實際上栗被病害之程度，決不在其他果樹之下。茲將主要之病害，分述於左：

(一)腐朽病

病徵　栗犯本病時，其枝幹往往變爲暗色，發生赤斑，導管與其他之空隙間，往往充滿白色之菌絲束，材部乾燥變脆，終至成爲粉狀，至於枯死。此病常侵犯幼樹，老樹罹之者亦多，除栗之外，他如蘋果、胡桃等果樹上，亦能發生，有時更能寄生於林木之上，以爲災害。

病原菌　本病之病原菌，學名爲 Poliporus sulphureus，爲一種傷痍寄生菌也。能飛散胞子，發生菌絲，常自傷痍侵入，而營寄生。其擔子梗扁平柔軟，上面平滑，鮮明呈橙赤色，下面有子實層，呈硫黄色，大形者直徑六寸至一尺，重量達數斤，有一種惡臭氣，至秋季乃枯死，質地變脆，終至褪色脫落。

預防驅除法

(甲)本病病菌，因多由傷痍侵入，故一見樹幹上稍有受傷時，宜急用煤膏或塗抹其他之毒劑。

(乙)擔子梗宜乘早取去燒棄之。

(丙)已發病之枝幹，宜卽燒棄，切勿姑惜，以免蔓延。

(二)胴枯病

病徵　發病時，被害之樹皮，次第變爲黑褐色，呈鮫皮狀，表面密生黑色如針頭大之顆粒點。其病部之樹皮，屢屢發生龜裂，有時於果實上現出無數之小斑者有之。老樹如染此病，當被害之度尚未過甚時，自外部觀察之，雖不充分明顯，然如用槌擊幹，可聞空虛之音，顯與材部分離矣。發病之處，除主幹以外，枝梢上發生而被害者，亦數見不鮮。

病原菌　病原菌之菌絲，常蔓延於木皮之內部與枝梢之表皮下，多呈灰白色或黃色。被害之部，於組織之間，常作團扇狀，漸漸侵入子座，成小膿疱，自樹皮之罅隙間突出。內部有光澤，帶黃色子囊殼生於子座中，子囊胞子無色，帶長方形至橢圓形，中央有隔膜。

預防驅除法

(甲)當苗木購入之際，宜浸在波爾多液中，經消毒以後，方可栽植。

(乙)被害之部，宜取去燒棄，其跡上用煤膏或濃厚之波爾多液塗抹之方妥。

(丙)發芽以前，宜撒佈波爾多液，先行從事預防。

(三)萎縮病

病徵　苗木與幼樹，易罹斯病，被害之部，常變暗色或暗褐色，表面次第凹陷，變爲粗糙，終至發生龜裂。待病斑蔓延枝梢，至於一周時，其上部即至枯死，由其下部簇生之枝梢，亦常致被害而枯死。

病原菌　子座常在表皮之下，至成熟時，乃破裂表皮，向外突出，菌核之表面粗糙，常呈球形或圓錐形，有時則成扁平形，外面橙黃色，內部稍呈淡黃色。子囊殼呈扁球狀或球狀，埋沒於子座之下，有甚長之口孔，與子座相通，開口於表面，其附近呈紫黑色。子囊紡錘形或棍棒形，兩端較細，基部有小柄，含有八枚之孢子，分爲二列。

預防驅除法

（甲）當苗木購入之際，即宜用波爾多液消毒，然後方可栽植。

（乙）發病之部，宜即行取去燒棄，取去之跡上宜塗抹煤膏或濃厚之波爾多液。

（丙）發芽以前，宜撒佈波爾多液。

（四）橡皮病

病徵　本病不限於栗，即其他之果樹類上，發生而遭害者，亦不乏其例。當發病時，常自枝幹發生淡黃色或黃褐色有光澤之黏質物，在空氣中能即行凝固，往往由鐵砲蟲與其他之害蟲之食害處及切傷之處泌出。此病雖不致枯死，然過分泌之量過多，樹勢漸致衰弱，影響亦大。此病在土質不適當，或施有機質肥料過多時，發生甚夥。

預防法　注意驅除害蟲及受傷；苟有食害與損傷之處，宜即塗抹煤膏或防腐劑，又關於土質與肥料二端，亦宜刻刻加以注意。

（五）斑紋病

病徵　此病多發生於葉上，發病部，葉之兩面，常現出直徑一二分之小圓斑，其中楕圓多角形者亦混合之。被害之部，次第變爲褐色，其周圍變爲黃色，裏面發生無數黑色之粒狀物，嗣後則互相併合，形成種種形狀。病勢漸進，則落葉枯死。

病原菌　病斑中之黑色粒狀體，即病原菌之子囊殼。中央部稍高，頂有小口，其中藏球形或楕圓形或卵形之子囊，孢子無色或黃色，其數不明。

預防法

（甲）宜選擇排水良好之地，從事栽植，方可保全無害。

（乙）被害之葉，宜即摘去燒却，於五六月間，宜撒佈波爾多液二三次，以防孢子飛集，以致發病。

（丙）購入之苗木，宜用石灰乳劑消毒以後，方可栽植。

（六）露菌病

病徵　本病常寄生於葉上，葉發病時，表面如撒佈白色之粉末，而發生白黴。其發生期甚長，常自六七月間之入霉期至於秋季。病勢漸劇，乃至落葉。此病普通雖多侵害葉部，然侵害幼樹之枝梢，亦時有之。

病原菌　本病亦由一種特殊病原菌寄生而起，此菌之菌絲，專蔓延於葉之葉面，而用其吸胞自表皮細胞吸收養分，故葉被此菌寄生以後，常致次第衰弱，以至落葉，其子囊殼爲球體，內部藏多數之子囊。菌絲之頂端，分歧成叉狀。

預防法

（甲）被害之葉，收集燒棄。

（乙）發病之初期中，用波爾多液、硫化鉀液、或硫礦華等撒佈之；即可阻止其蔓延之勢力。

（七）紫紋羽病

病徵　發病時，樹勢漸漸衰弱，葉變黃色，生長遲緩，終至枯死。根部腐朽，表面纏絡紫褐色如絲之物質，此種絲狀物，如集合甚厚，常成革狀，包被根之表面與莖之下部。近於地面之處，蔓延更甚時，莖之周圍二三尺，亦多波及。如用指剝離之，覺其質甚柔軟。

病原菌　本病乃由紫紋羽菌（Stypinella purpurea）寄生而起，此菌常發生紫色之菌絲，蔓延於地中，如得植物之根部，即寄生而漸漸蕃殖，被寄生之部，常生腐朽，蔓延於地上時，乃發生孢子。孢子之形如卵，易於脫離。

預防法

(甲)有被害之樹發見時，宜速速將其周圍之泥土，深深掘起，露出根部，其表面撒以石灰乳劑，再行覆土填平。

(乙)本病蔓延甚速，如一區域內發現病株，卽能傳染他株，此時宜在周圍掘成深溝，以防與無害之根互相接觸，以免傳染。

(丙)被害較甚者，或致枯死者，宜卽行掘出燒去，土中小根，亦宜收集淨盡，用火燒去。

(丁)發病地上所生之雜草，亦宜掘起燒燬。

(戊)病株掘去之處，不宜卽行補植，因補植以後，卽能發病也。

(己)被害地使用之農具，宜洗淨以後，方可供其他之需用，否則亦有傳染之慮。

(八)白紋羽病

病徵　此病爲最恐慌之疾病，果樹類中，大半皆受其侵害。此病亦發於根部，外部難認。至發病時，樹勢次第衰弱，嫩芽之伸長遲緩，葉帶黃色，終至凋落，樹漸枯死。如將被害之樹掘起觀察之，可見其細根已枯死腐敗，病勢較劇者，卽主根亦枯死而呈褐色。細察根之表面，可見有白色如綿毛之物質纏繞之，一部現於地上。

病原菌　此病由一種特殊之白紋羽病菌寄生而起，由白色菌絲而漸漸蔓延。此白色菌絲體，能次第變爲褐色，終至變爲暗褐色。其侵入於寄生皮下之菌絲束，能生大小不定之黑色菌種，更能抽出毛狀之擔子梗，並生暗褐色之黴。然至此時，樹皮已枯死，容易自材部剝離矣。

預防法

(甲)本病極易蔓延，當病黴入於初期間，宜於其勢尙未蔓延以先，使病樹與無病樹隔離，卽將病樹周圍之土地掘一深溝，使有病之根，不與健全之根相接觸是也。

(乙)發見病株時，宜將其根部露出，暴於空氣中，表面撒布石灰乳劑或硫磺華以殺滅之。

(丙)被害較甚者，宜掘起燒去，其跡地上，宜施以硝酸鈣與土混合以消毒。

(丁)宜洩水分，使不停滯。

(九)煤病

病徵　本病多發生於葉面與枝梢之上，發病時，常帶黑色，故一見甚易識別。被害較輕時，僅現黑色之斑點，較甚者，則葉之上面與枝梢各處，悉被黑色之被膜；剝離之，形如黑紙。樹幹與葉面，被此被膜被覆以後，常因遮阻日光之照射，妨礙同化作用與蒸發作用，致樹勢頓呈衰弱之狀態；或致發育中止，葉凋謝而卷縮，各枝萎縮枯死，結實減少，或竟全不結實，爲害甚大。

病原菌　本病乃由一種煤病菌寄生而起，其菌絲能直接侵入組織之內，奪取養分，加以大害。當煤病發生時，其患處附近，必有蚜蟲與介殼蟲棲息，蓋因煤病病菌係寄生於此等昆蟲之分泌液中也。

預防法　根本之預防法，卽注意驅除分泌蜜汁之寄生蟲類是也。

波爾多液之製法　此種藥劑，爲現世最有奇效之殺菌劑，預防各種病害時，多使用之。製法：先取硫酸銅十二兩，用瓦缽研爲粉末，再用木桶一只，盛以熱水二升，將硫酸銅之粉末，投入水中，使其溶解，再用另一木桶，桶中亦盛以熱水，取生石灰八兩至十二兩，溶解水中，然後將石灰水混入硫酸銅溶液內，盡力攪拌，注加清水一斗至四斗，卽可製成適度之溶液。此溶液常依水量之多寡，而有一斗式，二斗式，及三斗式等名稱，卽液量爲一斗者，則稱一斗式，是也，餘悉仿此。惟此種藥劑，須隨製隨用，若係預先製成者，因擱置過久，液內漸生沈澱，黏着力與殺菌力必致減少，效用不著。撒佈器具，以噴霧器爲最宜。

第十四章　蟲害

栗之蟲害，從來不甚為人所注意，與病害相同。向有謂其蟲害甚少之說，然依栽培事業之進步，當知栗之蟲害，實不亞於其他之果樹。茲將其主要者，分述於下：

(一)栗天牛

形態　此種天牛，為天牛種中之大形種，全體帶圓筒形，腹部扁平，體軀暗灰色，背面散佈白色之斑紋，側面有縱走之白條。觸角黑色，較體稍長，第一第三兩環節極短小，頭部大，背面亦有縱走之白條。胸部稍帶方形，兩側有銳刺，帶黑色，背面有一對大白斑，且有若干之橫皺。翅鞘之基部附近，密布小顆粒。體長一寸七分至二寸內外，卵呈長橢圓形，長約三分二釐，帶淡黃色。幼蟲亦作淡黃色，形長而大，長約一寸五六分至二寸內外。

生活史　成蟲常於五月下旬至六月間連續現出，產卵於幹之表面，其產卵之處，必附以傷痕，因常現出木屑，故於外部易於認明。幼蟲孵化後，則食入幹內，作隧道狀之孔而加害。幼蟲於幹內約棲息二年，至老熟以後，卽以木屑閉塞蟲孔，化蛹其中。蛹至五六月間，羽化而爲成蟲，交尾產卵，再化爲幼蟲，加以食害。

驅除預防法

(甲)五六月之間，捕殺成蟲。

(乙)在產卵期中，搜索其卵，用針刺殺。

(丙)已深入之幼蟲，宜在蟲孔中放入如青酸鉀之毒劑，外部以黏土塗抹之。

(二)山天牛

形態　此種天牛，與前種頗相類似。成蟲體呈黑褐色，密生黃色之短毛，頭有縱溝一條。胸部有橫皺，無刺。觸角細長，翅鞘有黃色之短毛，甚平滑。體長一寸四五分內外，卵形橢圓，黃色。幼蟲作淡黃色。

生活史　成蟲於七八月間現出，亦常嚙傷幹部，產卵其中。幼蟲孵化後，卽嚙入幹內而加害。幼蟲約經二年，老熟化蛹，至七八月間羽化而爲成蟲，再產卵以加害。

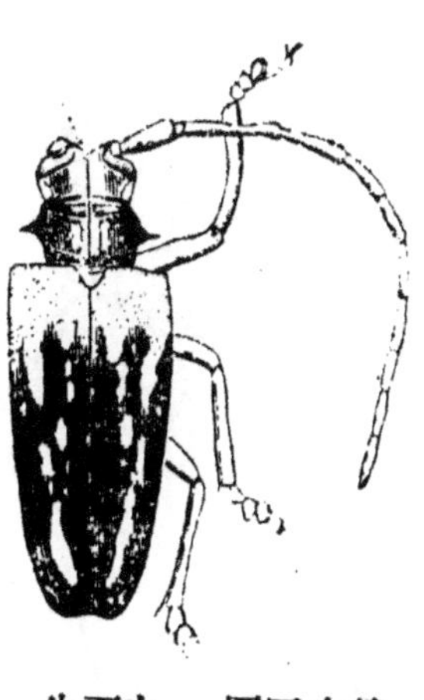
第十四圖　山天牛

驅除預防法

(甲)於七八月間捕殺成蟲，以免產卵幹中。

(乙)搜集其卵，用針刺殺，免其孵化。

(丙)蟲孔之中，塞以青酸鉀等毒劑，外部用黏土塗抹。

(三)櫟天牛

形態　成蟲甚大，長約一寸五分內外，地色黑，因全面被有暗橙之短毛，故一見如呈暗色。觸角亦暗色，長達二寸以上。其幼蟲呈圓筒形，胸部甚粗，全體白色，密生短毛，脚甚短小(僅具胸脚三對。)

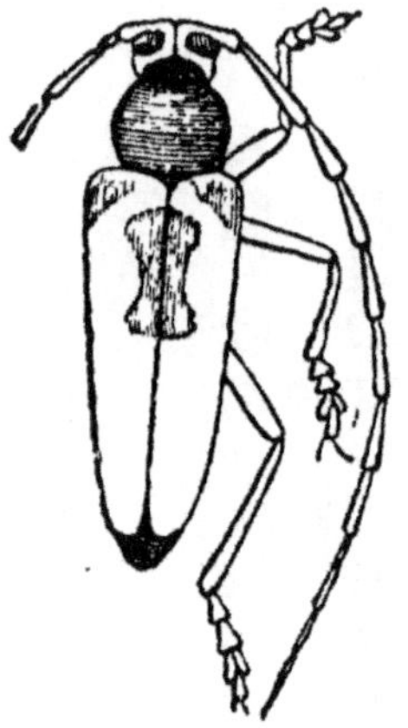

幼蟲至充分成長時，長達二寸餘，卵則呈圓形。

生活史　成蟲常於七八月間現出，以口器嚙破栗與櫟之樹幹，產卵其中。幼蟲孵化後，卽向內嚙成隧道狀之穴，加以大害。如是越二年始化蛹，蛹至七八月間，再羽化而爲成蟲。

第十五圖　櫟天牛

驅除預防法　與前二種相同，茲不贅述。

(四)栗蚜蟲

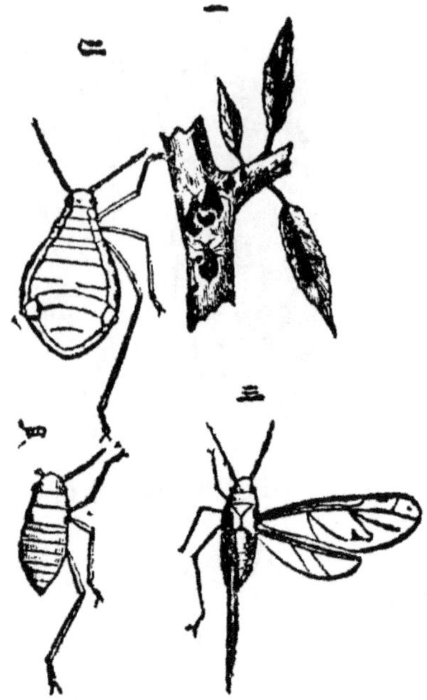

第十六圖　栗蚜蟲

形態　此種蚜蟲，爲蚜蟲種類中之大形種。雄蟲皆有翅，雌蟲分有翅與無翅二種。三者之形狀與大小各各不同，雄蟲體長約一分二釐，翅長約爲體長之二倍。前翅與體色相同，俱呈黑色，後翅則呈灰色。有翅之雌蟲，體長約一分五釐，腹部較雄蟲豐滿，全體黑色，翅較雄蟲之翅稍小，色澤則相似。無翅之雌蟲，體形最大，體長約一分八釐，腹部較有翅者更肥大，體色黑，後脚甚長。幼蟲形小，長約五釐許，頭及胸部，呈暗褐色，腹部呈灰藍色，卵形橢圓，濃褐色。

生活史　此種蚜蟲之卵，能越過冬期，至四月間，卽行孵化而爲幼蟲。幼蟲經數次之蛻皮後，卽成有翅之雌蟲。此種雌蟲，爾後卽胎生幼蟲，此第二次之幼蟲，經數次之蛻皮後，亦卽產生無翅之雌蟲；此雌蟲亦能胎生幼蟲，幼蟲卽化無翅之成蟲。如此循環而行繁殖。然一至秋季十月十一月之間，卽發生有翅之雄蟲，與有翅之雌蟲，兩者營交尾後，雄蟲卽死，雌蟲於樹幹之孔裂中，產卵以越冬。此蟲專喜食害栗樹之嫩梢，故高接之接穗，常受其害；但於秋季所發生之雄蟲，則全不加害，僅營交尾之工作而已。

驅除預防法

(甲)幼蟲與成蟲，宜用松脂合劑四十倍液，或石油乳劑三十倍液以噴霧器撒佈殺滅之。

(乙)至冬季中，擇天氣晴明，日光濃麗之日間，在樹幹之裂孔與細縫間，搜集殺滅之。

（五）栗大象蟲

形態　此蟲之成蟲，體色黑褐，其表面散布灰褐或黑褐色之不規則斑紋及小隆起頭部稍呈尖形，形小，口吻長黑色而尖銳。觸角在口吻之中央部，前胸之前緣幅甚廣，其表面上生瘤狀物。翅鞘甚厚，並極堅實，其表面有數條瘤狀之隆起線。其幼蟲多食入栗之幹內而加害。

第十七圖　大象蟲

生活史　其經過尚未充分明瞭，惟其成蟲則多於七月間現出產卵於樹幹上。

驅除預防法

（甲）成蟲因缺乏飛翔之力，故如輕搖樹枝，即可墜落捕殺之。

（乙）當其產卵時，搜集之用針刺殺。

（丙）幼蟲如已深入，可用青酸鉀塞入蟲孔中，外部塗以黏土以殺滅之。

（六）實象蟲

形態　此蟲爲栗之害蟲中最可恐怖者。果實之貯藏中途，被蟲所食害者，大抵皆爲此種害蟲。

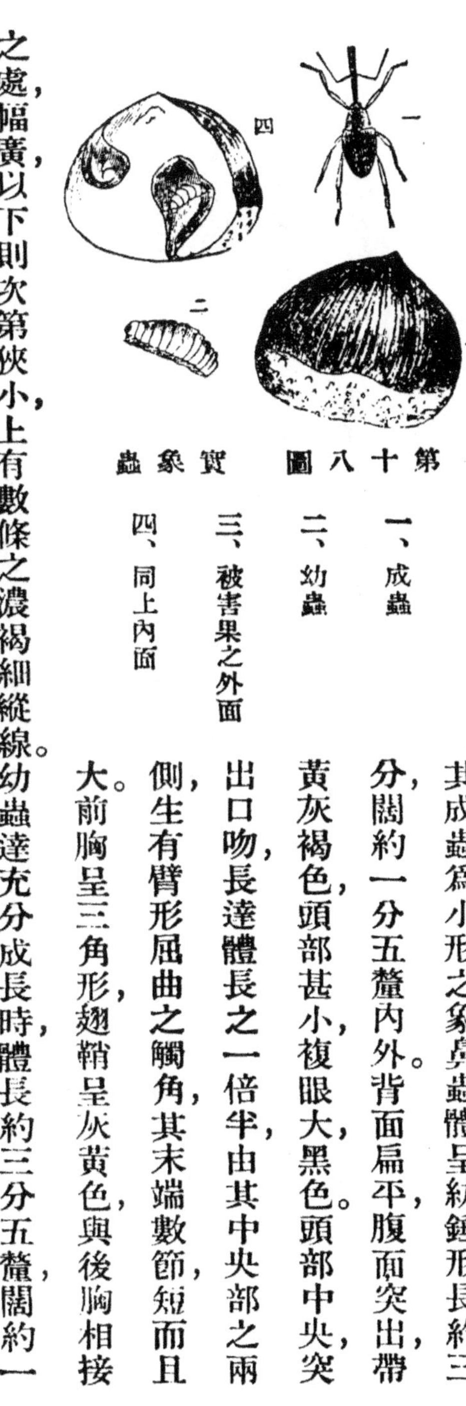

第十八圖　實象蟲

一、成蟲
二、幼蟲
三、被害果之外面
四、同上內面

其成蟲爲小形之象鼻蟲，體呈紡錘形，長約三分，闊約一分五釐內外。背面扁平，腹面突出，帶黃灰褐色，頭部甚小，複眼大，黑色。頭部中央突出口吻長達體長之一倍半，由其中央部之兩側，生有臂形屈曲之觸角，其末端數節短而且大。前胸呈三角形，翅鞘呈灰黃色，與後胸相接之處，幅廣，以下則次第狹小，上有數條之濃褐細縱線。幼蟲達充分成長時，體長約三分五釐，闊約一分三四釐，全體淡黃色，肥大，頭部呈赤褐色，各環節之上，多横皺，脚全無。

生活史　此蟲每年發生一次，成蟲常於七八月之間出現，產卵於栗之果實內，幼蟲以一果食入一頭爲最普通，有時食入二三頭者，亦有之。此幼蟲在果實內加害時，因蟲糞並不向外排出，故鑑別困難。幼蟲至十月中旬老熟，此時乃由果實爬出，潛伏土中以越冬，至翌年七月間始化爲蛹。蛹乃羽化而爲成蟲，再由成蟲產卵。然其經過頗不規則，至十一月間尚未老熟，止於果內者亦有之。

驅除預防法

(甲)果實收穫以後，宜卽用二硫化炭素燻蒸之（參看本書貯藏法。）

(乙)被害之果實，已致墜落者，宜卽收集燒棄之。

(丙)園地宜保持清潔，以便處理被害之果實。

(丁)幼蟲爬出果外時，宜當其未入土前捕殺之。

(七)豹紋蛾

形態　成蟲爲全體橙黃色之小蛾，並密生同色之鱗毛，有黑點，腹背二部，黑點並列。前後兩翅黃色，前翅上有黑點二十七八個，後翅約有黑點十五六個。體長約三四分，張翅約八九分。雄者腹部無黑毛，故雌雄甚易識別。卵赤色，球形。幼蟲初孵化時，白色，至老熟則呈淡黃赤色；體長約七分內外，頭及硬皮板黑褐色，體上之各環節部，有疣狀紋，由此疎生淡褐色之粗毛。蛹褐色，作長圓筒形，尾端尖，長約四分內外，常在灰白色之粗繭內。繭多在樹之裂孔或枝間，外面往往纏綿木屑，致呈灰黃色。

生活史　此蛾每年發生二次。第一次於五六月間，專害桃之果實；第二次自七月下旬至八月上旬之間，則產卵於栗之毬部。待其卵孵化爲幼蟲後，卽蝕入果實之內，排糞果外，故一見卽可認出。幼蟲將一果食盡以後，卽轉害他果，至幼蟲老熟時，乃爬出果外，進入樹幹之裂孔中，營成粗繭，蟄伏繭中，並不化蛹，待越過冬期，乃化蛹而變爲成蟲。

驅除預防法

(甲)毬部之外如積有糞穢之果實，卽宜將其摘下，用火燒棄。

(乙)毬早變黃色者，卽宜摘下燒棄。

(丙)果實貯藏以前，宜用二硫化炭素燻蒸之。

(丁)冬期在樹幹之裂孔中，搜索其繭，用火燒棄。

(戊)用捕蟲網捕捉成蟲殺滅之。

(八)栗毛蟲

形態　此種害蟲，除栗之外，其他果樹，亦常受其侵害。成蟲為大形之蛾，體長一寸一分，至一寸四分，張翅約三寸五分至四寸五分。體色赤褐、黃褐、綠褐無一定。雌蛾之色，較雄蛾稍淺，觸角長，呈櫛齒狀。前翅自前緣達後緣，有褐色線二條，其中間有呈灰褐色之眼狀紋。又近於外緣處，有二條並行斜走之波狀線。翅色濃褐，外緣則呈灰綠。後翅之斑紋着色，類有前翅，外方則帶綠褐色，其中央之眼狀紋，較大而顯明。雄者之前翅，前緣角曲，體軀較雌小。卵形橢圓，色灰褐，一端有黑褐色之環紋，卵常數十粒集為一團。幼蟲初孵化時，黑色，生有長毛，漸漸生長，則變為淡綠色，全面被以綠白色之長毛，待充分成長

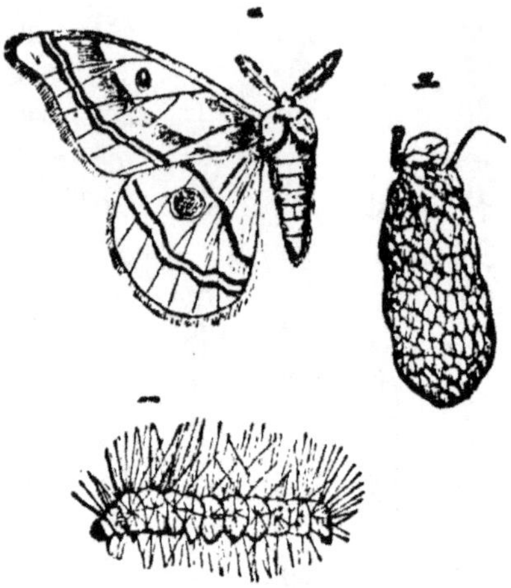

第十九圖　栗毛蟲

時，則體長達三寸五分內外。蛹呈長橢圓形，褐色，長約一寸四五分，闊約七八分，外被赤褐之網，得透視之。

生活史　此蛾每年發生一次，以卵越冬，至四五月間，孵化而爲幼蟲，食葉加害，至六月下旬，乃老熟化蛹，自八月下旬至九月下旬乃羽化爲蛾，產卵樹孔中，一蛾以產卵三百粒內外，爲最普通。

驅除預防法

(甲)葉上發見幼蟲時，卽用竹棒拂落，殺滅之。

(乙)蛹易認出，亦宜拂落殺死。

(丙)發生較多，宜撒佈毒劑以殺滅之。

(丁)此蛾之卵，多產於離地五六尺之幹上，宜收集壓死。

(九)槲蛅蟖

形態　成蟲爲蛾，呈灰黃色。雌蛾之前翅灰白色，內緣及外緣帶淡紅色，翅面有波狀之斑紋，後翅淡白紅色，近於外緣之處，有暗帶。雄蛾之前翅暗灰色，有暗黑之雲形紋，後翅呈淡黃暗色。體長、雌者一寸，雄者六七分，張翅、雌者二寸，雄者一寸內外。雄蛾之形因較雌蛾爲小，故一見卽可識別之。卵呈球形，色灰黃常多數集合表面被有短毛。幼蟲黑色，第一、第二、環節之背面，有濃黃紋尾背有灰黃紋各節有六七個之突起簇生長毛，在第一節之兩側，生有角狀之毛束體長約一寸七八分。蛹黑色，有光澤長約一寸內外，常在毛塊之中化蛹。

生活史　此種害蟲，每年發生一次，常在四五月間孵化而爲幼蟲，以嫩葉爲食料。幼蟲經數次之蛻皮後，漸漸生長食葉漸多，常致一樹之葉成爲網狀。幼蟲至七月中下旬，老熟化蛹。蛹至八月間羽化爲蛾。蛾產卵後，卽行死滅。一蛾產卵之數約二三百粒不等。卵常被母蛾之體毛而越冬。幼蟲初孵化時，羣集一處，經數時後，卽向四方散亂。成蟲之雄者，性甚活潑，雌者常靜止於樹幹之上，以待雄者飛來，舉行交尾。

驅除預防法

（甲）收集卵塊及蛹殺死之。

（乙）幼蟲初孵化時，因常羣集，此時應卽捕殺，或捉下燒死之。

（丙）撒佈毒劑殺滅之亦可。

石油乳劑之製法　此劑爲驅除害蟲最有效之藥劑，乃用石油一升七合，石鹼（良品）一兩二錢至一兩五錢，清水八合五勺調合而成。調合時，先將石鹼切成薄片，盛入一容器中，加入清水，用火煮沸，使之溶解。於另一容器內，置以石油，亦微溫之，惟此時甚爲危險，待其微溫，宜卽離火，即用石鹼溶液，注入石油中，使兩液混合，變爲乳狀，卽已製成原液。施用時，再須另和清水，使成稀薄之溶液。但如已加清水，當時卽須使用，因稀薄之液，易於分離故也。至加水稀釋之度，則視害蟲之種類及撒佈之時期而異，此處難於預定之。

松脂合劑之製法　此劑亦爲驅除害蟲之有效劑，多用松脂十二兩，苛性鈉十兩，清水一升七合，調合而成。調合時，先將清水放在釜中，加熱煮沸，再投入苛性鈉及松脂，加熱攪拌，約歷十五分鐘後，卽可完全溶解而成黑褐色之溶液，卽成原液。使用時，亦須加水稀釋，常視害蟲之種類而定加水之多少。此劑多用以驅除冬季之害蟲，忌於發芽前使用，因嫩芽遇此藥，恐致枯死也。

王雲五主編

萬有文庫

第一集一千種

種栗法

許心芸著

發行兼印刷者 上海寶山路 商務印書館

發行所 上海及各埠 商務印書館

中華民國十九年十月初版

The Complete Library
Edited by
Y. W. WONG

CHESTNUT CULTURE

By
HSÜ SIN YÜN
THE COMMERCIAL PRESS, LTD.
Shanghai, China
1930

B五二七分

種桃法

許心芸 著

商務印書館

民國十九年

種桃法

許心芸著

農學小叢書

種桃法

目錄

種桃法

第一章　緒言

桃爲重要果樹之一，其果實可以生食，亦可製成罐頭食物，運銷各地，獲利頗豐。果實之外觀鮮麗，味甘漿多，並帶一種不堪名言之香氣，爲其他果實所不可及，故無論中外人民，皆喜嗜之。且樹性強健，雖栽植於較爲磽瘠之土中，苟得經營合法，當亦能希望收穫良好之果實。又於栽植之際，費用較輕，雖僅具微薄之資本，亦得從事栽培，以獲莫大之利益。故近時中外各國，闢地而專事栽培者，殆有日漸增多之趨勢矣。

吾國所產之桃，品質素稱優美，其中以天津與上海所產之水蜜桃，最爲著名，中外農業家，莫不讚爲唯一之佳種；有時外國之栽桃者，亦有擷取吾國之桃種，從事栽培，育成新種，以圖斯業之進步者。

吾國種桃一業，相沿已久，闢地而專事栽培者，往昔雖甚僅見，今則不乏其人矣。惟觀市上出售之桃，被病蟲侵害或發育不完全者，頗不在少數之列，推原其故，良由於栽培法之不革新，與夫多數栽培者不知合法之栽培所致，長此以往，大好農產，恐不免有日漸淪落之虞矣。茲將關於種桃之植物學的基本知識，先行敍述於下，以備栽培者之參考。

桃在植物上之位置，隸薔薇科 (Rosaceæ) 櫻桃屬 (Prunus) 其學名爲 Prunus persica 或 Persica vulgaris 凡食用之桃，皆其品種也。

桃在結實上相關之部分共有四部分，述於次：

（一）花　桃花之色，多呈淡紅，白色或紅白相間者亦有之，每年於春季開花，望之極爲美麗，故可供觀賞之用。花瓣五枚，——亦有重瓣者。——全部

第一圖　桃花

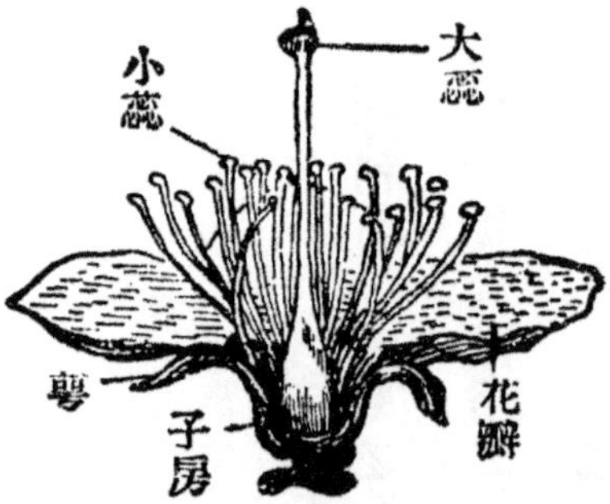

大蕊
小蕊
萼
子房
花瓣

第二圖　桃花之解剖

分離，小蕊之數甚多長短不一，上端有葯，形如小囊，內藏花粉。大蕊一枚，形狀細長，下端有膨大之子房，中藏胚珠一粒。花梗短，萼之上部五裂，下部聯合如筒狀，色綠帶紫，內呈黃色，能分泌甘味之蜜，以招誘蜂蝶，藉其攜運花粉於大蕊，得遂受粉作用，而結成果實。

（二）果實　桃之果實，俗呼桃子，生時綠色，成熟以後，則變爲紅色或紅色與白色相間，一見甚易識別。形狀普通皆近於圓形，可分爲果皮與種子二部。果皮又可分爲三層：第一層、居於外側，卽果實外層之皮也，稱爲外果皮，質薄，上生毛茸；第二層、爲果實之厚肉，稱爲中果皮，肥厚多漿，色紅或白，味甘而美，可供食用，故亦稱果肉；第三層、爲內果皮，亦稱爲核，質地堅硬，表面多凹凸，專司保護種子之用。種子俗呼爲仁，生於核內，亦可分爲二部：一、爲種皮，卽

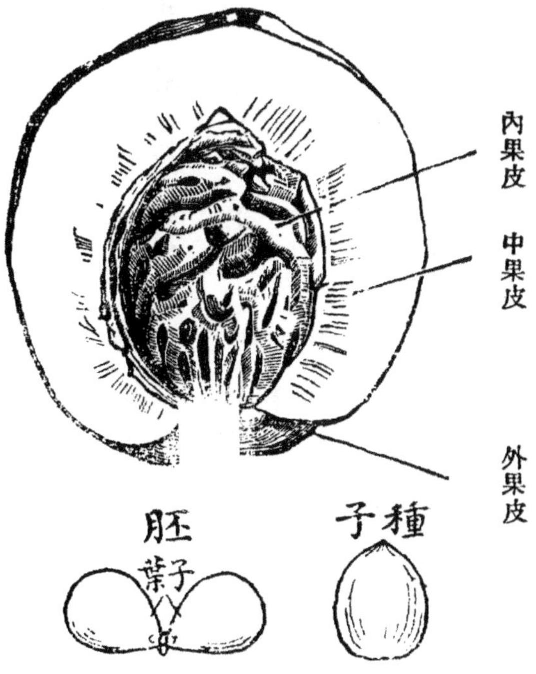

內果皮　中果皮　外果皮

種子　胚　子葉

第三圖　桃之果實及種子

包被種子外圍之薄皮，呈褐色，二、爲胚，乃果實之主要部分也，作白色，有肥厚之子葉二枚，專供養料之用，子葉之間生幼芽與幼根，如將核種入土中，卽能抽芽出根，而成新植物。

（三）芽　芽有葉芽與花芽之別：葉芽爲葉之潛態，形瘦而尖；花芽爲花之雛形，形較肥而帶圓，一見甚易識別。花芽限生於新梢之上，原爲由新梢上之腋芽分化而來，多於七八月間形成，至翌春方開花結實，故經一度開花結實之枝，爾後再不能形成花芽矣。如由花芽着生之狀態觀之，凡新梢之頂芽，必非花芽，卽腋芽亦不能純爲花芽，因腋芽有單芽與複芽之別，單芽純爲花芽（圖C），可不必論，如於一葉腋上着生兩芽者之複芽，一芽當爲葉芽，他芽必係花芽（圖B）。如係三芽合成者之複芽，則中央一芽爲葉芽，左右兩芽必爲花芽（圖A），稀有二芽或三芽同成花芽者。有時於一葉腋之上，着生四芽者之複芽，則在中央部之一芽，必爲葉芽，周圍兩側之芽，必爲花芽，甚易鑑別。

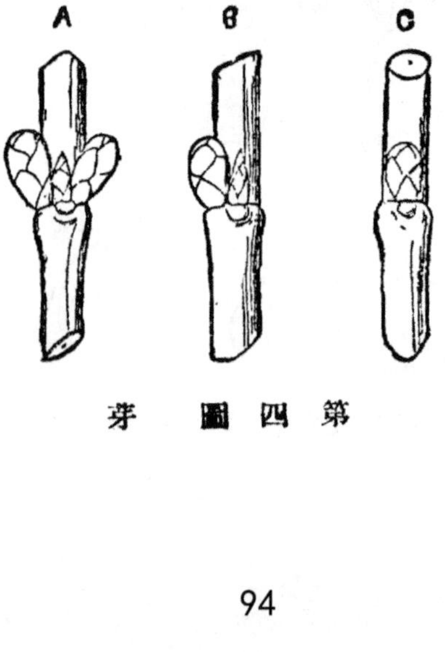

A　B　C

第四圖　芽

（四）枝　桃之枝，因發育狀態，得區別爲發育枝與結果枝之二種，分述如次：

（a）發育枝　發育枝者，乃生長力強盛，其形態從而長大，不着生花芽之枝也。亦可分爲四種：

（甲）主枝　乃由頂芽之伸長所發生之枝也，常與母枝採同一之方向而上伸，爲全樹之主幹。

（乙）副主枝　乃由主枝之側方所發生之枝也，專司發育作用。

（丙）徒長枝　多由枝上之隱芽不定芽所伸長之枝也，勢力旺盛，常駕凌其他之枝梢。

（丁）副枝　乃由本年生新梢上之葉腋，更伸長之枝也。

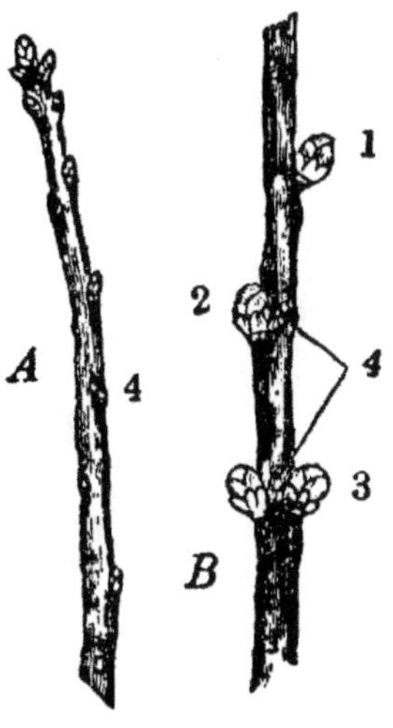

第五圖　枝

A 發育枝　B 結果枝　1 單芽　2 3 複芽　4 葉芽

（b）結果枝　結果枝者，乃生長力薄弱，其形態從而矮小，能着生花芽之枝也，與結果有直接之關係。依其生育狀態，又可分爲長果枝、短果枝與花束狀果枝三種：

（甲）長果枝　在樹齡尚幼稚時，由勢力旺盛之主枝或側枝所發生，長約七八寸許，着生花芽之側枝，稱爲長果枝。此枝發育之勢力，過於旺盛時，則備發育枝之形態。花芽之着生，限於上端，離基部三分之一內外，則俱爲葉芽。

（乙）短果枝　此枝普通長約五六寸內外，較長果枝細短，僅於頂端着生葉芽，其他則全部皆爲單芽，稀有着生複芽者。然伸長至六七寸者，亦有於基部發生二三之葉芽，中央部現一二之複芽者。

第六圖　長果枝

（丙）花束狀果枝　此種果枝，乃由近於衰老之枝梢，或栽培於瘠薄之土質與生育於養分不充分處之枝梢上，所發之果枝。每年能伸長一寸內外，節間短，概着單芽。各花芽皆相接而生，僅頂芽爲葉芽，一枝之上，着花芽凡四五個，相接如花束狀，故名。有時以二三之短果枝相接而形

第七圖　1 短果枝　2 花束狀果枝

成大花束狀者亦有之。此枝結實不良，大抵皆致死滅，或中途落果，故宜注意施行翦定與摘果。

結果枝、除以上所述者外，尚有稱爲僞果枝者一種，此枝頗與長果枝及短果枝相類似，故一見完全如果枝，然其所着之芽，全體皆爲葉芽，或爲非葉芽非花芽之中間芽者亦有之，此恐因花芽形成之時期較遲，或受樹液循環之障礙，尚未成爲花芽故也。

第二章　桃與風土之關係

（一）氣候上之關係

溫度　桃原產於暖地，故性好溫暖之氣候，如栽培於寒冷之處，不惟能使成熟期改遲、與果實之發育不完全而已，他如妨礙生殖機官之發育，影響受精作用，致難得多量之收穫，爲患尤鉅。因開花期中如氣溫降至華氏三十度以下，即受凍害也。至氣候溫暖之處，則妨礙旣少，成熟又速，就此栽培，無往不利矣。

雨量　雨量過多，爲果樹栽培上最忌之事，桃對於此種關係尤著。因桃之生育旺盛，最易於徒長，如將其種於氣候濕潤、雨量過多、土質多濕之處，則徒長更甚。若栽植於溫暖之處，尤宜避忌濕潤之氣候。又當雨量過多，日光照射不充分時，常致枝梢不能堅實發育，病蟲害之發生與蔓延增劇，果實缺乏甘味，外皮失去鮮麗之光澤，於是品質變劣。至在成熟期中，如遇霪雨綿綿，則果實之外皮，每致損傷，貯藏困難，不堪輸送於遠地。在開花期中如降雨不止，則往往妨礙受精，結實不良。故操斯業者，宜考察栽培處之降雨期與雨量，注意整枝翦定，選擇品種，施行掛袋等作業以預防之。

降雨過多，固能爲害，然乾旱日久，影響亦鉅。夫氣候乾燥，雖能抑制生育，使花蕾之着生良好，然果實之發育，每亦隨之而停止，難得肥大之佳果。故操斯業者，亦宜預先設法防止土壤之蒸發，並須時時灌水，以圖水分之無缺。

風　風力過大時，對於一般果樹，頗有機械的損傷，桃亦猶然；尤以在開花期與成熟期之間，被害最大。此時常見枝梢吹折，果實委地，以致收穫減少，誠爲不測之災。操斯業者，又宜於栽培之區域內，擇暴風吹來較多之方向，設置防風林，或築牆垣以防止之。

（二）土質及地勢上之關係

土質　土質之適宜與否，對於桃之生育及結實上，頗有顯著之關係。故種桃之前，首宜選擇土質，可毋論矣。種桃最適宜之土質，要以砂質至礫質壤土爲限，最忌黏質壤土、黏土、火山灰土與壚土等土質之過於肥沃者；因土質肥沃，常致枝葉徒長，有栽培困難之傾向。反之土質瘠薄，則生育和緩，花蕾之着生良好，成熟期早，栽培較易，故植桃於肥沃之土中，莫若種於土質比較瘠薄處之爲得策也。

種桃之地，不僅須選擇土質之適宜而已，卽排水之良好與否，亦須注意及之。因如種桃於濕地，常致枝條徒長花芽不生，果實墜落，根部腐敗，樹幹衰弱或枯死也。栽培者亦宜急行研究防備方法。

地勢　地勢若何，對於種桃前途，影響亦大。如就排水與温度二點而言，則須選擇傾斜於南方或東南方者，始稱合宜，且傾斜之度，不宜過急，要以十度內外者最稱適當，因傾斜過急，於管理、作業、諸端，頗感不便也。

（三）位置及高度

位置桃園不定取相連之地面，雖分成數區亦無不可。惟大規模栽培者，爲求管理運輸之便利，則又以連成一片而土質一致之處爲上。成本之低廉，亦極宜注意。

高度　桃園離海平面之高度，於桃之發育亦極有關係。其地位不宜較其周圍之地面過高。有多數地方，高出海面一百五十至二百呎，收穫卽可良好，另有多數地方，則須高出八九百呎以上，方可好得收成。至高低不平之地，間雜山地，水溝，濕地者，皆宜勿取。

第三章 品種

桃之品種甚多，茲就吾國日本及歐美諸國中所產之桃，擇其品種良好者，略述其特性如次：

中國種　吾國所產之桃種類甚多，最佳者約有水蜜桃、蟠桃、肥城佛桃、油桃、銀桃、蜜桃、鷹嘴桃、及碧桃等數種。除碧桃開重瓣花供觀賞外，餘均供食用。茲分述於左：

（a）水蜜桃　水蜜桃爲吾國最著名之品種，日本、歐美各國之桃，鮮有與之匹敵。最著者有數種：

（甲）天津水蜜桃　產於河北之天津，故名。樹性強健，枝梢之伸長中等，極合宜於花芽之着生。花大，蜜腺大，常作腎狀形。果實尖圓，甚大，每個之重量，普通約五六兩，大者約達八九兩。果皮白色，並有濃紅色之斑點，至成熟時，則全面作深紅色，外觀鮮麗。果肉亦白色，漸近成熟，則漸變暗紅色，呈與果皮略同色之外觀。惟果肉較硬，甘味與漿汁稍少，並帶酸味，是其缺點。果實採收後，堪耐貯藏與搬運，在鄉僻之區栽培，最爲適當，故亦不失爲一佳種。每年約於七月間成熟。

（乙）上海水蜜桃　產於江蘇之上海，故名；爲吾國最佳之品種。樹性強健，枝梢之發育佳良，富於開張性，故易於整枝與翦定。花大如輪，大蕊顯著突出，有多少纖弱之傾向。蜜腺作腎狀形或圓形。果實大，每個之重量平均約五六兩，大者達七八兩，形狀爲短橢圓形，縫合線淺。果皮呈蠟白色，頂端現微紅色，甚爲鮮麗。果肉白色，近核之處，呈深紅色。肉質緻密，富於黏力，未成熟時，稍帶澀味，漸近成熟，則甘味漸增，並稍帶酸味，有一種不堪名言之香氣，品質高尚。每年於八月中成熟，尚可耐於貯藏，惟中途落果較多，是其缺點。其原因雖不得而知，但恐由於大小蕊之發育不良，致受粉作用不充分之故歟？

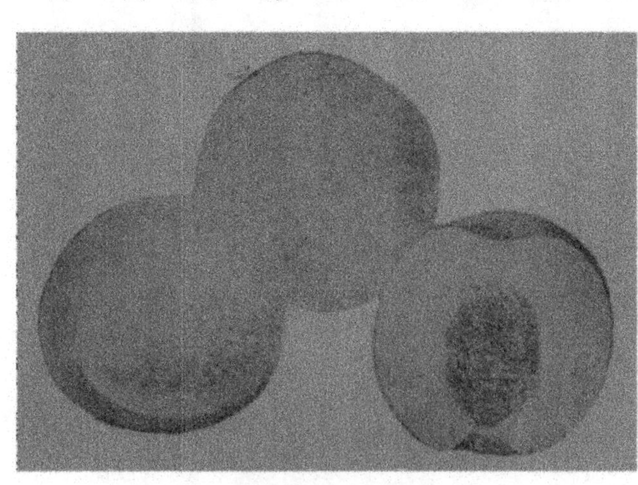

第八圖　上海水蜜桃

（丙）杭州水蜜桃　樹性略似上海水蜜桃，形圓或短橢圓，果皮黄白色。肉白色。漿液豐富，甘酸適度，品質優良，八月上旬成熟。

（丁）深州水蜜桃　產河北保定深州等處。樹性中旺，蜜腺腎臟形。果實豐大，平均重六七兩以上，形圓，果皮黄白色，肉黄色。柔軟多汁，味甚甘美，酸味極少，惟有時帶澀味耳。性耐貯藏，如保存適當，可以終冬不壞。石家莊等處土販用簡易方法貯藏者，可至十二月後，亦見於市面，其貯藏力之久可知矣。

（戊）吳江紅肉水蜜桃　產江蘇之吳江縣。樹性強健。果實長圓形，每個重約五六兩。皮色黄白，向陽部紅斑頗大。肉白，近核處殷紅。肉質柔軟，甘酸適度，多漿液，風味優良。本種樹性豐產，栽培容易，爲優良之品種。七八月間成熟。

（己）吳江白肉水蜜桃　與前種同爲吳江原產。果重每個五六兩。果皮白色，向陽部近縫線處，略具紅色細紋，狀頗豔麗。果肉白色，柔軟多漿，風味甘美而具芳香。八月中旬成熟，爲晚熟種中之良品。

（庚）崇明水蜜桃　產江蘇崇明西鄉及北義鄉一帶。樹性强健，果實每個重三四兩，亦有達五六兩者。形長圓，果面黃白色，向陽處且紅暈。果肉蜜色，近核部殷紅。味甘而淡，微具澀味，品質中上，性較豐產。

（b）蟠桃　蟠桃一名盤桃，又名扁桃，亦吾國之佳種也。產蘇常，滬海等處，就中以太倉所產品質較佳。龍華蟠桃雖著名，但果大而品質不良。其樹性及枝梢之發育狀態，與上海水蜜桃相類似，惟枝梢較大而短，亦富於開張性。花芽之着生極良好。果實之大中等，每個重約三兩內外，形狀扁圓，中心凹下，殆接於種子之兩端。縫合線極深，並極明瞭。果皮之色綠黃，表面散布紅色之大斑點。果肉乳白色，質堅，黏力缺乏，漿汁甚多，富甘味與芳香，每年於八月間成熟。

（c）肥城佛桃　產山東之肥城縣。果形碩大，冠軼

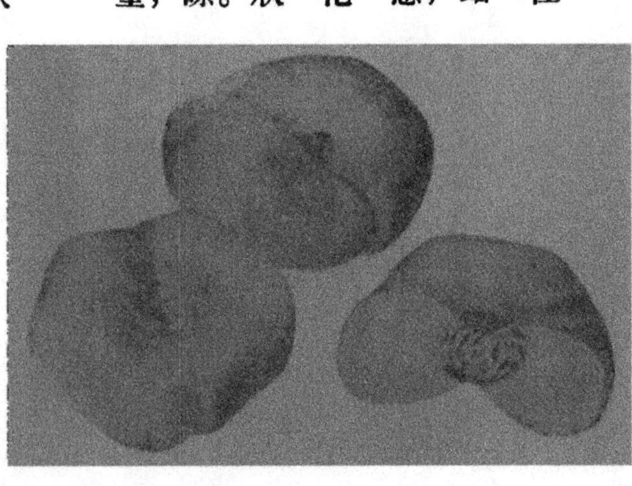

第九圖　蟠桃

拳桃，每個自八九兩以至十二三兩，亦有達斤餘者。果面未熟時淡綠色，熟則呈蜜黃色，頂端及向陽部略具紅暈。肉色淡黃，漿液特富。白露秋分前成熟。在清時歲爲貢品，珍貴可知。

（d）油桃　油桃亦爲吾國之著名種。樹性強健，枝梢之發育亦佳良。果實形圓而小，每個重約二兩，縫合線淺。果皮呈鮮紅色。果肉白色，漿汁甚多，富甘味與芳香。每年於夏秋間成熟。

（e）銀桃　銀桃，亦著名種也。樹勢與枝梢之發育狀態甚強，果實形圓而大，每個重約三四兩許，果皮之色青白，果肉白色，不黏着於種子上，富於甜味與漿汁。

（f）鷹嘴桃　產煙台附近，果形長圓，每個約重三四兩，頂端部尖而彎曲，形如鷹嘴，故有是名。果面灰白色，上具濃紅條紋，果肉白色而微紅。富漿液，味甘而酸。八月上中旬成熟。

（h）蜜桃　亦產煙台附近。果圓形，約重二兩半。果面淡黃綠色，向陽部具紅暈。果肉白色而微紅，多漿液，味甘微酸，八月下旬成熟，適北省之氣候。

日本種　日本所產之桃，品種亦多，茲將其著名者，約舉如左：

（a）水蜜桃　日本亦有數種水蜜桃產出，惟品質不若吾國所產者之優良。列舉如左：

（甲）旭水蜜桃　樹勢旺盛，伸長力強大，葉形甚大，蜜腺作腎臟形。果實大，普通重約四兩內外，呈倒卵形，肩部較細，頂部稍平，縫合線深。果皮之色綠黃，向陽之部現紅暈。果肉淡黃色，接近果皮之處，微有紅點或紅斑。肉質中之粗纖維較多，柔軟多漿，富於甘味，並略混有澀味。每年於六月下旬成熟。

（乙）東雲水蜜桃　此種水蜜桃，亦日本之佳種也。樹性尚強，花芽之着生良好，枝梢有開張性。果實大，重約四兩內外，大者可達六七兩，肩部細，亦呈倒卵形，縫合線淺。果皮之色淡黃，亦有紅暈。肉質香味，與前種無大差異。每年於七月上旬成熟。

第十圖　東雲水蜜桃

（丙）離核水蜜桃　樹性強健，枝梢之伸長亦著，若栽於土質肥沃之處，則有落果較多之傾向。蜜腺呈短腎臟形或圓形。果實大，每個重達四兩餘，作橢圓或圓形。果皮呈黃綠色，向陽之部密布鮮紅色之小斑點。果肉之質地柔軟，甘味多漿，並混酸味，亦具香氣。果肉完全不與種核相結着，故名。每年於七月下旬成熟，能豐產，亦佳種也。

（丁）早生水蜜桃　樹性強健，枝梢之伸長力適中，結果枝之生成良好。花大如輪，蜜腺作腎臟形。果實圓形。果皮之色澤淡綠，向陽部亦帶紅暈。果肉水色，接近種核處，稍帶紅色，質緻密而多漿，甘酸適度。每年於七月下旬至八月上旬成熟。

（b）傳十郎桃　此種亦爲日本有名之品種。樹性強健，枝梢之發育中等，如放任之，自能開張。結果枝之生成極佳良，產量甚豐。果實中大，每個之平均重量約四兩內外，大者可達七八兩。果形殆爲正圓，縫合線淺，果皮呈綠黃色，向陽之部，密布淡紅色之小點，沿縫合線處，又有紅褐色之條斑。果肉水色，接近種子之部，稍帶紅色。肉質緻密，成熟以後，則柔軟多漿，富於甘味，每年於七月中旬成熟。

（c）金桃　乃一雜種也，枝梢強健，富於開張性。花大，蜜腺作腎臟形，果實大，普通重約四兩餘，作短橢圓形。果皮呈鮮黃色。果肉黃色，近於種核之部帶紅色，質地緻密，未完全成熟時，稍帶澀味，漸近成熟，則甘味漸增。每年於八月中旬成熟。

歐美種　歐美各處所產之桃，品種亦甚多，推其原種，無不輸自中國，然一經改良，又無不自成名種。茲就著名者分列於次：

（a）勝利（Triumph）桃　此桃樹性強健，伸長力大，花芽之着生良好，葉呈黃綠色，葉面多皺紋，蜜腺圓而小。果實之大適中，每個重約三兩餘，作不正之圓形，果皮呈黃色，現暗紅色之暈，被有毛茸。果肉鮮黃色，近於種核之部，稍帶紅色，肉質稍疏，柔軟多漿，富於甘味，每年七月上旬成熟。

第十一圖　傳十郎桃

（b）阿姆斯丹六月（Amsden June）桃　樹勢旺盛，伸長之力極大，每年能達五六尺。果實圓形，每個重約三兩餘，脊部稍廣，腹部較狹，故橫斷面不整。果皮之色黃綠，有紅暈，其間更有紅色之條斑或不整之斑紋，漸近成熟則漸變深紅，終至成爲黑色。果肉綠白色，質甚緻密，缺乏黏力，漿汁與甘味俱適中，並稍帶香氣。每年於六月下旬成熟，收量中等，因果皮甚強韌，故比較堪耐貯藏。

（c）格冷波羅(Grain Borough)桃　樹性強健，枝梢之伸長力強，無直立性，頗帶有開張性，故甚合宜於結果枝之生成。蜜腺作短腎臟形，栽培甚易。果實大，每個重約四五兩。形狀橢圓，縫合線淺，於兩端稍稍明瞭。果皮之色淡綠，次第能變爲黃色，向陽之部，被有紅暈，其間更現有紅色之條斑。果肉呈黃白色，接近種核之部，微帶青色。肉質稍粗，然甚柔軟，富於黏力，漿汁多；未成熟時，稍帶澀味，漸近成熟，則甘味漸增，並帶有適當之酸味，品質良好。每年於七月上旬成熟，堪耐貯藏與搬運。

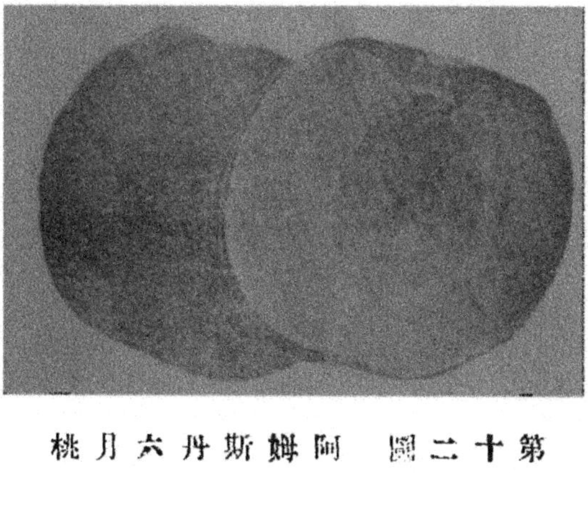

第十二圖　阿姆斯丹六月桃

（d）山薔薇(Mountain Rose)桃　樹性強健，枝梢之發育良好，稍帶直立性，蜜腺呈短腎臟形。果實大，每個重約四五兩，作圓形，呈淡綠色，密布暗紅色之小點。果肉淡黃白色，接近於種子之部，帶紅色。肉質緻密，有黏力，甘味甚多，並帶一種香氣，品質佳良。惟收量不多，是其缺點。

（e）易北塔（Elberta）桃　樹性強健，枝梢之伸長力適中，富於開張性，結果枝之發育佳，花芽之着生良。花大如輪，蜜腺呈腎臟形。果實大，每個重約四兩餘。果皮呈淡綠黃色，向陽之部，被暗紅之暈。果肉黃色，接近種核之部，呈紅色，向周緣射出紅線。肉質緻密，漿汁之多少適中，富於甘味，並稍帶香氣。每年於八月中下旬成熟。

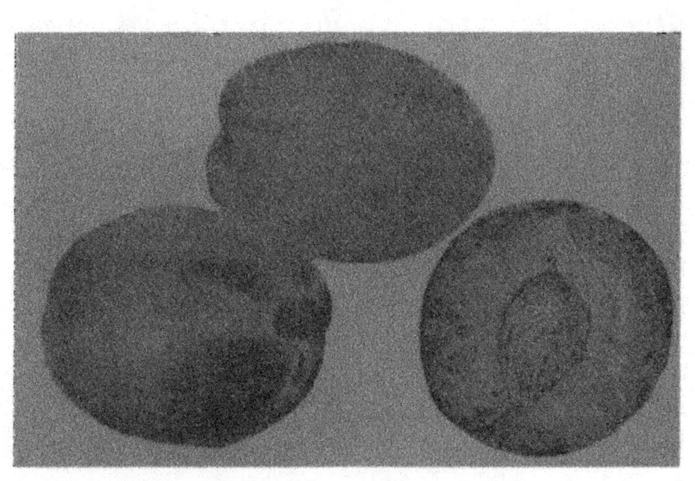

第十三圖　易北塔桃

第四章 繁殖

我國桃之繁殖，限於嫁接一法，如實生法者，則僅供砧木之養成與新種之育成等用而已。歐美則用實生法較嫁接法爲多，蓋以爲嫁接法易使樹身變低及受各種砧木之危害也。茲將實生與嫁接二法述之如次：

（一）實生法

桃之砧木，普通皆使用由核或種子繁殖之實生桃，故實生法爲砧木養成上惟一之方法，因可稱之曰普通砧木養成法。此法有時在欲育成新品種而行交配時，亦使用之。

當施行此法時，先宜在夏季果實採收後，就果皮腐敗或罹蟲害等果實之中，選出發育完全之種子，或向果實商購入，將其直接埋藏於排水良好之土中，嚴防過度之乾燥。至翌春二三月間，先耕起土壤，粉碎土塊，做成闊約一尺八寸至二尺之畦，然後將埋藏之種子，自土中取出，播諸畦上，每隔二三寸處，掘土深二寸許（在氣候和暖之處稍淺亦無妨。）播下一粒，上覆細土，用鋤稍稍壓實，其上再鋪草藁，以防乾燥，卽可漸漸發芽。或於秋季將種子放在火油箱中，使與河砂相混而貯藏之，至翌春播種時取出亦可。又在氣候温暖、降雨量甚多之處，則可不待翌春，在十月至十一月中旬，以前述之法，直接播種，必無妨礙。種子永久埋置於土中，大抵自能分裂外殼，開始發芽；然亦有至三月間尚不能分裂者，故宜用鐵鎚擊損外殼之一部，然後播種，方稱合法。又如用乾燥之種子以供播種時，則此種子於年內往往不能發芽，待至翌春，須加以少許水濕，以催其速卽發芽。

在三月間所播下之種子，至四月下旬，卽有長約三四寸之幼苗伸出土面。此時宜將密生之部，施行間拔，未曾抽苗之部，施行補植，以圖株間之均一。至五六月間，幼苗長達七八寸時，則宜施以人糞尿一次，助其發育。至秋末苗長達二三尺時，卽可供爲接木砧之用。若有生育不良之株，則宜掘取而移植於他處，更須培養一年，方可供用。

（二）嫁接法

（甲）切接法　嫁接法分有種種，最適於桃之繁殖用者，厥爲切接法。茲將是法之施行程序，述之如次：

（a）砧木之選擇　凡供切接用之砧木，以去年春季所播種之實生砧，擇其發育良好，直徑約五六分者，最稱適宜，直徑已達一寸以上者，普通卽不適於用矣。砧木選定以後，乃在離土面一寸之處切斷，再用利刃輕削，使截面平滑，以待施行手術。

（b）接穗之選擇　當施行手術之二三週以前，宜就前年所發生之幼枝中，選擇勢力強盛、枝條充實、皮薄易乾、發芽較速、長約七八寸至二尺內外者折下，截去首尾兩端，使成一尺至一尺七八寸之枝條，充當接穗。再將其放在木桶之中，填入乾濕適度之細砂，使穗之半部埋沒砂中，然後置桶於陰冷而溫度少變化之處以貯藏之，並注意乾燥，以待嫁接。

（c）施術之時期　施術之時期，以自二月下旬至三月中旬，卽春季發芽前行之，最爲適當。如行之過早，則因離發芽時太遠，難免發生不良之結果。反之、如施行過遲，則芽已開放，每致軟弱多漿之芽，生活困難，且施術之際，亦多不便也。

（d）手術　接木法中，有持接穗至栽植砧木之處而行嫁接，與掘取砧木於一定場所而嫁接者二種：前者稱爲居接，後者稱爲揚接，常依果樹之品類而異其用。如桃卽以採用居接爲最適宜。施術時、將貯藏於桶中之接穗取出，用利刃截成長約二寸至三四寸上有二芽至三四芽者一段，惟於切截之際，上端宜在近芽處向芽後斜切，下端則選平滑部分，一方淺削，他方（卽反對一方）急削（如圖1），卽可供用。再在砧木上選取平滑無疵之部，在木質部與表皮之間，卽軟薄形成層存在之部分，用刃向下直切，惟切面宜較接穗之切面稍短。再用刀尖傾向內方，稍稍壓傷，更將木質部薄切，使切面平滑，俾得與接穗之切面互相密接（圖2）。待砧木之作業告終後，乃取選定之接穗，使淺削之一面，與砧木之切面相接合（圖3）。此時最緊要者，卽此二面之闊，必須同一，如是則兩側之形成層，方得互相密合而生活較易。待接穗與砧木接合後，乃用草藁之屬，自上向下，密密緊紮，手續卽告終了（圖4）。

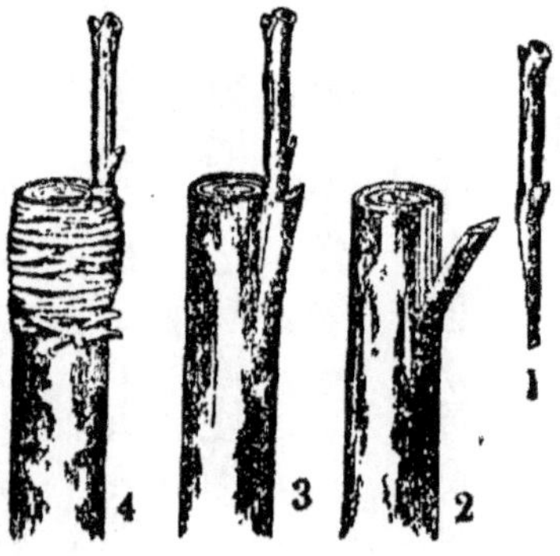

第十四圖　切接法

1 接穗　2 砧木　3 接穗與砧木接合之狀　4 用藁密紮之狀

嫁接之作業既告終後，乃用細土掩覆，至接穗不見而止，以防乾燥。惟所被之土，不宜過深或過淺，否則生活困難。迨新芽長至五六寸時，乃由向北一側，次第除去被土，同時摘去自砧木所發生之新芽。至五六月伸長達一尺內外時，施以人糞尿一次，至秋季則可伸長達於三尺內外矣。

（乙）芽接法　芽接法亦爲嫁接法之一種，因施術之方法與時期，皆較異於他法，且接着容易，故此法爲桃之繁殖上最關重要者。茲將施行芽接法之利益，述之如左：

（1）凡行切接未能接着者，於同年內再得施行芽接，卽不能接着，亦無損於砧木。

（2）每接祇需一芽，故以少數之接穗，得接多數之砧木。

（3）手術差誤，無損害砧木之憂，至翌春更得施行切接。

（4）與砧木之癒合甚易，且其接合部之折傷離脫亦少。

（5）手術容易，得於短時期中，接多數之砧木。

茲將行芽接法時，應注意之點，述其大要如下：

（a）時期　桃之施行芽接之時期，以自八月中旬至九月上旬之間，最爲適宜。因施行芽接於早春樹液之循環作用盛旺時，莫若施行於活動期終了時之爲愈也。蓋樹液之循環過多，所接之芽，往往被其壓出，以致生活不良。在活動期漸告終了之際，樹液專向內部，以增加體內之養分，因而割傷之處，易於癒合。

（b）砧木之選擇　芽接用之砧木，宜選用一年以上、三四年生之嫩木。如樹齡已長大者，因其外皮已屬硬化，每致作業困難，生活不良。故於春季實生之桃，祇須管理得宜，至於秋季，其直徑已達三四分者，卽可供爲砧木之用矣。待砧木既選定以後，乃於施術前一二週，將砧木之上部，翦去幾分，以抑制砧木之成長，圖內部之充實。

（c）接芽之選擇　供芽接用之芽，宜就春季所發生之枝梢中，選擇由勢力強盛之枝梢上所着生者，如由徒長枝或由弱枝所出之芽，則宜避忌。且在同一枝梢上所着之芽，如元芽或先芽，內容必不充實，勢力必不充分，概不能供爲接芽之用，惟在中央部之組織堅固、勢力強盛者，方可當選，此乃施術者所不可不注意也。

（d）施術之時間　施行芽接之時間，苟時期得宜，則隨時可行。然以朝夕或陰晴無風之日，最爲適當。至在晴明烈風之日，因蒸發過甚，每有接着困難之傾向。又如連晴數日，致土質甚乾燥時，因樹液之自然減少，必使剝皮困難，故施術者當於施術之前一日，施行灌漑以補助之。

（e）手術　施行手術時，先翦取適當之枝梢，除去上下兩端，選定中部之芽，殘留葉柄，翦去葉面，然後插入貯水之瓶中，以防乾燥，方攜往施行手術之處，以備切取接芽。

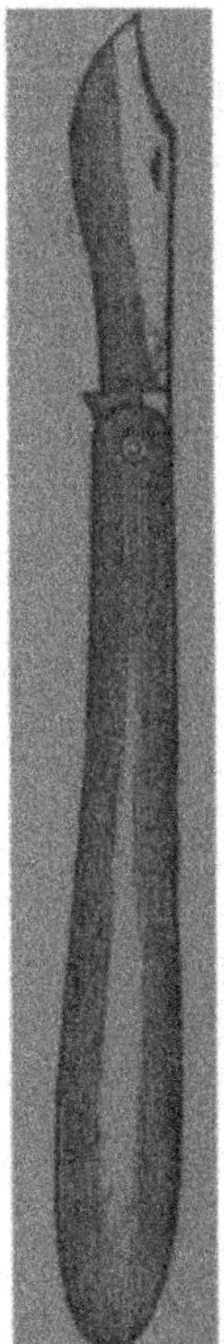

第十五圖　芽接刀

自枝梢中部切取接刀之際，先用芽接小刀，在芽之上部一分五釐、下部三四分處，橫戳一下；然後自戳傷之梢上部，又用小刀向下方薄切，使附有極薄之木質，最稱合宜。然亦不宜過薄，過薄則不僅不能插入砧木之剝皮部而已，且接着亦難。又於切芽之時，刀宜由上而下，若由下而上，往往將芽之維管束切去，致接芽之中心生孔，接着因之困難，亟宜注意及之，不可輕忽。

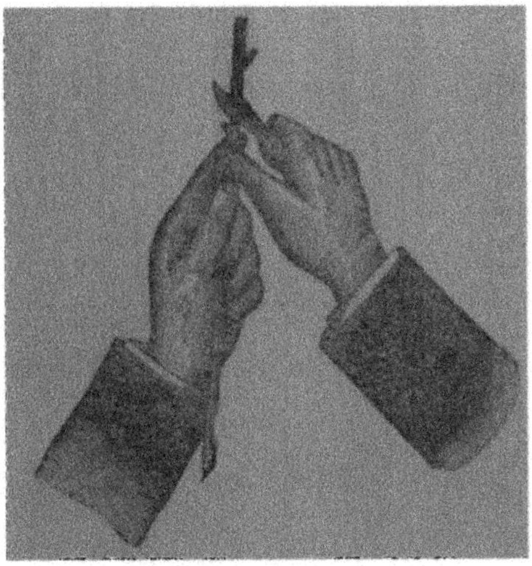

第十六圖　取芽之狀

接芽旣切下以後，再在砧木上離地二三寸處，選擇表皮平滑，剝脫容易，北向日蔭之部分，用小刀先行水平橫切一縫，達於木質而止，次由此縫之中央，向下直切，使成一丁字形。再用竹製之篦，沿縱縫插入，使表皮與木質分離，將其左右分開。然後持接芽之葉柄，將接芽自剝皮部之上方，向下方徐徐插入，待安置妥協後，乃將表皮被覆於芽上，再用藺草或稾等緩縛，如是則手術告終。

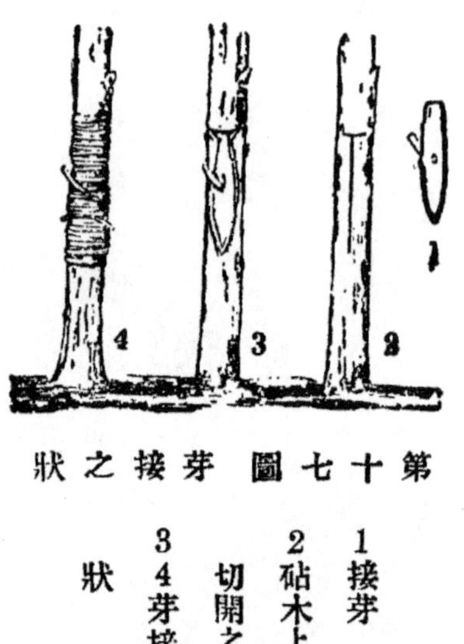

第十七圖　芽接之狀
1 接芽
2 砧木上皮部切開之狀
3 4 芽接後之狀

〔註〕以上爲丁字形芽接法，乃最簡單之方法也，故普通多施行之。此外尙有因剝皮法之異，而有十字形、倒丁字形、環狀形、方形、H字形等芽接法，惟因施術較難，故普通多不施行，本書不再贅述。

（f）接芽後之管理　接芽以後，約經五六日至十日間，以手指輕觸其葉柄，如已能容易脫離者，則爲接着之佐證，如接芽之外皮緊張，葉柄不易脫落者，卽爲尙未活着之確據。此時如遇時期尙早，則須另行換接。如已充分生活，則經二週以後，卽宜切斷所縛之草藁以期發育充分。至翌春二月間，使接芽上約二三寸處殘留，上端切去，又在砧木上所生之芽，亦宜削去，以圖勢力集注於接芽；尤以自根側所發生者，愈宜削除。待接芽次第伸長時，乃用草藁絜縛，以引誘之，使向上方伸長。旣達一尺內外時，乃將接芽之上部切去，卽得眞直之幼苗矣。

第十八圖

新梢誘引圖

（點線枝之斷部）

第五章 栽植

（一）開園

在開園以前，須有精密計劃，並繪一計劃圖案。桃樹年齡比較爲短，其栽植法及房舍之佈置等，皆須力求合於經濟。品種之選擇，亦須於開園前決定。先取本地適宜之品種次取市面有名而爲本地可輸入之品種。

桃宜栽植於熟地中，方得生育迅速，枝梢繁茂，達成木期早。當開墾山林原野等之荒蕪地、以供栽植時，則於栽植以前務須將土中之雜草根株，盡行除去。至土地之廣狹及形狀等，雖依該地之狀況而有不同，然總以廣坦之地爲最合宜，因狹小傾斜之處，管理上既屬不便．且於採收果實之搬運上，每有損傷果面之虞。

植桃之地，不問土質如何，最須力求排水之良好，如遇地下水高與排水不良之處，則宜設置暗渠或明溝，以排除積水。

植桃之地，如遇重黏土或火山灰土等不適當之土質時，宜取砂土或砂礫等，混入土中，施行客土法以改良之。然此法不能僅行於栽植之部分而已，必須全地俱行而後可。因僅行於栽植之部分者，效果甚少，有時反致有害，卽根之伸長迅速者，二三年後達於數尺，常致伸出客土以外，或於降雨之際，雨水流集客土之部分，致水分反見停滯者是也。

（二）栽植距離

栽植之距離，雖常隨栽植地之土質、砧木、整枝法之如何而定，然如桃以盃狀整枝爲限者，祗須依土質之如何而定之可也。在砂土或礫土之瘠薄易乾之處、則栽植距離宜九尺至一丈。在接近於海岸之砂地，宜六尺見方，或於九尺見方之中間，更植一木。在普通之土壤或黏質土壤，則距離宜保一丈二尺，切忌密植，最須注意。

（三）栽植時期

栽植時期，於落葉後卽在十一月中旬至翌春三月中下旬之間，無論何日，均可栽植。暖地以年內栽植，最爲適宜，否則遲至翌春二月下旬，則栽植必須告終。寒地當於春季融雪後，速卽栽植，惟不宜失之過早，過早則往往受着凍害。又苗木係由遠方購來者，如購到之時，適逢良期，務須立即栽植於本田之中，否則先宜假植，以待良期。又苗木不良，或於搬運中途曾受損傷者，則不宜立即定植，更須一年假植以培養之，方可。

（三）栽植方法

桃之苗木，務須選擇一年生，發育良好，下部之芽無缺損者，方可合用。苟因貪其結實之早，而選用三四年生者以栽植之，則不僅樹形之不整而已，且有病害之憂，欲求永遠計，頗不相宜。栽植之際，不宜過深，尤以在土質溼潤，排水不良之處，最宜注意。

當苗木栽植時，宜施基肥與否，必須依土質之如何而定。如在瘠薄之砂土、礫土等，含有機物稀少之土質中，則宜施以少量之腐熟廐肥或豆餅與人糞尿等，使與土壤十分混和後，方始栽植。至如壤土、黏質壤土等稍稍肥沃之土質中，則無施基肥之必要。

第六章　肥料

桃之生長勢力，及其生長性實與所結之果品極有關係，桃樹之生活力及適度花芽之數量，必須有適度之生長，方可維持。其生長最高之時期及限度，尤能影響果品之大小，顏色及品質。故施適度之植物養料（肥料）爲桃園中必要之工事。蓋施肥之量，如失之過多，則反招枝梢徒長，產量減少，管理不便；反之則因養分之供給不能充分，致果實不克肥大，良品難得，收量稀少，卽對於病害之抵抗力，亦從而減小矣。茲將三要素之適量、肥料之種類、施肥之時期及方法等，述之如左：

（a）三要素之適量　各要素之分量，雖須依土質而異，然據大體言之，凡氫素肥料供給過多時，常致傾於徒長，結果枝之生成不良，落果較多，果實含水過多，果形過大，兼具成熟期減遲之傾向；如燐酸與鉀供給過多時，則其新梢之發育，自然停止，果枝之生成較多，果實形小而著色較早，成熟較速。要之：燐酸與鉀均能抑制生育，堅實組織，增強對於病害之抵抗力，故在炭疽病之發生旺盛處，亟宜避忌氫素肥料，而採用燐酸與鉀肥料。然如氫素肥料施用過少，亦致勢力減退，元氣耗損，易犯病害。故氰素肥料之施用量，在土質瘠薄、氰素成分缺少之處，可不必論，即在土質肥沃之處，當結果旺盛之時期中，亦當比較多施。又在砂土礫土等有機質之含量稀少處，在發育時代，當施以堆肥、人糞尿、及豆餅等富於有機質之肥料，以促進其生育，即於某時期中，須圖枝梢之發育伸長，漸達結果期，則其分量漸增加者是也。又於此時燐酸與鉀，雖各須混用，惟其量宜較氰素之量稍稍減少方可。反之，如於冲積土或黏質壤土等處，在發育時代，宜施以過燐酸鈣、骨粉、米糠、木灰與硫酸鉀等之鉀與燐酸肥料，氰素肥料極宜避忌，惟至漸達結果期、方可將氰素成分漸漸加多，至於結果全盛時代，乃可施以三要素略同量之肥料。茲將桃之果實及枝梢等中所含三成分之量，揭示如下：

三成分	果實中所含之量（兩）	枝梢及葉中所含之量（兩）
氰素	一二、〇	七五、〇
燐酸	〇八、五	二二、〇
鉀	三九、四	五〇、〇

據右表所示，可知果實中所含之量，以鉀爲最多；枝梢及葉中所含之量，以氫素爲最豐；燐酸之含量，則二者俱少，因其吸收率，以氫素與鉀較大，燐酸祇四分之一故也。茲將九六八五平方尺之地中，施用三成分之標準量，列表於左：

樹齡	甲種標準量			乙種標準量		
	氫素	燐酸	鉀	氫素	燐酸	鉀
一年	—	—	—	二〇兩	二〇兩	一〇兩
二年	四五兩	四五兩	四五兩	四〇	四〇	二〇
三年	六〇	六〇	六〇	六〇	六〇	六〇
四年	九〇	九〇	九〇	八〇	八〇	八〇
五年	一二〇	一八〇	一八〇	一二〇	一二〇	一二〇
六年	一五〇	二一〇	二一〇	一六〇	一六〇	一五〇
七年	一八〇	二五〇	二五〇	二一〇	二二〇	二一〇

八年	九年	十年	十一年	十二年
一八〇	二〇〇	二〇〇	二五〇	二五〇
二五〇	三〇〇	三〇〇	三八〇	三八〇
二在〇	三〇〇	三〇〇	三八〇	三八〇
二六〇	三〇〇	三二〇	三二〇	三五〇
二八〇	三五〇	三八〇	三八〇	四〇〇
二六〇	三三〇	三五〇	三五〇	三八〇

右表所示之標準量，爲適用於砂質壤土之例，若在如純砂土之極端瘠地上，則須將氫素酌量加多；反之、在更肥沃之壤土、冲積土等處，宜將氫素減少，燐酸與鉀酌量增加，方稱合法。如遇土性傾於酸性時，則須施石灰以中和之，施用之量，以九六八五平方尺中施下三四千兩，最爲適當。

（b）肥料之種類　桃之肥料，普通所用者，在氫素肥料中，以人糞尿、豆餅、硫酸錏、血粉等爲最多用；燐酸肥料以過燐酸鈣、米糠、骨粉等爲最多用；鉀肥料則以木灰、硫酸鉀等爲最適宜。栽培者、可按地方情形，選擇價廉與得之甚易者而施用之可也。

（c）施肥之分量　施肥之分量，每因土質不同，茲舉二三之實例，可用爲標準量者，列表於下：

（一）十年生之桃樹於九六八五方尺之地中所施肥量（第一例）

肥料名	總量	氰素	燐酸	鉀
人糞尿	三六〇〇〇兩	二〇五兩	四七兩	九七兩
豆餅	一九〇〇	一一九	二三	三八
過燐酸鈣	一五〇〇	—	三〇〇	—
硫酸鉀	五〇五	—	—	二二〇
合　計		三二四	三六九	三五五

（二）十年生之桃樹於九六八五方尺之地中所施肥量（第二例）

肥料名	總量	氰素	燐酸	鉀

肥料名	量	氫素	燐酸	鉀
豆餅	二〇〇〇兩	一三〇兩	二四兩	四〇兩
魚粕	七七八	七〇	三一	—
過燐酸鈣	一六三三	—	二四五	—
木灰	五二〇〇	—	—	二六〇
合	計	二〇〇	三〇〇	三〇〇

（三）七年生之桃樹於九六八五方尺之地中栽植百六十本者所施肥量

肥料名	總量	一本之量	氫素	燐酸	鉀
菜餅	五七六〇兩	三六兩	二八八兩	一一五兩	七五兩
過燐酸鈣	一四七〇	九	—	二九四	—
木灰	九〇〇〇	五六	—	—	六三〇
合		計	二八八	三〇九	七〇五

（d）施肥之時期及方法　桃之施肥時期，亦屬緊要，普通多於春季二三月之際，施一回基肥，如遇桃之成熟期早而果實之生育迅速者，則無施補肥之必要，如須於八月以後，方纔成熟者，則補肥決不可省。又如上海水蜜桃之落果較易者，則宜將基肥減少，至結果確實時，方施補肥一次。施補肥之時期，以六月上中旬爲最適宜。

施肥之方法，普通與梨相同，常以幹爲中心，在幹之周圍三倍至三倍半之距離處，掘成廣約一尺內外、深約三四寸之輪狀溝，將肥料撒布溝內，與泥土攪拌混合，然後覆土塡平斯可。

第七章　管理

桃園管理工作至爲複雜，舉其要有除草，中耕，間作，剪枝，瞀枝，抑制勢力，摘果，掛袋及冬令保護等。除特要者另章專論外，玆述之於次：

（一）除草

保持園內之清潔，首宜注意於除草，因自五月下旬至七月上旬之間，爲入梅雨期間，此時雜草繁殖必甚，植桃者宜急用刀刈除，勿使蔓生，俾得保存土中養分，不致妨礙於桃之發育。

（二）中耕

中耕亦爲植桃不可缺少之作業，在冬季必須將泥土耕起，翻轉土塊，曝露於空氣之中，使受風化作用。同時土壤之水分亦得有鬆土層以爲之保護。如桃之生長勢力旺盛者，可於此時兼施斷根。又當春季除草時，亦宜施行中耕。此項工作之停止視地方情形及品種而異。但至遲不能過成熟前十日。早熟種在收果後亦須中耕一次。遲熟種所需中耕次數宜較多。如植桃之處，地勢傾斜，桃之根，被雨水流洗時，宜常常施行寄土，以免根株曝露。

（三）間作

間作者即在桃樹株間，種以他種作物以保護土面是也。此項作業，以在樹齡幼小時行之，最爲適宜；至樹齡達五六年，枝梢之伸長顯著，至次第相接觸時，恐不能施行間作矣。惟以桃之樹冠之狀況，較其他果樹粗疏，落葉期間較長，殆有半年以上，能充分透過日光與溫度，若於其間間作適當之作物，亦必具相當之利益。惟施間作之作物，宜擇菠薐、玉葱等生育期較短，至遲在四月下旬迄五月中旬採收者，較爲合用。

（四）冬令保護

在嚴寒之地，桃樹易受霜凍之害，須有物將其枝幹護蔽之。通常多用草繩或玉蜀黍桿等縛於桃樹之枝幹上，至翌春天氣和暖時再爲解脫。美國在冬季有將幼苗拔起橫臥，至翌春再植起以爲防寒者，但此法危險頗大，不宜採用。

第八章　翦定

桃樹之枝，頗有顯著之特性，在近於枝之上部所發生之新梢，發育必甚旺盛，下部之新梢，發育常較遲鈍。又上部之新梢所發生之副枝，苟得十分繁茂，則枝之下部新梢，不僅勢力衰弱而已，且常不發芽，即有新芽，亦常因營養不足而致枯死。故若不施翦定，而任其自然發育，經數年後，樹形必忽然粗大，下部枝梢悉行枯死，結果之處，漸移於高部，以致作業困難，如圖所示，即不施翦定，任其自然生長之枝也。茲將主枝翦定與側枝翦定二法，約述如次，以備栽培者之參考：

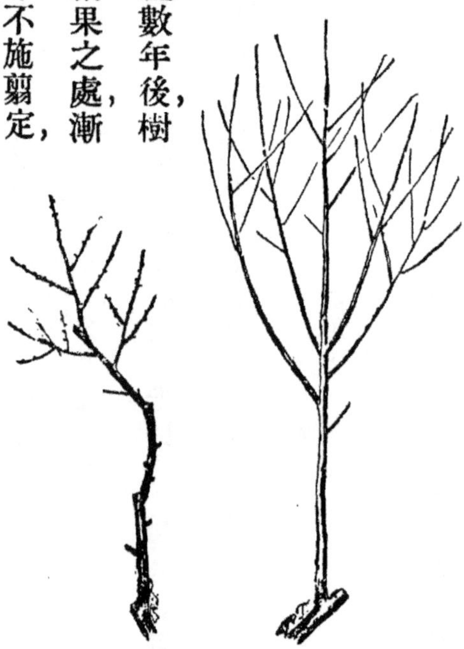

第十九圖

桃之枝於一年間發育之狀態

桃之下枝漸次枯死之狀態

（一）主枝翦定法

欲將桃之主枝造成基本形態時，必須於其延長期間，行冬季翦定，於一尺至一尺五寸之長，選有外芽之處而翦定之。又至夏季，亦宜施行翦定，使樹勢中庸，各枝之發育無等差，狀態無變化。茲將夏季翦定與冬季翦定，述之如下：

（a）夏季翦定　主枝上所現之枝梢，如勢力旺盛，成爲徒長枝者，及由豫定之位置，不見延長主枝發生時，則必須舉行夏季翦定以調節之。夏季翦定之第一次，以五月下旬爲適期，卽於冬季翦定處之外芽，因受外界之障礙，不見發生時，此際當在近於頂芽之部，擇與頂芽之方向相同有萌芽處切截，令此芽伸長，以延長主枝。又自頂芽伸出之新梢，勢力過於旺盛者，則宜於五月中下旬，在離基部二三寸內外、存有副枝處，施以翦定（圖A），令副枝伸長以代之（圖B）。又如頂芽以次之一二側枝，及副枝之勢力過於旺盛時，亦宜依同法以翦定之。夏季

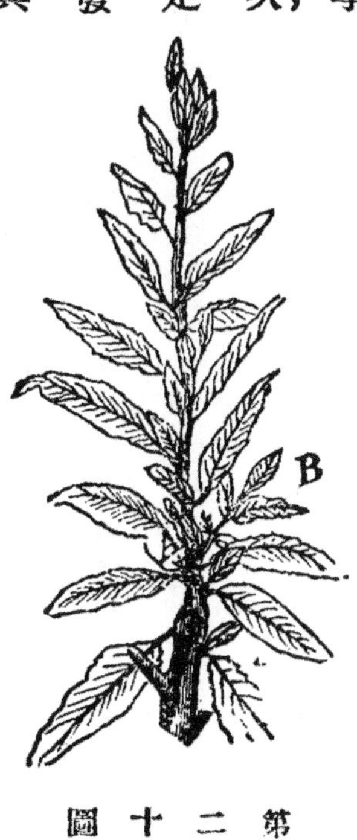

第二十圖　夏季剪定之一例

A 剪定處　B 副枝

翦定之第二次，以自七月上旬至八月上旬之間爲適期，凡主枝之延長枝，勢力中等者，如不採前記之方法，任其生長時，則至六七月之頃，必有副枝伸出；此種副枝，如放任之，常能奪取主枝下部之勢力，阻害果實之發育，而新枝之生成，亦有擾亂樹姿之憂，故宜適時摘心，以防其徒長枝之伸長。摘心之長短，則適應樹勢而無一定，惟不宜失之過長，是爲要訣。又主枝之上端，勢力盛旺者，則宜於七月下旬、與副枝一同摘梢。又由主枝之延長枝之下部、所發生之側枝，長達一尺五六寸以上，尚能繼續伸長者，則須在七月中下旬，在上端三分之一，卽一尺三四寸內外處，施以翦定方可。

（b）冬季翦定

行夏季翦定後之主枝，至冬季翦定前，最堪注意者，係呈如圖A所示之狀態。

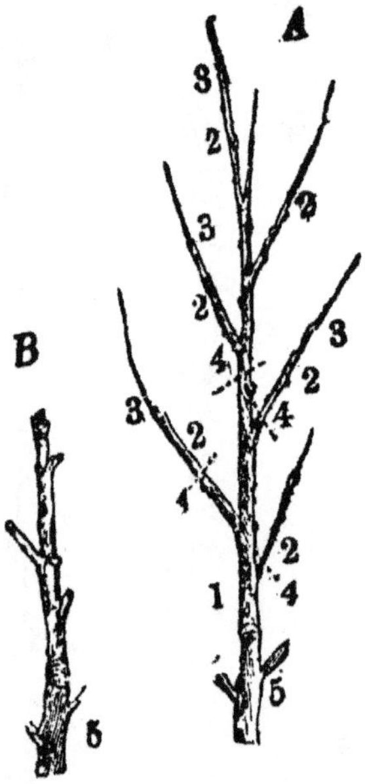

第二十一圖

A主枝冬季剪定前之狀態
B主枝冬季剪定後之狀態
1主枝
2副枝
3第一次夏季剪定處
4行冬季剪定處
5前年生成之部

冬季翦定之法，卽將主枝所生之延長枝，與前年同樣，在一尺至一尺五寸內外選有外芽之處而翦定之，由此部所生之副枝，悉於基部切斷之，即可。

（二）側枝剪定法

自主枝延長枝之下部所伸出之枝梢，不論由去年伸出之主枝，及由其側枝更行伸出者，悉稱側枝。依其伸出之狀態，得區別爲發育枝與結果枝二種。又剪定之法，亦從而不同，兹特分述於次：

（a）發育枝之剪定　發育枝，或稱葉枝，乃完全不着花芽之枝也。此枝有時作徒長枝而伸出，有時發育不良而十分纖弱，然大部則以旺盛者居多。原來桃之側枝，其勢力盛旺者，如於夏季生育中，施行摘心，以防其過度之伸長，大抵能成爲長果枝，如怠於作業，自然放任，則往往成爲發育枝。此枝之冬季剪定，必須殘留二三芽，由此芽發生之枝，勢力中等者，如於夏季剪定時，施行適宜之摘心，則大抵能化爲長果枝（如下圖所示。）若伸長之勢力過於旺盛者，當夏季剪定時，可依上述主枝剪定之部，如新梢然，在五月下旬至六月

第二十二圖　勢力中等的枝梢之剪定
甲冬季剪定
乙夏季剪定

上旬之間，如圖所示，在殘留二三寸處而翦定之，然後再行適宜之摘心，當亦可成爲結果枝。

（b）結果枝之翦定　結果枝分有長果枝、短果枝、及花束狀果枝三種，前已述及。玆將翦定之法，分條述之如次：

（甲）長果枝之翦定　長果枝，乃長達七八寸以上之結果枝，爲在結果枝中最主要者也。當翦定是等果枝時，須充分考慮者，係以結實爲主，可不必論；他如翌年結果枝之生成，卽力求基部葉芽之發生，亦屬重要。如前所述，桃之花芽，限於新梢之上，凡經過一年之枝，卽不能發生，故當翦定時，應以不令結果部遠離主枝爲宜。惟翦定之長短，則須先行考察樹冠與全體，估計約可着生若干果實，與以大體之決定，再算出每枝上所生果實之數目，方可決定翦定之長短。普通在八九年之成木，就全體着生果實三百至四百枚，每枝約生一二枚而言，則翦定之長，以五六寸至七八寸爲最適宜。因果枝達一尺以

第二十三圖
勢力旺盛的枝梢之翦定
甲冬季翦定
乙夏季翦定

上時，基部葉芽之伸出，每具不良之缺點。故翦定不宜失之過長，最須注意。

長果枝之勢力旺盛者，常常於新梢之上，發生頂芽，如放任之，則致結果之部遠離主枝，上部勢力漸盛，下部之枝，遂漸枯死而不生花芽矣。故須於夏季施行適宜之作業，以防止結果部之上昇。夏季翦定之第一步作業，卽果枝之短縮，將果枝之上端，實行摘除；通常則依果實之發育狀態，以定殘留部分之長短。有時如於枝之上部，有許多新梢抽出，則宜殘留生於下方者，上方者翦去。第二步作業，卽使基部之葉芽伸長發育，將生於上端者及由結果部伸出者，應其勢力如何，自五月下旬至六月上旬時摘斷之。在不欲使其結果處有所伸出，則宜摘除，防止發育，使下部之一二新梢得顯著之勢力，漸漸伸長，至秋季發育完全，以成良好之果枝。（如下圖所示。）一至冬季，則宜將接近主枝而生育良好之果枝殘留，其他悉行翦去。如勢力相同，或將來發達無望者，則一宜長翦而成結果枝，一宜短切而成發育枝。又夏季處理如得其宜，則常於結果部之下方，發生一二更新枝；如左圖乙所示，如基部發生一更新枝時，則宜於長約六七寸處、施以翦定，更宜將母枝在新梢之直上處翦去。如於基部發生二更新枝時，則宜將一枝短切，爲翌年之預備枝，一枝長翦，使成結果枝。至翦定之度，則須視更新枝之發育狀態而異，惟遇二更新枝之發育相同，則往往將生在上部者縮翦，下部者長留，更宜將母枝在二更新枝之直上處，施以翦定，以圖更新枝之發育良好。

如本年結果之果枝，勢力微弱者，幾不能發生更新枝，惟上端伸長而已，則次年之結果枝，當然不能保存矣。在此種情形下，宜減少翦定分量，以冀發育而成發育枝。

（乙）短果枝及花束狀結果枝之翦定　如前所述，短果枝之葉芽，僅限於上端，有時於基部發生一二葉芽；花束狀結果枝之葉芽，則更較稀少，僅於上端着生一芽，吾人既知如此，在此情形下，如基部有葉芽存在者，宜

第二十四圖

圖1 2枝梢發達將3部之枝梢摘除 4 5新梢行夏季翦定處冬季則於1上之點線處切斷

第二十五圖

甲基部發生二枝之翦定法

乙基部發生一枝之翦定法

務力求其發育，若干果枝相接者，宜力計各果枝之更新，故一須截短，以圖基部葉芽之伸長，一須不施翦定，任其繼續伸長，須至基部得葉芽時方止，一旦如得葉芽、雖須犧牲少許結果，亦不必姑惜，遂施短切，以圖此葉芽之伸長發育可也。

第九章 整枝

桃樹不僅新枝之伸長強盛，且有樹液集注於上端之習性，如不整枝，任其自然伸長，則樹形必致忽變粗大，下部缺乏果枝。又當樹形粗大以後，常妨礙於翦定、掛袋、及其他種種作業，故整枝一項，亦屬重要。

桃之整枝法，不問風土與目的如何，現今所採用者，僅一種瓶狀整枝而已，不如梨之由於風土與目的而應用種種之整枝；因欲保持各枝之均一、果實發育之同樣、防止結果部之上昇與管理容易、材料節省等，除瓶狀整枝外，殆無他求也。玆將施行方法，述之如左：

供瓶狀整枝者之苗木，宜選擇一年生、芽無缺損、生長強健者，方可合用。苗木栽植時之距離，宜隔丈許，並宜適應土質，力求淺植，如植於砂土、礫土、等磽瘠之土質中時，則須待施下堆肥或其他之肥料後，方可栽植；同時又須將苗木於一尺五六寸內外處，將上端翦去，如是至四五月之頃，見上端四五芽上，有新梢發生時，擇勢力旺盛者，殘留三枝，其他則悉行翦去，並用竹或繩等，以開張誘引之，使三枝對於垂直線，俱保持四十五度之角度。惟其發育之度，必須均等，如遇一枝發育不良時，宜使其保持直立之位置，將勢力旺盛之二枝，於夏季摘除上端以較大之角度開張之方可。至冬季，則宜將三本主枝，在一尺內外處短切，至翌年春季，見各主枝上出芽三四枚，此時宜選定主枝兩側（枝之下面或在上面所出之芽宜棄而不用）所發生相近、相對、發育良好者二芽，使之伸長，其他則於夏季六七月間，在七八寸處，將上端摘去，使形成六本主枝。至於冬季，再在一尺

第二十六圖　瓶狀整枝

內外處翦定之。至翌春，各主枝上所發之芽，再如上法選定，至夏季再如法摘除，則得形成十二本主枝矣。如是者，主枝年年加多，則盃狀整枝完全告成。惟各枝梢俱帶有向直立方向伸長之習性，故須注意誘向外方，同時還須將向內部發生者除去，使內部常保空虛，結果部皆在周緣，方稱合法。

桃在土質瘠薄之處，栽植十年內外，生長力呈顯著之衰退，樹冠亦常維持於同處，不再伸長；如在肥沃之處，此時生長力必尙强盛，樹冠亦能次第上昇，故須注意翦定，使至高不致伸出八九尺以上爲最佳，因樹身太高，作業困難也。

第十章　勢力抑制法

桃在栽培上最宜常常注意者，爲防止果枝之上昇與使樹勢常保矮生之狀態是也。如生在接近海濱砂土中之桃，生長經過十餘年，而樹身祇高五六尺者，雖可無須力圖勢力之抑制，然在土質稍稍沃饒之處，其伸長之度較迅速（一年常能伸長四五尺）者，則非用勢力抑制法不可，徒藉翦定，不足爲功也。茲將抑制勢力諸法，述之如左：

（a）斷根法　徒行枝梢之翦定，而不行根部翦定時，常不能保持其平均，故須施行斷根法，以圖抑制其伸長發育之必要。惟斷根之法，須施行得宜，否則與翦定同樣，結果反扶助根系之發育，以助長其勢力。故當斷根之際，首先注意直根之有無，因直根之有無，甚有關於勢力也。普通多將直根翦去，旁出之側根，宜於離主幹周邊之二倍以內處切去，惟於斷根以前，宜用鋤在幹之周緣掘開，將樹身連泥取出，以施行之。斷根以後，亦不宜卽行種下，須令在空氣中曝露四五日，待其乾燥後，方可入土。此法普通多在冬季施行，然以在夏季生育時代中，卽七月中下旬時，與夏季翦定同時施行，最有效驗。如遇勢力過於旺盛者，則於冬夏二季，俱宜施行。

（b）移植法　勢力抑制法中，以移植法爲最有速效。在表土深軟肥沃處，行一二回斷根法，不易達到目的時，多施用之。法於冬季將桃樹掘出土外，一時不使與土壤相接觸，然後在原處或左右兩樹互易以栽植之。施用此法，雖大抵能達到目的，惟遇樹齡已經過六七年者，恐反招致衰弱之患，故宜按樹齡之大小，酌量而行。普通於栽植後二三年間，每年行之，必可無礙，爾後則視勢力之狀况，可隔二年或三年後施行一次，最爲穩妥。

（c）剝皮法　剝皮之法，亦爲圖抑制勢力必要之作業。惟因桃在折傷部上，常有許多樹脂漸漸泌出，如施行失宜，必致有短縮樹命之憂。故剝皮忌行於較大之枝梢，宜行於結果枝之一部，其目的則不外乎抑制勢力，使結果確實，促進果實之肥大而已。因勢力過於旺盛者，開花結果雖甚繁盛，然中途有落果之憂，亦爲意中事也。剝皮之時期，由研究所知者：如爲防止落果計，當於四月中下旬，即自開花期至果實如豆粒大時行之，最爲適宜；如爲促進果實之肥大計，則以五月上旬爲適期。剝皮之法，當在結果部下方之基部上，作闊約一分內外之輪剝，有時亦有在二三結果枝之分歧點之下方施行輪剝者。此方法如將施行時期失之過晚，則樹脂之分泌，必致比較激烈，效果反小，故宜注意不失適期，是爲至要者也。

第十一章　摘果及掛袋

桃開花後，如得氣候適宜，所開之花，必可全部俱行結成果實。其後以生存競爭之結果，雖有多少墜落，但十之五六俱能生存。若任其自然，雖得收穫多數之果實，惟形狀瘦小，品質不良，且樹勢漸致衰弱，結果部漸次上昇；欲使翌年之結果枝或發育枝等保持健全，恐屬困難，故須於適當時期中，施行摘果之方法。普通多在落花二三週後，卽五月上旬時，行第一次之摘果；惟此時果實尚小，大小之等差，不能得充分之鑒別，須猜度預定個數之二三倍，行適當之摘除。一入五月之上中旬時，果實之發育比較迅速，激急肥大，發育之程度，發生顯著之等差．此時可舉行第二次之摘果。摘果之次數，普通二次已足，然亦有舉行三次者。

桃花開後，如不摘果，任其自然，則一果枝上之結實數，長果枝上常著果五六個至十餘個，短果枝及花束狀結果枝上亦著果達五六個之多，影響果實之品質與樹勢，誠非淺鮮；故當摘果時，須依據樹齡之大小，發育之強弱，先定全樹著果之多少，再就果枝之多少，以分配每果枝上著果之數目；

如吾國上海所產之水蜜桃，全樹個數，當以四五百個爲最適合。

摘果之際，又須注意者，爲在一枝之中，何部之果實，應當殘留，何部之果實，亟宜摘除是也；此與果實之肥大，甚有關係，由從來之經驗而知：凡於主枝與強勢之側枝上所結之果實，以生在中央部分者，肥大最速，生在上下兩部者，有時易致墜落，發育不良；反之、於稍弱之果枝上所結之果實，以生在上端部分者，發育最良；至在勢力中等之果枝上之結果，一枝中位置之上下，對於果實之發育，雖無差異，但殘留中部以下者，最爲適宜。又就果實著生於果枝上之方向言之：凡著生於果枝上方之果實，常有墜落之憂，著生於下方與側方者，比較優良。故當摘果之際，殘留生在下方與側方之果實，方稱適宜。

以上所述，爲摘果上應具之知識，玆就掛袋一事言之：桃之果皮，較梨柔薄，果肉又柔軟多漿，富於甘味，故所受蟲害，亦常較大。又於果實之上，如稍受微傷，必致忽然分泌脂膠，損害品質。栽培者、苟欲防除是等弊害，則非施行掛袋不可。且當施行掛袋以後，果實之色，不致失之過濃，不易著生汚點，俾得色

第二十七圖　袋

澤鮮麗之果實。故掛袋一法，誠爲桃之栽培上，决不可缺之作業也。

卦袋用之袋，可用新聞紙與雙皮紙等製之。紙上塗以桐油，以防爲雨水所冲破。袋分有底與無底兩種：有底之袋，受蟲害較少，無底之袋，便於觀察果實之熟度，栽培者可擇宜使用之。

掛袋之時期，普通多於行第二次摘果時，即行掛上。在害蟲較少之處，則不妨較遲，惟最遲不能過五月下旬而已。掛袋之法，與梨相同，（參看種梨法）玆不贅述。

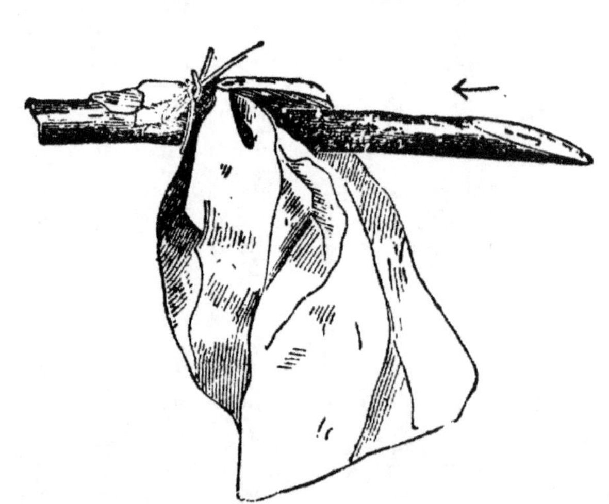

第二十八圖　掛袋之狀態

第十二章 採收

桃之採收，宜在果實甫熟，色澤香味充分發揮時行之；如失之過早，必致難於獲得色澤鮮麗香氣馥郁之果實。然欲販賣於遠處者，則宜採收稍早，以免於搬運中大部受損而起腐敗。

當採收前之二週或一週間，先將所掛之袋除去，因袋之有無，對於果實之色澤必發生顯著之差異，即成熟之度，亦必不能完全一致也。惟將袋脫去，較早之果實，色澤雖得濃厚，至缺乏鮮麗，亦當爲意中之事。且漸近成熟之期，從而受着蟲害，亦必較多，通常於去袋後二三日間，被蟲害者亦有之。故去袋寧以較遲爲妥，即不去袋亦稱合法；惟不去袋者，當鑒別果實成熟之度時，須多少之熟練耳。（熟練者，祇須用手在袋上輕輕一觸，即可預知其熟度。）如所掛之袋，係爲無底，或已稍稍破裂者，則可在空處窺探，判別較易。

採收時最當注意者，即須先將袋口解開，輕輕將袋除去，然後採收，若去袋後，熟度尚未充分，則更須稍待二三日，再行採收。又於採收之際，作業切忌粗重，否則多至果面受傷，激起腐敗，最宜注意。

第十三章　病害

桃之疾病甚多，最著而最常見者，約有左列七種：

（一）炭疽病

病徵　本病爲植桃者最畏怯之病害。當發病於枝葉上時，葉即縱向卷縮；發病於幼果上時，幼果即漸漸乾燥硬化，常附著於枝上而落下；發病於漸近成熟之果實上時，常見於果面之上，發生淡褐色小圓形之病斑，中央部凹入，被以粉粒，終至墜落，爲患甚鉅。

病原　本病由於染着空氣中之桃炭疽病菌而起。此種病菌之經過與習性，至今雖未明瞭，惟知於病果、病枝中，所形成之休眠孢子至天氣温暖時，如得適當之濕氣，即發芽而現病徵，分生孢子，甚爲猖獗。

第二十九圖　炭疽病

預防法

（a）本病以在砂地（地下水低春冬易受乾害處）或火山灰土等地力瘠薄處所育成營養不良之樹，易罹斯病，故宜將氰素肥料，比較多施。

（b）桃被風害時，應十分注意預防之法。

（c）翦定與整枝，俱須合法，以便撒布預防之藥劑。

（d）舉行掛袋，最爲有效。

（e）用藥劑撒布以預防時，可採左列之方法，最有效驗。

（甲）於冬季翦定後，卽用二斗式波爾多液或二斗五升式硫酸鐵波爾多液撒布之。

（乙）於三月上旬，撒布石灰硫黃混合劑。

（丙）開花前，宜撒布二斗五升式石灰波爾多液。

（j）病果與病枝，宜卽燒去，勿使殘留於土上。

（g）凡日光與空氣之透射不充分處，最易染着，故於栽植時宜避去。

（h）宜栽培於排水良好之地。

（二）縮葉病

病徵　本病多發生於嫩葉之上。發病時，葉上生帶紅色或帶淡黃綠色之浮腫，嗣後則稍帶灰白色，呈附有白粉之外觀，遂至落葉。本病以春季中發生者，病勢猖獗，當嫩葉開展時與當時之天氣，甚有助於此病之發生。

病原　本病乃由一種桃縮葉病菌寄生而起，藉空氣傳播。此菌爲外子囊菌之一種，當病葉之表面呈灰白色，卽爲此子囊巳成熟，放散孢子之時期。

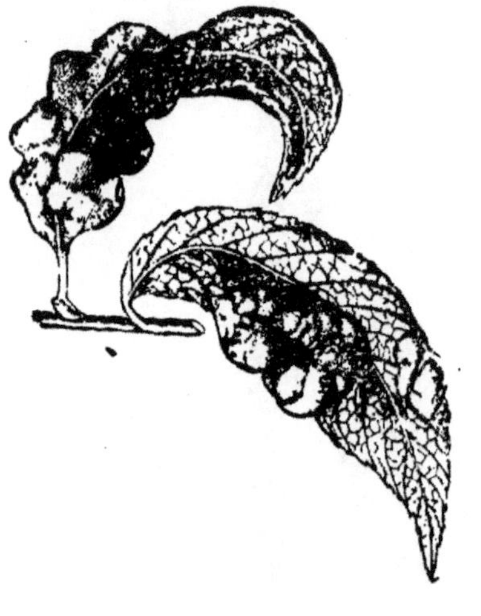

預防法

（a）摘除病葉，卽行燒去，勿使殘留於地上。

第三十圖　縮葉病

（b）春季撒布石灰硫黃混合劑

（c）開花前撒布波爾多液。

（d）肥料之用量與配合，切宜適當。

（e）土中之排水設備等宜適當，樹勢宜使強健。

（三）桃葉穿孔病

病徵　本病多發生於葉及幼梢上，先生直徑二分至三分之圓形褐色斑，其後則病斑部乾枯，脫落生孔，被害之度漸進，則致落葉。

（病原）　本病乃由一種穿孔性細菌寄生而起，亦藉空氣傳播，以在苗木時染着爲最易。

預防法

（a）摘除病葉，即行燒去，勿使殘留於地上。

（b）於幼芽開展時，隔十日至二週，撒布石灰硫黃混合劑之八十倍液。

（四）黑星病

病徵　本病多發生於桃之果實上。發病時，果面生暗褐色之斑點，大者直徑達一分五釐以上，有時則數點集合，被覆較廣。被害之處，生長停止，果肉裂開，遂至腐敗。此病尤以降雨較多之歲，發生最甚。

病原　本病乃由於一種黑星病菌寄生而起。

預防法　與桃葉穿孔病之預防法相同，其他之特別方法未明。

（五）桃葉白粉病

病徵　本病多發生於葉上，被害葉之表面，常發生淡黃色之斑點，背面呈霜狀之白色，葉漸枯落。

病原　本病乃由於桃葉白粉病菌之寄生而起，凡在通風不良與陰溼之地被害最甚，且分佈極廣。

預防法

（a）施行適當之夏季翦定，使樹勢不致過於繁茂，以防通風之不良。

（b）摘除病葉，即行燒去，勿使殘留。

（c）施用藥劑之法，與上述之桃葉穿孔病相同。

（六）白鏽病

病徵　本病多發生於葉上，以七月下旬至落葉期間，爲發病時期。發病時，初於葉之表面或背面之周緣，散生暗紫褐色之小圓斑，其後中央部逐漸褪色現出淡黃褐色或黃土色不正多角形之小斑點。該小斑點之中央，表皮微呈圓形之膨起，此膨起破裂後，乃露出淡褐色之粉粒點。至十月以後，則見葉之背面，發生稍帶黏質而呈不規則形之黴，或介在淡褐色粉粒點之間，或獨立而發現雪白色。

病原　本病乃由一種白鏽病菌之寄生而起，以苗木爲最易發病。

預防法

（a）當七月下旬或八月上旬發病之初期以前，撒布石灰硫黃混合劑三四次。

（b）被害之葉，即宜燒去，勿使殘留，以防翌年傳染。

（七）枝枯病

病徵　本病多發生於枝上，發病時，葉漸萎凋，不出數日，枝即乾縮而枯死。如觀察枝之枯死部分，必見有細小赤色形如蠕蟲之細線。

病原　枯死部中所見赤色蠕蟲狀之細線，乃爲由子囊所噴出之孢子。此孢子當飛散時，如附着於新生之嫩枝上，一遇外部之狀態適當，必卽發芽而蔓生菌絲，遂致枝梢枯死。

預防法　防止枝梢之受傷，同時將病枝剪去燒盡，剪去之部，塗以殺菌劑或煤膏，以防病菌之寄生。

第十四章　蟲害

桃之害蟲，最著者約有左述十一種：

（一）蝕心蟲

形態　蝕心蟲之成蟲，爲全體橙黃色之小蛾，密生同色之鱗毛，有數個之黑點。腹背之上，並列黑點，前後兩翅俱黃色，翅上黑點之數，前翅約二十七八個，後翅約十五六個。體長約三四分，展翅約八九分。雄者之腹端無黑毛，故得與雌者相區別。卵形如球，赤色，多產於果實之上。幼蟲孵化時，白色，至老熟時，則變爲淡黃赤色，體長約七分內外，頭及硬皮板黑褐色，體之各環節部有疣狀紋，上生淡褐色之粗毛。蛹爲褐色之長筒形，尾端尖長，約四分內外，外有灰白色之粗繭，

第三十一圖　蝕心蟲

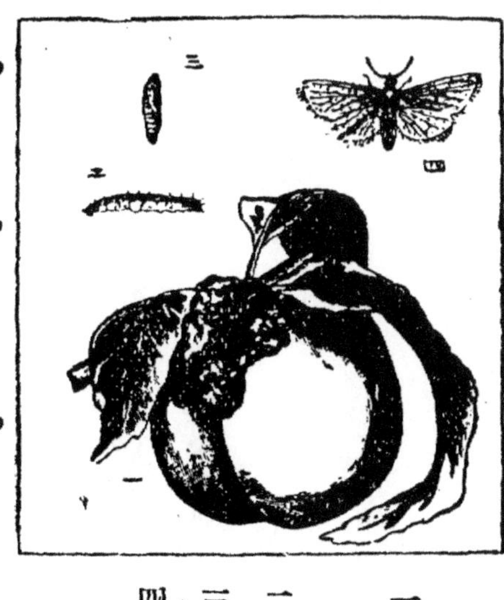

一被害之果實　二幼蟲　三蛹　四成蟲

繭多存在樹之裂孔或枝間，外面纏以木屑，故作灰黃色。

生活史　此蛾每年發生二次，幼蟲常於繭內越冬，至翌年五六月時，方有蛾飛出，至果實上產卵。自卵孵化之幼蟲，常蝕入果肉之中，排糞果面，待一果食盡，再侵蝕他果，或於數果集合之處，用絲將果實聯綴而侵蝕之。待幼蟲老熟時，乃由果實爬出，徐步於枝幹之上，進入樹幹之裂孔中作繭化蛹其中。繭之外面，飾以木屑。蛹經一週內外，即行羽化而成第二回之成蟲，至七八月間再產卵於果面而為害。幼蟲至九十月間老熟，再作繭越冬，至翌年而羽化。

防除法

（a）掛袋宜早。

（b）墜落之果實，宜從速收集燒去。

（c）一見果面上積有蟲糞，即宜從速摘下燒去。

（二）桑介殼蟲

形態　雌蟲之介殼，既呈圓形，但呈橢圓形者亦有之，在背面中央與殼緣之中間，有稍稍隆起、白色或灰白色之殼點，沿於殼緣上者，則通常呈橙黃色。雄蟲之介殼，爲白色之長楕圓形，兩側平行，殼點偏於一方，呈橙黃色，背面有三個之隆起線，長約三釐。

生活史　此蟲每年發生三回，受精之雌蟲，常固著於枝幹而越冬。至翌年四五月之間，產第一回之卵。第二回在七月中下旬，第三回在九月間方出。幼蟲多密集於北向之凹處，經數日後，卽以分泌物形成薄殼，行三回脫皮後，乃老熟而產卵，一雌之產卵數，約有一百內外之多。

防除法　三月上旬，撒布石灰硫黃混合劑以預防之。

（三）蚜蟲

形態　蚜蟲爲害桃最普通之蟲，雄蟲無翅，雌蟲則呈紡錘形，作淡綠色，眼呈濃赤色，觸角由六節所成，其第六節特長，黑色，第三四五節之外端呈黑色。口吻尖黑，脚細長，後

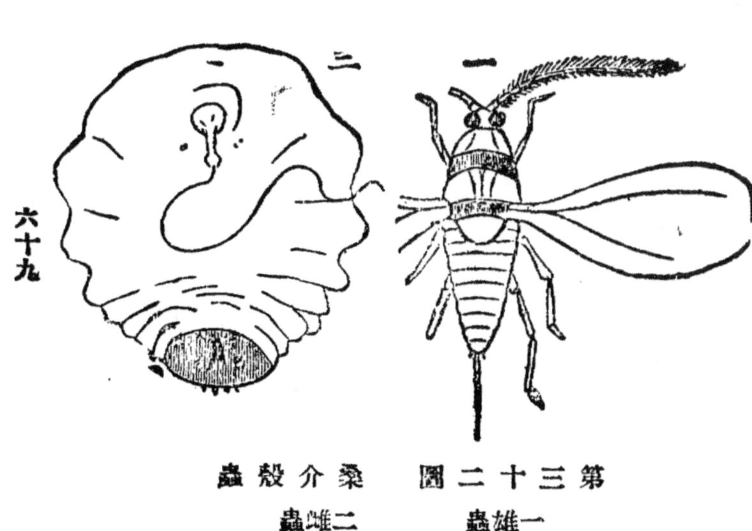

第三十二圖　桑介殼蟲
一雄蟲　二雄蟲

脚更長。

生活史　幼蟲在五月間發生，常寄生於嫩葉之上，將葉捲縮，妨害葉之生育，雌蟲常在捲縮之葉內，胎生幼蟲，共同加害。幼蟲須臾間卽能化爲成蟲，不待雄蟲之授精，而盛行繁殖。

防除法

（a）發生尙未過甚以前，宜卽將被害之葉，摘下燒棄。

（b）撒注除蟲菊加用石油乳劑四五十倍液，以殺滅之。

（四）象鼻蟲

形態　此蟲之幼蟲，常食害果肉。成蟲爲全體濃赤紫色有光澤之甲蟲，頭部前方，突出細長之口吻，觸角在口吻前端約三分之一處，黑色有光澤，前胸圓筒形，中央較粗，頭胸之背面密布許多之小點，生紫赤色之粗毛，翅鞘之表面各具六條之縱列點，脚三對，黑紫色，體長約四分，雄者較小。

生活史　每年發生一回，幼蟲在土中之繭內越冬，至翌年三月下旬迄四月上旬，或五月間羽化而爲成蟲，待雌雄交尾後，雌蟲於果內產卵一粒，在產卵告終時，雌蟲往往分泌黏液，將孔閉塞，此黏液乾燥後，常呈黑褐色，待幼蟲孵化後，卽以桃之果肉爲食，漸漸生長，至老熟時，乃鑽出果實之外，入地作繭，在繭內越冬，至翌年再化成蟲，產卵而爲害。

防除法

（c）掛袋宜早。

（b）被害之果實，宜收集燒棄。

（c）捕殺成蟲。

（五）木葉蛾

第三十三圖　木葉蛾

一被害之果實　二蛾

形態　此蟲亦害桃最著名之蟲。成蟲爲大形之蛾，頭胸之上，被暗褐色之鱗毛，腹部赤色，觸角作絲狀，前端尖銳，前翅一見如木葉狀，前緣角尖，內緣之略近中央處，呈一凹陷，由此處至前緣角，有斜走之黑條線；前翅之背面與後翅，俱呈黃褐色，後翅之中央，有一黑色屈曲之斑紋。體長一寸三分，展翅約三寸二三分，卵作圓形，淡黃色。幼蟲之老熟者，體肥大，長三寸內外，全體呈紫黑色，第五環節之側方，有一白紋，其內又有黑褐色之紋，更有一較小之綠藍色紋，第六環節之側方，有弦月形之黃紋，第九環節之側方，亦有一雲形之白斑。蛹作褐色之圓錐形，長約一尺內外。

生活史　此蛾每年發生二次，成蟲自八月上旬至十二月，綿亙發生，常於夜間飛來，以尖銳之口吻，插入果實中，以果汁爲食，被害之果實，往往變色，致不堪食用或販賣。幼蟲常以其他植物之葉爲食，至老熟乃綴葉而化蛹其中。

防除法

（a）袋宜早掛；袋上更宜塗以不乾性之油類。

（b）夜間以誘蛾燈捕殺之。

（c）舉行燻煙法。

（d）園內之植物上，如有幼蟲宜卽捕殺。

（六）折心蟲

形態　此蟲之成蟲，爲小形之蛾，頭胸部作灰黑色，腹部黃灰色；前翅有數條之灰黑線，外緣部橫列淡色之黑條與黑點，前緣有交互並列黑白之斑點，後翅緣毛較長，無斑點，體長一分五釐，張翅約四分內外。幼蟲充分成長者，體長達三四分，作圓筒形，呈淡黃色至橙黃色，並稍帶紅色，頭部茶褐色，全體疏生短毛。幼蟲老熟後，卽與新梢脫離，降於地上，作小形之繭，而化蛹其中。

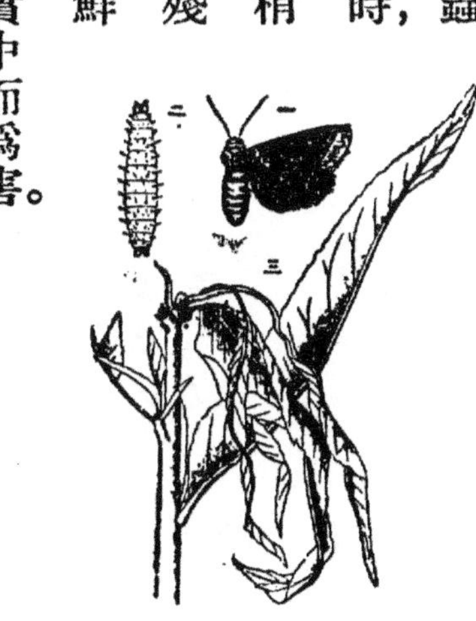

第三十四圖 折心蟲
一成蟲
二幼蟲
三被害之葉

生活史　此蟲每年發生數囘，越冬之幼蟲，至翌春而化蛹，次變成蟲，及五六月間新梢抽出時，乃產卵於新梢上，孵化而爲幼蟲。幼蟲常蝕入新梢內，致梢端葉芽萎縮下垂，糞自蝕入之孔內排出，殘留於表皮上。此幼蟲多棲息於梢端二三寸之處，鮮有棲於下方者，第二囘以後之幼蟲，則多蝕入果實中而爲害。

防除法

（a）被害之新梢，宜卽行切下，收集燒去。

（b）果實宜早掛袋。

（七）小透羽蛾

形態　此蛾之幼蟲，常蠹入枝幹中，食害外面之形成層，蟲孔中常有樹脂木屑等漏出，故常呈褐色。成蟲之體形狀細長，色黃而稍帶青，腹部有橙黃色之二帶，前翅形細，有透明淡藍色之光澤，漸近中央有一黑藍色之縱條，翅脈及外緣俱作黑色，後翅不如前翅之細，翅脈及緣毛作黑色，餘均透明，體長四五分，張翅九分至一寸。卵呈淡黃白色，略作球形，多附着於樹脂上。幼蟲淡黃色，頭部赤褐，背線呈美麗之赤色，全體短，散生疏毛，幼蟲之第一環節上，有赤褐色之八字形斑紋，胸脚三對，腹脚五對，充分成長時，體長約達七八分。蛹呈赤褐色，翅鞘較長，約達全體一半以上，體長約五六分。

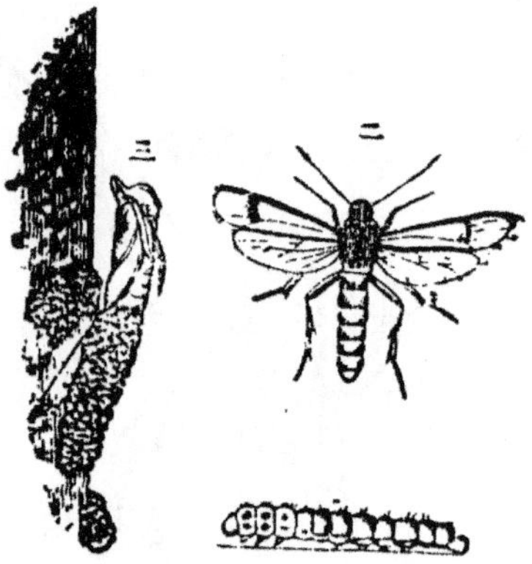

第三十五圖　小透羽蛾

一幼蟲　二成蟲　三蛹殼及被害枝

生活史　每年發生一回，幼蟲常於樹內越冬，至翌年六七月間方老熟，於蟲孔之附近化蛹，蛹至七八月仍羽化爲蛾。

防除法

（a）在樹之休眠期中，將幼蟲搔出殺死。

（b）捕殺成蟲。

（八）捲葉蟲

形態　成蟲爲小形之蛾，全體暗灰色，前翅帶紫暗褐色，有灰褐之光澤，緣毛呈暗灰色。幼蟲之老熟者，帶黃褐色，頭部淡褐，硬皮板淡灰色，作半圓形，有二黑點，密生細毛，體長二分五釐。

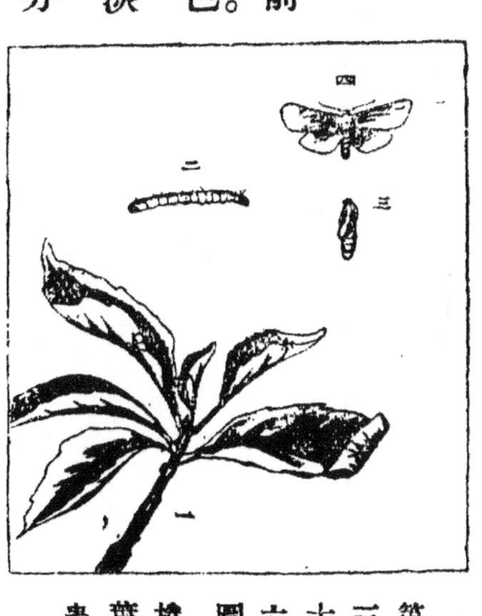

第三十六圖　捲葉蟲

一被害之狀　二幼蟲　三蛹　四成蟲

生活史　每年在五月上中旬出現，至下旬化蛹，六月上旬羽化，至七月中下旬乃出第二次之幼蟲，至八月中旬現第二次之成蟲。成蟲俱有慕光性。幼蟲常將葉自尖端向裏面捲轉，作圓筒形，用絲綴之，棲其中而食葉爲害。

防除法

（a）摘除捲葉，用火燒死幼蟲及蛹。

（b）夜間用誘蛾燈誘殺成蟲。

（九）潛葉蟲

形態　此蟲別名繪畫蟲，因幼蟲常潛伏於葉內，作蠕蟲狀而食葉肉如繪畫然者故也。被害較甚時，常致落葉。成蟲灰白色，有光澤，前翅細長，近翅尖處有一橙黃色之斑紋，數條暗褐色之短斜線與一黑點。後翅小，呈淡褐色，體長一分，張翅約二分。卵作圓形，呈乳白色，常產於葉之表皮下。幼蟲之老熟者，體長約一分八釐，稍稍扁平，兩端較細，脚已退化，全體呈淡綠色，各環節之上，生數枚之細毛。幼蟲老熟後，卽出葉至葉背與枝間，造紡錘形之薄繭而化蛹其中。蛹作圓錐形，呈淡綠色，長約一分三釐許。

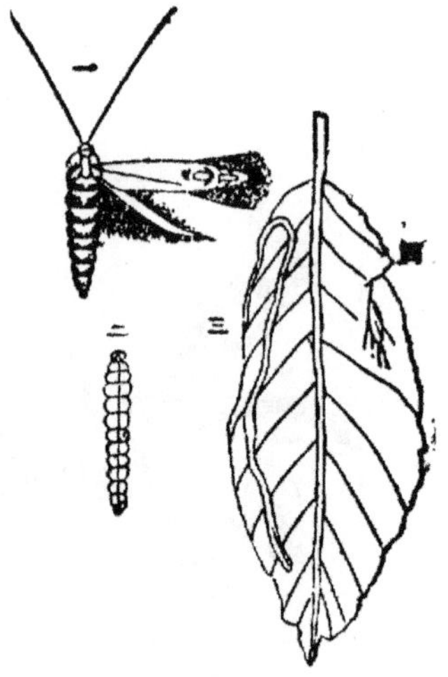

第三十七圖　潛葉蟲
一成蟲　二幼蟲　三幼蟲所穿之孔　四繭

生活史　此蟲每年發生數次，至十一月上中旬時，羽化而爲成蟲。成蟲在温暖之處，能越過冬期，至翌年四月中旬，待桃發芽時而產卵於芽上。卵孵化後，卽食葉爲害，初於其附近穿圓形之細孔。又於加害葉上，常存有食害之痕，卽於葉面上能見有許多白色或暗灰色之屈曲細線，故甚易識別。

防除法

（a）收集被害葉與落下之葉，用火燒除。

（b）壓死蛹及幼蟲。

（c）夜間用誘蛾燈捕殺成蟲。

（十）綠尺蠖

形態　成蟲之雄者，爲小形軟弱之蛾，體長約三分，張翅約九分內外，翅呈淡灰色，前翅之全面，散布微小之黑點，中央有一大黑點，後翅色稍淡，中央亦有大黑點一枚，雌者無翅，呈肥滿之蚜蟲狀。幼蟲充分成長者，約長七分餘，色黃綠或赤褐，亞背線粗，氣孔上下之二線呈淡黃色，蛹呈黃綠色，長約三分。

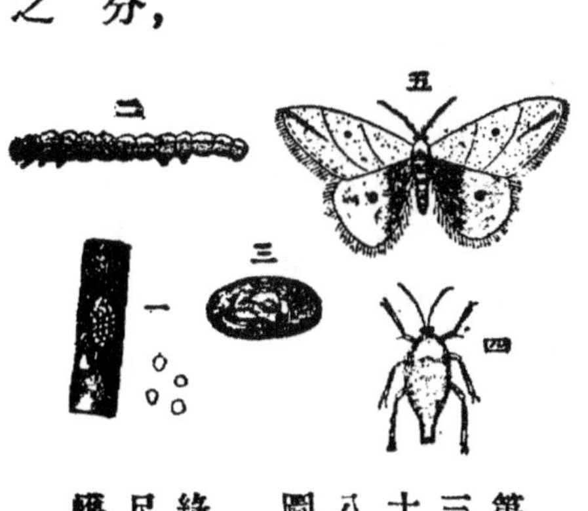

第三十八圖　綠尺蠖

一卵塊　二幼蟲　三繭　四成蟲（雌）　五成蟲（雄）

生活史　此蟲每年發生一次，成蟲能越季，三四月間幼蟲現出，多食害新芽、嫩葉與花蕾，五月間化蛹，十二月間羽化而爲成蟲。

防除法

（a）於幼蟲發生期中，撒布除蟲菊加用石油乳劑三四十倍液，以殺死幼蟲。

（b）於成蟲發生前，宜於幹之下部，塗抹煤黑油，以防雌成蟲之上昇而產卵。

（c）在幼蟲發生期中，可急激振動枝梢，使幼蟲墜落，以殺滅之。

（十一）花蟲

形態　此蟲之幼蟲，因常於花蕾膨大時，蝕入內部，食害花之大小蕊，故名。成蟲體長約六分，張翅約一寸二分，全體呈濃灰色，前翅有赤褐色之環狀紋及線。幼蟲長約一寸二三分，全體呈淡赤褐色，混有綠色，各節有斜狀

第三十九圖　花蟲

一成蟲　二幼蟲

之線。蛹長六分餘，呈赤褐色，多在於地中。

生活史　此蟲每年發生一次，以卵越冬，至翌春孵化而爲幼蟲，蝕入花間，大抵食盡一花而化蛹。

防除法

（a）於花中捕殺幼蟲。

（d）當幼蟲未蝕入前，宜撒布毒劑以防除之。

王雲五主編

萬有文庫

第一集一千種

種桃法

許心芸著

發行兼印刷者 商務印書館 上海寶山路

發行所 商務印書館 上海及各埠

中華民國十九年四月初版

The Complete Library
Edited by
Y. W. WONG

PEACH CULTURE

By
HSU SIN YUN

THE COMMERCIAL PRESS, LTD.
Shanghai, China
1930

B二一分

種梨法

許心芸 著

商務印書館
民國十九年

種梨法

許心芸著

農學小叢書

種梨法

目錄

種梨法

第一章 緒言

梨爲吾國重要果樹之一，自古已從事栽培，其果實汁多味甘，人恆喜啖之。吾國梨之品質，以產於山東省者爲最良，產於天津者次之。昔時產額亦頗豐。近來由於栽植者不加注意，不圖改良，致梨之產額及品質，均有逐年退敗之勢。故種梨之人亟宜研求基本知識，及栽培新法，然後增加產額改良品質，乃有希望。

梨在植物學上之位置隸薔薇科(Rosaceæ)梨屬(Pyrus)。吾國栽培之梨其學名爲 Pyrus sinensis；西洋栽培者，其學名爲 Pyrus communis。中國梨品質較優，西洋梨耐寒力較強。梨之各部性狀，茲分述如次：

(一)花　梨花色白，花瓣五片，小蕊約二十枚，大蕊有五枚，其子房、花柱、柱頭三部，各自分離。花之每一子房內，具胚珠凡二。每年春季開花，開花時期，平均約在十五日至十八日之間；盛開時期，約爲七日。小蕊達充分成熟時，則抽出花外而行授粉。小蕊如未受粉而發育者，卽可成無核果。但梨之授粉，大部分之種類，須他花授粉，因自花授粉，結果不良。又須於異種間行交配，卽異種授粉，是因同種異株間之授粉，其結果與自花授粉同一不良故也。

(二)果實　果實之形狀與色澤，皆不一律，分內外二部：內部爲由子房發育而成，質硬、味酸帶澀，不能食用，稱爲眞果，俗呼爲心，內有種子十枚，間或略有多少；外部爲由萼及花托發育而成，質嫩而脆，味甜汁多，能供食用，稱爲僞果，俗呼爲肉。

梨之品種之良否，全視果實之優劣而定。普通以果實之質嫩，味甜汁多，眞果較小者爲最優。質較硬，味

第一圖

花芽開綻之狀

甜帶酸，汁較少，眞果較大，果肉中略帶硬質及砂粒者、次之。質硬，味淡而汁少，眞果甚大，果肉中砂粒多者、爲最劣。凡果實優者、則爲優種，果實劣者、則爲劣種，因梨以果實爲主要用途也。

(三)芽　芽之數甚多，就其形態及構造之性質上，得區別爲葉芽、花芽、中間芽三種。葉芽爲枝之潛態，係由生存於新梢上葉腋間之芽，漸漸發達而成。概作小形，一端尖銳。待其發育開展後，乃形成枝葉。花芽內部，藏花之原態，形狀較葉芽稍大，尖端帶圓，甚易與葉芽識別。然亦有形態差異甚少，非老農不易識別者。花芽在生長中，常有作葉芽之狀態而分化者，在某原因下，得完全分化而成葉芽，在分化之中途，卽稱爲中間芽。中間芽之形狀、在花芽與葉芽之間，一見頗與花芽相類似，惟一端較尖，形狀較小而已。

(四)枝　梨之枝，分有發育枝、結果枝、副枝三種。述之如下：

(a)發育枝　爲不結果實之枝條之總稱。又可分爲主枝、徒長枝、針枝三種：

第二圖

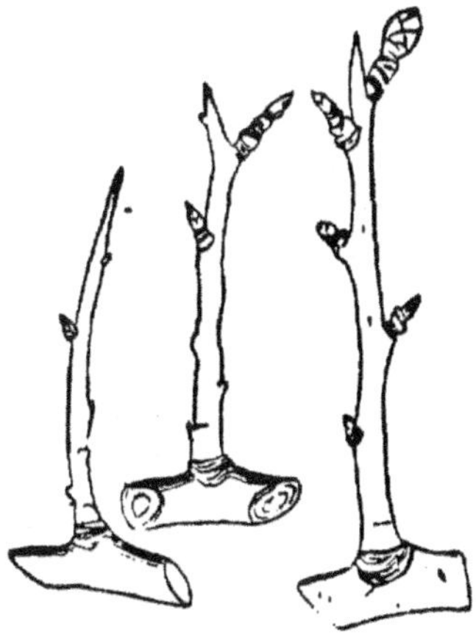

針枝

(甲)主枝　主枝爲由頂芽發育而成，其勢力最強，爲全樹主要之枝條。

(乙)徒長枝　徒長枝爲由枝上之隱芽或不定芽發育而成。在發育甚盛時，則樹形被其擾亂，各部失去平衡。

(丙)針枝　生長極弱而萎縮，其頂芽不能伸長而致尖端呈針狀者，曰針枝。

(b)結果枝　爲最有希望之枝，分長果枝與短果枝二種：

(甲)長果枝　長果枝爲長約五寸至尺許，發育不甚旺盛之側枝也。故於剪定時，每易剪去。在枝之尖端開花結實，結實以後，每因果實之重量而致尖端下垂。

第三圖

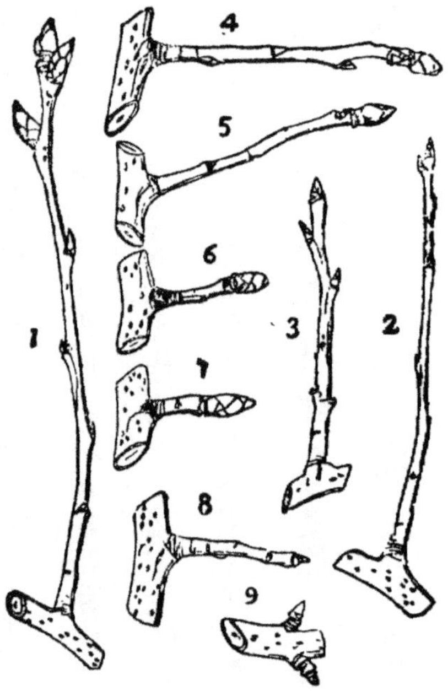

長果枝及短果枝

1 2 長果枝　3 4 5 短果枝　6 7 8 9 最短果枝

（乙）短果枝　長約一寸至三寸，生長緩慢，殆須二年以上或數年間、始能形成。亦於頂端發生花芽，開花結實。

第四圖

短果枝羣

第五圖

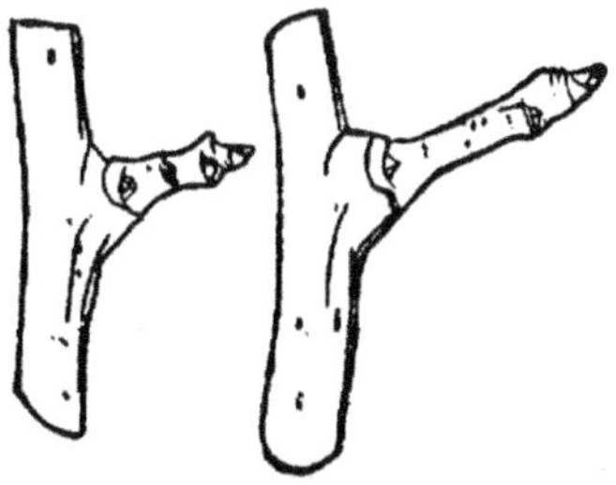

副枝

枝上有肥大之部，爲花及果實之營養分貯藏所。肥大部上，存有腋芽，待其伸長後，往往能形成短果枝羣。

（c）副枝　或名副梢，爲與新梢共同或由腋芽伸長而形成之枝條也，發生有多少之差別。在氣候温暖，土地肥沃，溼潤適度之情形下，則發育旺盛。此副枝有種種可利用之處。枝上發生之芽，勿論腋芽與頂芽，常爲葉芽

上述兩項，爲從事於栽培者應具之基本知識，苟能瞭解，始可與言栽培之新法矣。

第二章 梨與風土之關係

(一)氣候上之關係

梨、堪耐低温，其限度依種種之狀態而異，均由經驗而知之。凡冬季温度，降至攝氏表零下二十度時，始有少數之某品種枯損；至零下四十度時，則死亡方多。故梨雖處於冬季嚴寒之下，亦能生活，其禦寒力之大可知。又能耐夏季之酷暑、而發育無礙，是其特長。然普通最適於栽梨之地，當首推温帶中部、氣候良好之區域，因較生長於寒處之梨，枝條充實，花芽之着生佳良也。

當梨之生育期間，如遇氣候變化，最有關於結果之凶豐、果實之優劣、花芽之多少及病蟲害之程度等，植梨前途影響莫大。例如於四月下旬，當梨之發芽期中，如霪雨不止，則能助赤星病之侵害；在五六月中，如遇梅雨綿綿，則能促枝條之徒長，助黑星病之蔓延等皆是。若在是等時期中，栽培者不急急加以豫防，則不免受重大之損失矣。

至七八月之交，氣温日高，地面上及梨之葉面上，水分之蒸發日盛，如久不降雨，則每覺乾燥，多有致果實之生長不良，妨害枝榦之發育者。然在晚夏時，如遇天氣乾燥，則反能抑制枝條之徒長，強固果實之組織，扶助花芽之發達，增進翌年之結果。故氣候之乾溼；苟能保持適度，於種梨之前途，影響亦鉅。

種梨最恐慌而損失最大之事，爲暴風之驟至，常致枝條吹折，果實委地，故栽培者須深加注意而預防之。通常於整枝時，已從事預備（詳第八章整枝法）因暴風之爲害，與整枝之形式，甚有關係故也。

(二)土質及地勢上之關係

凡栽培果樹，必須求適宜之土質，如土質不得其宜，則無良好之結果。凡種梨之土質，係以黏質壤土、砂質壤土或礫質埴土爲最適宜。然如排水不良，亦非所宜，因種梨於排水不良之地上，大有妨害於根之發達，並能使枝條發育軟弱，易致徒長而犯病害。少數種類，亦適於砂土，惟普通以避免砂土爲宜。

梨不論平坦與傾斜等地上，均可栽培。平坦之地，土質肥沃，富於水溼。傾斜之地，土質瘠薄，排水佳良。惟傾斜地之供種梨用者，其傾斜度以稍緩爲宜，斜面宜南向或西南向，使日光之照射充分，注意施肥，則結果方佳。

第二章 品種

梨之品種繁多，不勝枚舉，大別之有中國種、日本種、西洋種、三大類，分述如左：

（一）中國種

吾國梨之品種，最著名者、約有十種，分述於下：

（a）雅梨　分佈甚廣，北自遼甯河北，南至豫皖，均有栽培。而河北之河間，深州山東之泊頭附近一帶，栽培尤盛。樹性強健，樹姿直立，形

第六圖

雅梨

尖圓或倒卵圓，果實呈瓶狀，果皮光滑，作淡綠黃色，散布褐色之細點，肩部斑點稍大。果梗基部之周邊生銹，果面平滑。梗窪殆無。蒂窪狹而極深，無蒂。果梗細長，基部膨大。果肉純白，質柔嫩而緻密，味甘美，具特有之香氣，品質佳良。每年於九月下旬成熟。性豐產，能耐貯藏。枝條呈紫褐色，帶有略能垂下之性。葉大，葉柄頗長。

（b）慈梨　本種產於山東省之萊陽縣，故名萊陽梨，爲吾國最優良之品種也。果實之大者，重約十五兩許。果皮薄，呈綠色，向陽光之面呈褐色。果實之全面有濃褐色之大斑點，是爲本種之特徵，易與他種相區別。果梗粗長，約一寸二三分。梗窪狹而深。果肩之一方隆起，蒂窪廣而深。蒂窪之周邊，有濃褐色之斑。味甘美，香氣

第七圖

紅梨

多，品質極優良。每年於舊曆八月中旬採收。本種好砂質之土壤，病蟲害抵抗之力弱。

（c）紅梨　亦我吾國著名之品種。產山東河北遼甯一帶。果實以綠黃色爲地，上佈紅色之斑，外觀甚美。果面平滑，散佈褐色之小斑點。圓形或扁圓形。重四兩左右。果梗細長，帶紅色。梗窪狹小，蒂窪廣而深，周邊稍有銹，無蒂。果肉純白，質緻密，爽脆，富於甘味，並帶適當之酸味，汁多，品質佳良。亦豐產而耐貯藏。

（d）白梨　產北平附近，分佈不甚廣。果實小，重約四兩許，形圓或扁圓。小者重一二兩，大者重二三兩。果皮呈淡綠黃色。梗窪之周邊略帶銹色。斑點中形，大小相等。梗窪狹而極深，蒂窪廣，深淺適中。果肉粗，多砂粒，富於甘味，色白，稍帶淡黃，如貯藏

第八圖

白梨

之，則能減少渣滓，增加果汁。果心極小，質亦佳良。

（e）青梨　果實中小，重約四兩五錢內外，形長圓。果皮綠黃色，斑點甚小。梗窪小而淺，蒂窪稍深。果梗稍粗，長約一寸五分許。未成熟者，多酸味及澀味，且多砂粒；如待其成熟後，採取而貯藏之，則品味佳良。

（f）蜜梨　果實小，重約三兩餘，形圓或長圓。果皮呈綠黃色，斑點小。梗窪淺，蒂窪廣而深。果梗稍曲，長約一寸六七分。果肉白色，質稍粗，富於甘味，較諸雅梨，似覺稍遜。

（g）酸梨　果實小，重約一兩五錢左右，形扁圓。果皮呈淡綠黃色，自梗窪之周邊至中部，呈淡樺色。斑點之大小適中。梗窪極狹而淺，蒂窪廣而深，有蒂。果梗粗，長約一寸二分。未成熟者多砂粒，果肉硬，酸味多而甘味少。

第九圖

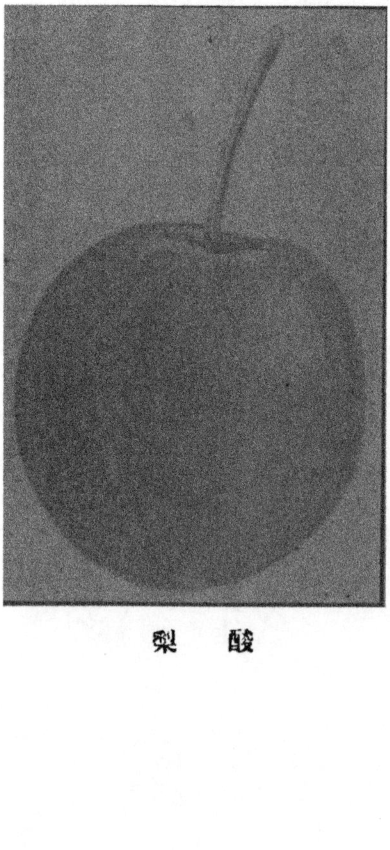

酸梨

(h)安梨　果實小，重約二兩左右，形扁圓。果皮呈黃綠色斑點大。梗窪狹而淺。果梗之周邊，淡銹色。蒂窪廣而極深有蒂。果梗稍粗，長約一寸。爲最晚熟種。未成熟者，肉質粗，多澀味，不適於生食。

(i)麻紅梨　果實小，重約三兩內外，形圓。果皮之向陽光一面，呈濃樺色，斑點大小適中。梗窪狹小而稍深，蒂窪廣而深淺適中。果梗長約一寸四分內外，末端稍曲而粗。未成熟者，果肉硬，多砂粒，甘酸適度，貯藏之，則品質佳良。

(j)扁圓梨　果實小，重約二兩內外，形扁圓。果皮呈濃綠黃色，果梗之周邊濃褐色，斑點大小適中。梗窪殆無，蒂窪廣而極深，有蒂。果梗稍粗，長約一寸一分。爲晚熟種。未成熟者，多酸味與澀味，甘味較少；如剝皮乾置之，則外部呈茶色，內部眞白，渣滓減少，甘

第十圖

麻紅梨

味增加。

（二）日本種

日本梨之品種中，最著名者，述之如下：

（a）長十郎梨　樹性強健，栽植三四年後，即可結實。風土適應之範圍頗廣，豐產之種類也。果實圓形，重約五六兩，亦有達半斤者。果皮初呈青黃色，漸漸成熟，則成赭色。果面平滑，散佈灰色之斑點。果梗細而不長。梗窪與蒂窪俱狹而深，無蒂；然有蒂者亦有之。果肉柔嫩而緻密，甘味強爽

第十一圖

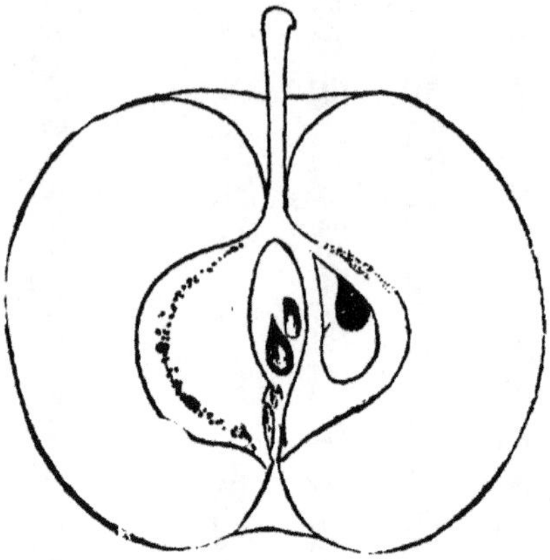

長十郎梨

第十二圖

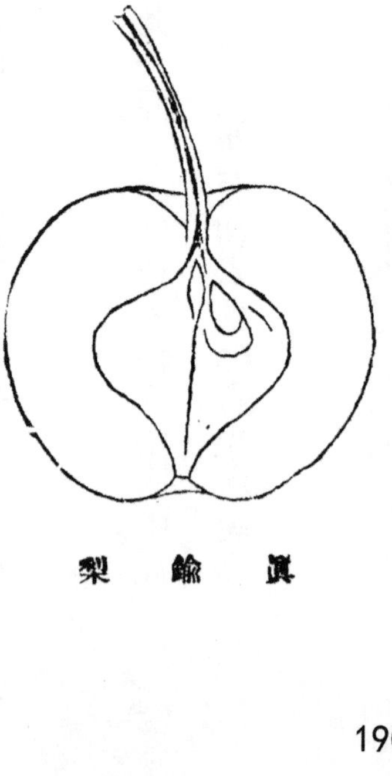

眞鍮梨

汁多，砂粒甚小，品質佳良。每年約在八月中下旬成熟。

(b)眞鍮梨　果實重約三兩内外，形圓。果皮呈赤褐色。果面平滑，密佈灰白色之小點。果梗粗長。梗窪稍淺而狹，周緣微有條溝。蒂窪淺小，無蒂。果肉稍帶黃色，肉質較粗；然漿汁甚多，富於甘味。果心較大。每年至七月下旬成熟。

(c)太白梨　果實大小適中，形圓。果皮自青黃色至黃色，果面平滑，全面散佈灰白色之小斑點。果梗爲肉梗，長粗適中。梗窪與蒂窪俱狹而淺，無蒂。果肉純白，肉質柔嫩而緻密，甘味濃厚，富於漿汁。每年於九月中下旬成熟。

(d)明月梨　樹形偉大，樹性強健，枝條充實。果實呈橢圓形，每個重十餘兩，亦有達一斤者。果皮呈赭色，散佈灰白色之大斑點。果面平滑，發達者表面生小隆起。果梗爲肉梗，長而粗。梗窪與蒂窪悉廣而淺，有蒂。果肉純白，

第十三圖

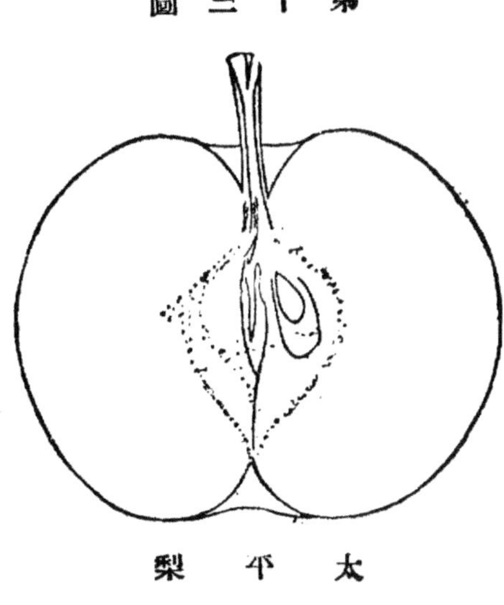

太平梨

砂粒多質柔嫩而緻密，渣滓少，味甘品質優良。本種結果年齡遲，結果習性略似西洋梨，故修剪時宜特別注意。氫質肥料，不宜多施。

(e)太平梨　果實大，形狀扁圓。果皮以青黃色爲地，帶赤褐色，散布灰白色之斑點。果面粗。果梗粗短，梗窪與蒂窪俱狹而淺，無蒂。果皮厚。果肉純白，多砂粒，甘味較少，然漿汁極多，品質佳良。每年於九月中旬成熟。

(f)赤穗梨　果實大小適中，形圓或稍帶橢圓。自梗窪向肩部，有五條之溝，爲本種之特徵。果皮以青黃色爲地，帶褐色。果面粗，密佈灰色小斑點。果梗短，梗窪與蒂窪相類似，俱狹而淺，無蒂。果肉純白，柔嫩緻密，甘味頗多，富於漿汁，品質亦佳。每年於八月中旬成熟。

(三)西洋種

西洋種甚多，茲就其著名者，舉示如下：

第十四圖

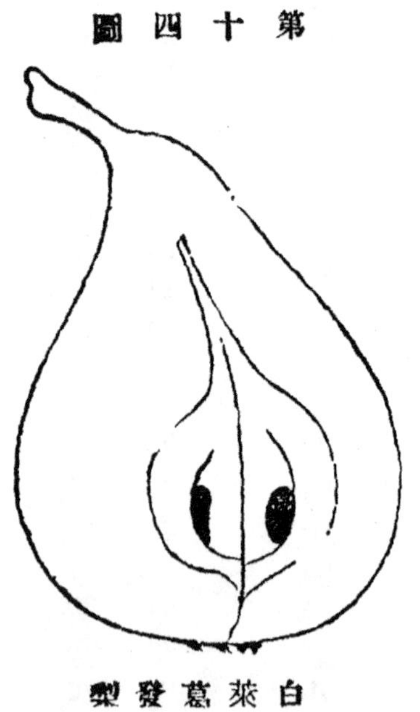

白萊葛發梨

（a）白萊葛發(Beurré Giffard) 梨 爲法國之著名種。果實形小或中作壜狀。果皮呈綠黃色，向陽光之一面生有紅色斑，散佈褐色細點。果面平滑。梗窪無，蒂窪狹而淺，蒂開張。果梗之末端尖。果肉色白多汁，有香氣，品質佳良。每年於七月上旬採取。

第五十圖

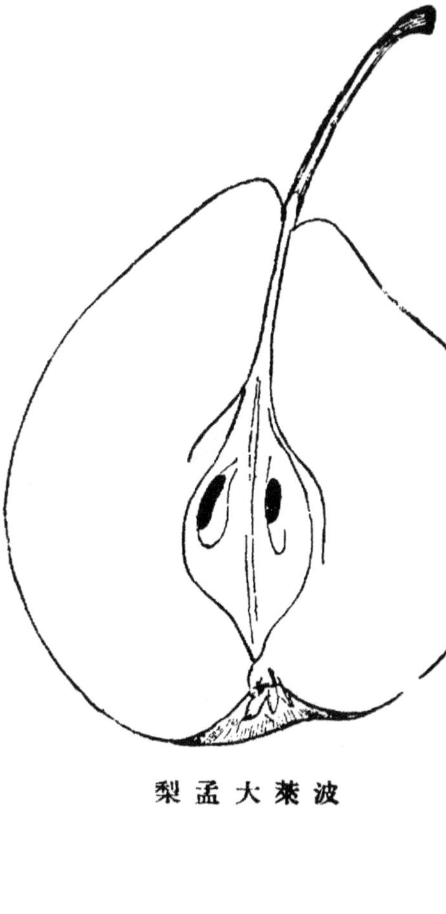

波萊大孟梨

（b）排得萊特 (Bartlett)梨 爲英國之著名種也。果實中或大，其形亦如壜狀。果皮呈淡褐黃色，果面略有隆起，全面散佈褐色之小點。果梗基部之周邊呈銹色，是爲本種之特徵。梗窪小，蒂窪狹而淺，蒂開張。果梗粗，果肉白色，砂粒較細，肉質柔嫩緻密，甘味多漿汁，富品質佳良。每年於八月下旬採取。

(c)波萊大孟 (Beurré D'Amanlis)梨　原產於法國。果實大，形如壜狀。果皮呈黃綠色，有褐色之小斑點與銹色之細線。梗窪狹小不整。蒂窪稍廣而淺。蒂片形長而廣，片片分離。果面略有隆起。果肉作白色，肉質較粗，甘味較少，有香氣，有時稍帶澀味，品質上等。每年於八月下旬採取。

(d)勃芳 (Buffum)梨　本種原產於羅特島(Rhode Island)。果實小，成倒卵形。果皮以濃黃色爲地。外粧以鮮紅色，散布褐色之斑點。梗窪殆無，蒂窪小，蒂閉合。果梗短，爲肉梗。果肉白色緻密，味甘，漿多，有香氣，品質佳良。每年於九月上旬採取。

第十六圖

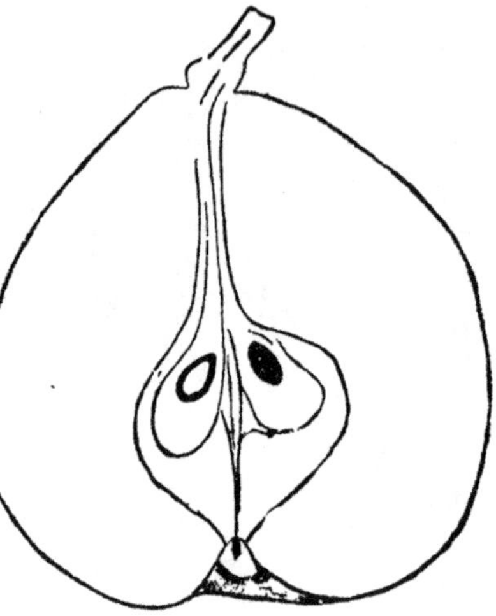

勃芳梨

第十七圖

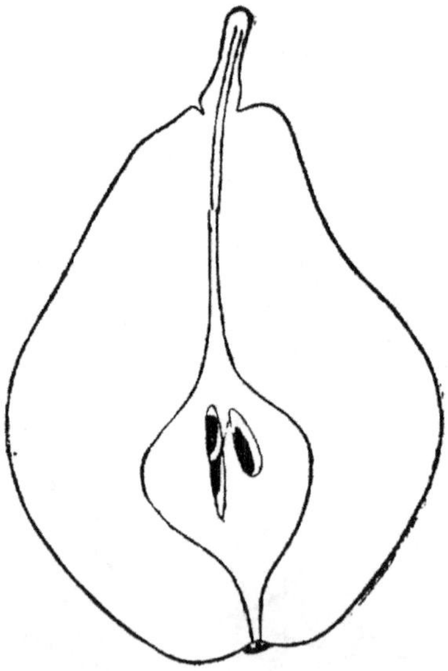

雅農大凱梨

（e）雅農大凱（Onondaga）梨　本種原產於美國，果形大小適中，呈紡錘狀。果皮帶綠黃色，密佈褐色之細點，且略有銹斑。果面粗。梗窪殆無。果梗粗短基部膨大。蒂窪甚狹小，蒂亦小。果肉色白，肉質柔嫩，味甘漿汁多，帶有香氣，品質上等。每年於九月中旬採取。

（f）派司克萊生（Passe Crassane）梨　本種亦原產於法國。果實較大，略成圓形，惟下部則稍大。果面隆起，粗糙無光澤。果皮帶綠色，全面被有褐色之銹斑。梗窪狹而淺。果梗粗長。蒂窪狹而稍深，有蒂。果肉呈黃白色，肉質緻密，味甘，漿汁較多，香氣甚盛，品質最佳。每年於十月上旬採取。

（g）白萊寶勿生（Beurré Dubuison）梨　本種原產於白耳義國。果形適中，呈短壜狀。果皮作黃白色，密布褐色之斑點。果面粗。梗窪極狹小。果梗稍粗而曲。蒂窪廣而深，有隆起，蒂閉合。果肉純白，味甘，漿汁較多，品質優良。每年於十月上旬採取。

（h）老萊司（Lawrence）梨　本種原產於美國。

第十八圖

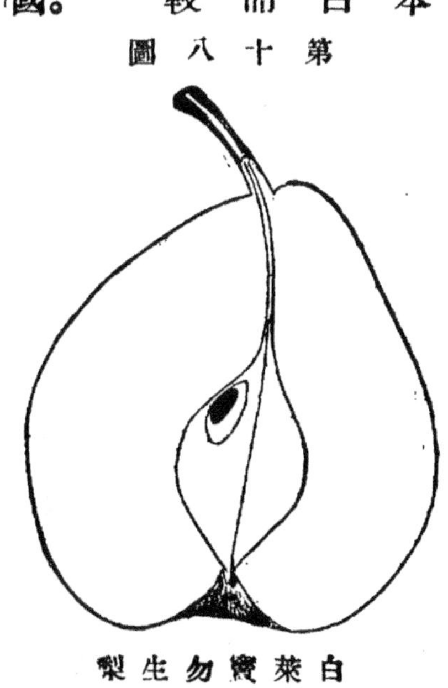

白萊寶勿生梨

圓形或作圓錐形，大小適中。果皮帶綠黄色，散佈褐色之斑點。果面平滑。梗窪狹小不整。果梗之長短適中，蒂窪廣而淺。果肉多漿，富於甘味，品質優良。每年於十月上旬採取。

第四章　繁殖

（一）砧木之種類

梨在繁殖時所用之砧木，分有梨砧、榲桲砧、蘋果砧、木瓜砧、四種。後二種樹勢甚易矮化，無栽培之價値；故普通所用者，皆爲梨砧與榲桲砧二種而已。茲將此二種砧木之性質，述之如左：

（甲）梨砧　梨之繁殖，普通皆應用梨砧，因梨砧之生長強，枝根之發育旺，由此砧嫁接，能生成榮盛之枝幹，形成甚大之樹勢；且於嫁接後三年，能卽行發生最早之花芽（亦有遲至七八年後方生花芽者）並以所經年齡而增進結果之習性。苟栽培得法，雖經數十年，猶有能結果者。

（乙）榲桲砧　榲桲砧者爲矮性之砧木也，歐洲諸國，普通多使用之。用此砧嫁接，能生成適宜之樹形，且結果較早，所生果枝，普通較梨砧短，結果佳，收穫量豐。故此種砧木亦頗適用。

（二）實生繁殖法

實生繁殖法者，即播下種子，養成苗木之方法也。除生產新品種，有特殊之目的以外，通普多用以爲砧木。

梨之種子，係由秋季成熟之果實中採收而得。採收時，宜除去果肉及果心，先放在水中洗滌後，再用草包裹埋藏乾燥之土中；又或混以細砂，貯諸箱內，至翌春二三月之頃，乃取出播於苗圃中。如種子係向他人購入者，可於早春購來，直接播下。苗圃宜豫加耕鋤，作成闊約三四尺，長度適宜之畦。播種之法，多用散播與條播二種。行散播時，每六方尺約播種子三合六勺左右。行條播時，每條之距離，約以五寸爲度。種子播下後，須覆以細土，使種子不致暴露；並須薄蓋藁草，以防乾燥。如遇土地甚乾燥時，則須時時澆水。如是者約經二十餘日，至四月中旬，始漸次發芽。待種子之全部俱已發芽後，乃取去草藁，施行疎苗，每苗距離，約以二三寸爲最適度。其後則宜注意除草、驅除害蟲。肥料以腐熟之稀薄人糞尿爲最合用，並宜混入少量之木灰，於六月八月間各施一回，以助苗之生長。

由此法養成之苗木，可於翌春掘取。苗木之粗者，可直接供接木之用；苗木尚細，不能供接木者，宜掘出土外，稍稍剪縮其直根及幹身，移植於闊二尺之畦中，每隔五寸，栽植一株。在夏季中注意施肥與除草，使成完全之砧木；至晚夏悉得施行芽接法矣。

（三）插木繁殖法

梨之普通枝條，插木雖不能發根，然於切接之際，由根頸切斷之幹身，插入土中，則能發根而成插木苗。此插木苗卽可供接木砧之用。此法之缺點，卽多數砧木，不克一時養成，且其根不能充分發育，故除實生砧生長不佳或有特別情形外，普通皆不行此法。

榲桲爲極易發根之樹，其繁殖法係以插木爲主。其插穗、多利用冬季剪定時埋藏於土中之枝條，或於春季發芽前剪取者。每年在春季三月間，於選定之土地，先施耕鋤，做成闊約二尺之畦，再用棒在畦上穿穴，每穴距離約以五寸爲度，後將插穗切斷，使長約一尺內外，將其下半部插入穴中；惟所用插穗，宜擇較粗者方佳。

榲桲好稍稍潤濕之土質，故行插木法時，其土地宜擇稍富水濕而肥沃之黏質壤土或砂質壤土爲最宜。如土地易致乾燥，則發根困難，生長惡劣，甚至有完全不能發芽者，故須注意。

由插木而得榲桲砧，誠爲極易之舉，祇須土質合宜，雖不施肥料，亦得養成。普通於春間插木，至秋間有得施芽接法，至翌春有得行切接法者。

(四)接木繁殖法

接木之法甚多，種梨所用者，則爲切接與芽接二法。玆將其方法述之如左：

切接法　供切接用之接穗，須擇前年生之枝條，春季生長，組織充實者，方稱合用；因組織不充實者，生芽不能發達，難於生活，卽能生活，其生育亦往往不良。普通多利用於冬季剪定時剪去之枝條，使埋藏於溼潤之土中，至翌春掘取而供接穗之用。若接穗恐有介殼蟲類寄生，可用青酸氣燻蒸，卽得安全。

接穗以長約二寸爲最合度，穗上須有二芽。當行切接法時，先在枝條上擇定芽甚發達、組織充實之部分，定爲接穗。然後將枝條之上端在第一芽之上方一分處，用利刃切斷，下端則在最初一側稍斜切斷，又在反對之一側，在四五分處向下薄削。惟面宜平滑，是其

第十九圖

切接法

1 接穗
2 砧木
3 接穗與砧木接合之狀
4 用藁密扎之狀

要諦。砧木宜豫先掘取，在離根二三寸處，將幹身切斷。當接穗切成後，乃在砧木上擇樹皮光滑毫無傷痕之處，在木質部與皮部之間，向下切開，切成長約七八分之切口，切面亦須平滑，然後將接穗插入，使接穗之平滑面與砧木之平滑面相合；同時接穗與砧木之形成層，亦須互相密接。乃在砧木之皮外，自下向上，用藁密扎。再將砧木之根，加以適度之剪定。然後做成闊約二尺、距離約五寸之畦而栽植之。惟栽植之際，宜上覆細泥，至掩沒接穗方止，以防接穗之乾燥。待至芽上出枝，方可取去。惟接穗上如出枝過多，亦不合宜，故普通僅留最強者一本已足。

行切接法者，手術須熟練。行切接之時期，在暖地以二月下旬至三月中下旬，爲最適當。

芽接法　芽接與切接，俱爲梨之繁殖上最適當之方法。芽接施術簡單而迅速，一時可得多數之接木。且其施術時期

第二十圖

供芽接用之接穗

與切接相異，若於春季所行之切接失敗，同年內再得施行芽接。加以芽接不過使用一芽，得以少數之接穗，而接多數之砧木。故此法似較切接便利。

供芽接用之接穗，係以本年生之新枝爲最合宜。在擇定之接穗上，選組織充實，芽甚發達之部分，將其上端及下端剪去。同時將葉剪除，僅留長約五六分之葉柄。待接穗切取後，如將其插入水中，

第二十一圖

取芽時之狀

第二十二圖

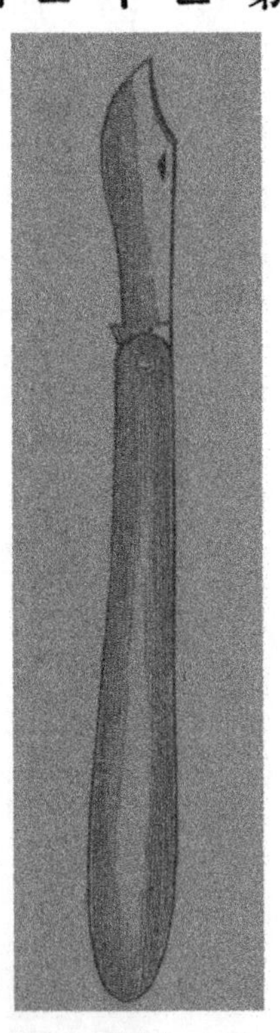

芽接刀

則可貯藏一週之久。自接穗取芽之法，如圖所示，用芽接刀先在芽之下方三四分處，橫切一下，再在

芽之上方三四分處、向下薄切，將芽取下，置於水中保存。一方在砧木上距地高約二三寸處，選定皮面光滑之部，先以芽接刀之尖端，切成丁字形；再以刀之尖端，將其皮部切開，然後將接芽插入，將皮被於芽上，用藁緊束，手術乃可告終。

行芽接後，經過二週之久，如接芽仍呈綠色，葉柄脫落甚易，此乃已生活之證據；如接芽已變黑色，葉柄凋萎固着，此乃已死去之證據，則須重施手術矣。

行芽接法者，手術亦須熟練。施術時期，普通以九月上中旬爲最適宜。

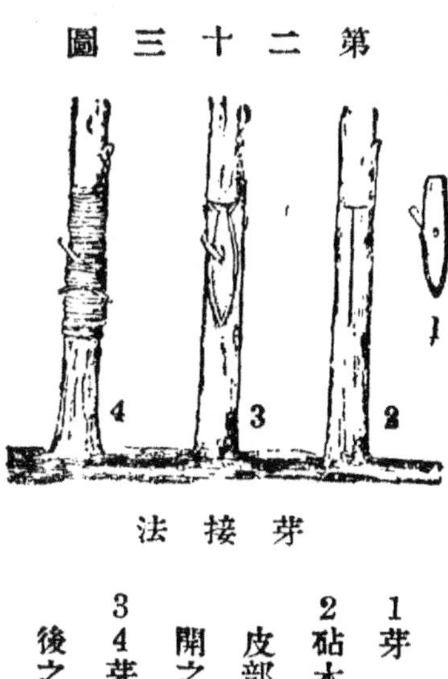

第二十三圖
芽接法
1 芽
2 砧木上皮部切開之狀
3 4 芽接後之狀

(五)苗木購入上之注意

苗木之良否，與種梨前途，甚有關係。故梨之苗木，如向苗商購入時，有極須注意之點在焉，茲特分述於下：

(1)苗木購入上首宜注意之事，爲求品種之正確。品種正確，則結果佳良。如於購入時輕忽從事，致劣等品種混入，徒費數年栽培之勞，不能收佳良之結果，種梨前途關係莫大焉。

(2)苗木購入時，切勿貪其價廉，因價目低廉之苗木，無優良正確之品種。

(3)苗木上往往附有害蟲，宜於購入時卽用青酸氣燻過，方得安全。如當時不加注意，而於栽植以後，始設法驅除者，勞費固多，欲完全驅除，則不免困難。

(4)苗木之根羣，以發達者爲當選。因根羣發達，栽植後、生長能十分佳良。

(5)苗木貴粗長，購入之價，亦必較昂。如見苗木細長，則爲移植不能合法、苗木密植之證，且是等苗木，多有長大之直根，支根之分歧不良，栽植以後，生長往往不良，當購入時須注意及之。

(6)苗木之幹身雖短，苟得根羣發達，亦可當選。

上述者爲苗木購入時最應注意之點，其他條件，不勝枚述。要之、由購苗者之眼光與經驗而選定之可也。

第五章　栽植

（一）開園

苗木未栽植之先，必須從事開園。開園者、即將土地起始開墾，整地而成爲梨園也。如欲將苗木栽植於已墾之平地上者，宜先將地土耕起，深約一尺至一尺四五寸許，將土塊翻轉打碎，使全面一致。土地若排水不良，宜於園之周圍，設置排水溝，更於園內各處，設置暗渠，力求排水舒暢，以期土地之乾燥，方可栽植。如欲開墾未墾之傾斜地，以栽植苗木者，宜先將樹木截倒，掘去根株，如地上雜草繁生，宜待諸晚秋時用火燒盡，乃再將泥土深耕二尺許，除去草根，翻轉打碎，方可栽植。然後於園之四周，設立木柵，以防盜竊，園始營成。

（二）栽植時期

栽植梨樹之時期，以自秋季落葉後至春季發芽前、爲最適宜。在此時期中，無論何時，均可栽植。

惟在暖地，則須於落葉後行之爲最良；寒地因秋季栽植，易受凍害，必須於春季天氣轉和，積雪融後行之方妥。二者相較，自以秋季栽植者爲優，因於年內定植土中，一至春季，即能發生新根，翌年生長之勢必強也。

(三)栽植距離

栽植之距離，每因土地之肥瘠與整枝之如何而異。茲將各種整枝之栽植距離，列表於下，以資參考：

整枝法		栽植距離
棚架整枝		一丈——一丈五尺
圓錐形整枝		一丈——一丈八尺
燭式整枝	二本燭式整枝	二尺
	四本燭式整枝	四尺

籬柵整枝		
肋狀整枝	水平肋狀整枝	一丈——一丈八尺
	斜肋狀整枝	一丈——一丈八尺
	垂直肋狀整枝	五尺
單幹整枝	單幹水平整枝	六尺——一丈
	單幹斜立整枝	二尺——二尺五寸
	單幹直立整枝	二尺——二尺五寸
水平整枝		一丈
斜方狀整枝		二尺

(四)栽植法

栽植時、先宜掘成直徑二尺深一尺五寸內外之穴，穴中填入少量腐熟之堆肥(或廄肥之類)與過燐酸石灰混合之肥料，使與土相混和後，乃可栽植苗木。苗木之上恐有介殼蟲類寄生，宜用青酸氣燻蒸以驅除之。苗木之根，宜於未栽植以先，將直根自基部剪去，長大之根適宜剪短，然後放苗木於穴內，將根理直配勻，用左手支持幹身，右手握鋤，集細泥於根際，時時將苗木向上下左右稍稍動搖，使泥土填實根之間隙中。集泥既畢，用脚輕輕踐踏根際泥土，使之堅實。又於苗木之旁，立一支柱，將幹身支於柱上，以防被風吹倒，手續乃完全告終。

第六章 肥料

凡果樹於生長、結果之際，皆須消費多量之養分，縱令土壤肥沃，如任其放置，養分必漸告缺乏，致枝條之發育不良，結果減退，影響甚大。故欲得多量之結果，則非以人工供給肥料不可。况梨樹較其他果樹，須施多量之肥料，故栽培上之肥培，爲最宜注意之事。茲將栽培梨樹所用肥料之種類，及適當之施肥量與施肥時期等，分述於下：

（一）肥料之種類

梨樹當發育結果時，必要之肥料成分，爲氰素，燐酸及鉀三種。就中以氰素爲最主要，因氰素能促枝條之發育而增進結果也。然燐酸及鉀，因能促生花芽，增加甘味與漿汁，以改善品質，故亦屬主要。此三種成分，須有一定比例，因肥料中如氰素過多，枝條雖得發育旺盛，但組織軟弱，易犯病蟲諸害，結果減退，品質不良；如燐酸與鉀過多，果實品質，雖得稍稍改善，但枝條之發育遲緩，收量不免減退。故肥料成分配合之比例，宜十分注意。

含氰、燐、鉀三成分之肥料，種類甚多。兹將栽培梨樹一般施用之肥料，分述於下：

人糞尿　人糞尿爲我國最重要而最多用之肥料，富含氰素，且分解甚速。新鮮之人糞尿，以含有害成分，不適於用，故常常須貯藏之，使其腐熟後，方可使用。但因人糞尿中，燐酸及鉀缺乏殊甚，故於施肥時，須加入適宜之過燐酸石灰及木灰，以補其成分之不足。

堆肥　堆肥者，家畜舍內之敷藁、刈草、切藁及其他園圃之廢物，經堆積腐敗而成之肥料也。其中含有多少之氰素、燐酸、鉀及其他之成分。施下土中後，除直接能供給養分外，並能膨軟土壤，增進養分及水溼之保存，改善土壤之物理性質，間接助植物之生長，效力甚大。栽培者可將廐肥堆積一處，厚約一尺，上敷稿稈、青草、落葉等物，厚約七八尺，注入液肥，待其稍稍腐熟，即行搗練，翻轉後，又注入液肥，搗練三四次，即能腐熟而供應用。

油粕　油粕之種類甚多，就中最多用者，爲豆餅。豆餅中亦含有三種主要成分，施用時，多碎爲粉末，用爲原肥，亦有投入糞汁中或混於堆肥中，待腐敗後施用者。

魚肥　魚肥中富含氫素及燐酸，爲最有效之肥料也；但以價目甚高，故普通用之者少。施用時多碎爲粉末用爲原肥，亦有投入人尿中，待其腐熟後再行施用者。

米糠　米糠中除含氫素外，又含有多量之燐酸，亦爲最有效之肥料。常與其他肥料配合施用，亦有待其腐敗以後，用爲原肥。

過燐酸石灰　過燐酸石灰中，含有多量之燐酸，可用爲燐酸肥料；亦有與木灰相混，而用爲原肥及追肥者。

木灰　木灰中因含有多量之鉀分，故可用爲鉀肥。此肥料無直接之效力，如與油粕等富含油質之肥料相混，則能脫失油質，促進分解，故多與他種肥料混合施用；單獨施用者，比較少見。

硫酸錏及智利硝石　硫酸錏及智利硝石，均含甚多之氫素，爲濃厚之肥料。分解極速，多用爲追肥。施用時，須溶解於水中，使成液肥後始用之。

骨粉　骨粉中含有氫素及燐酸，爲適當之肥料也。骨粉有粗骨粉與蒸製骨粉兩種：後者分解甚速；前者分解遲緩。故施用時，宜較前者約多三四倍。

硫酸鉀　硫酸鉀含有濃厚之鉀分，分解甚速，多用作追肥。或與其他肥料相混施用。

茲將上述諸種肥料之三成分，列入下表：

肥料名	百分中三成分之量		
	窒素	燐酸	鉀
人糞尿	〇·五七	〇·一三	〇·二七
堆肥	〇·五〇	〇·二六	〇·六三
豆餅	七·〇〇	一·一〇	一·五八
菜餅	五·〇〇	二·〇〇	一·三〇
米糠	二·〇八	三·七八	一·四〇
過燐酸石灰	—	一五·〇〇	—
木灰	—	三·九〇	一一·七〇
蒸製骨粉	三·七〇	二·一〇	—
硫酸錏	二〇·四七	—	—

硫酸鉀	—	—	四八・〇〇
智利硝石	一六・四五	—	—

（二）施肥之分量

梨樹較其他果樹，須多量之肥料。其分量係隨土質、樹齡、樹勢等而異，不能一律。要之：土質瘠薄者，須較肥沃者之分量多；樹齡大者，須較小者之分量多；樹勢之發育遲緩者，須較生長強盛者之分量多。然其分量亦各有一定，如能施用適量，則能增加果實之產額，品質佳良。反之，如施用過量，則反致結實不良，枝葉徒長。如施用不足，則果實之產額減少，品質每致不佳。故栽培者宜十分注意及之。

茲就梨之年齡，在九千六百八十五方尺中施肥料之三要素之標準量列表於左：

樹齡	氮素	燐酸	鉀
二年生	五〇兩	五〇兩	五〇兩
三年生	七五	七五	七五
四年生	一五〇	一五〇	一五〇

五年生	二〇〇	二〇〇	二〇〇
六年生	二五〇	二五〇	二五〇
七年生	三〇〇	三五〇	三五〇
八年生	四〇〇	四五〇	四五〇
九年生	四五〇	五〇〇	五〇〇
十年生	五五〇	五五〇	五五〇
十一年生	五五〇	六〇〇	六〇〇
十二年生	五五〇	六〇〇	六〇〇

茲將右述之標準量，示其施肥量計算之例如左：（表內係取九千六百八十五方尺中種梨七十五本者之施肥量爲例。又所舉之肥料，係以豆餅、人糞尿、堆肥供給氰素；以過燐酸石灰、供給燐酸；以木灰供給鉀分。）

五年生之梨樹

肥料名	總量	一本之量	氫素	燐酸	鉀
豆餅	一二〇〇兩	一六兩	八四兩	一三兩	一九兩
人糞尿	一五〇〇〇	二〇〇	八六	一九	四〇
堆肥	七五〇〇	一〇〇	三七	一九	四七
過燐酸石灰	一〇〇〇	一三	—	一五〇	—
木灰	九〇〇	一二	—	—	一〇五
共計			二〇七	二〇一	二一一

九年生之梨樹

肥料名	總量	一本之量	氫素	燐酸	鉀
豆餅	二二五〇兩	三〇兩	一五七兩	二五兩	三六兩
人糞尿	三〇〇〇〇	四〇〇	一七一	三九	八一
堆肥	三二五〇〇	三〇〇	一一二	五八	一四二
過燐酸石灰	二四〇〇	三二	—	三六〇	—

肥料名	總量	一本之量	氫素	燐酸	鉀
木灰	二一〇〇	二八	—	—	二四六
共計			四四〇	四八二	五〇五

十二年生之梨樹

肥料名	總量	一本之量	氫素	燐酸	鉀
豆餅	二七〇〇兩	三六兩	一八九兩	三〇兩	四三兩
人糞尿	三七五〇〇	五〇〇	二一四	四九	一〇一
堆肥	三〇〇〇〇	四〇〇	一五〇	七八	一八九
過燐酸石灰	三〇〇〇	四〇	—	四五〇	—
木灰	二二五〇	三〇	—	—	二六三
共計			五五三	六〇七	五九六

如將右表中之豆餅及堆肥，代以菜餅及米糠，可計算其施肥量如左：

六年生之梨樹

肥料名	總量	一本之量	氫素	燐酸	鉀
菜餅	二二五〇兩	三〇兩	一一二兩	四五兩	二九兩
米糠	二五五〇	三四	五三	九六	三六
人糞尿	一五〇〇〇	二〇〇	八六	一九	四〇
過燐酸石灰	六〇〇	八	—	九〇	—
木灰	一二〇〇	一六	—	—	一四〇
共		計	二五一	二五〇	二四五

十一年生之梨樹

肥料名	總量	一本之量	氫素	燐酸	鉀
菜餅	三七五〇兩	五〇兩	一八七兩	七五兩	四九兩
米糠	五一〇〇	六八	一〇六	一九三	七一
人糞尿	四五〇〇〇	六〇〇	二五七	五八	一二一
過燐酸石灰	一八〇〇	二四	—	二七〇	—

木灰	三〇〇〇	四〇	—	—	三五一
共計			五五〇	五九六	五九二

(三)施肥之時期及方法

肥料有基肥追肥之分：基肥每在二月下旬至三月上旬、發芽前施下，如豆餅、魚肥、米糠、堆肥等，悉充基肥之用，至人糞尿、過燐酸石灰木灰、等雖皆可爲基肥，然於施用時，僅用半量，他半量常與其他肥料，同時施作追肥。追肥分二次：第一次，在七月中下旬，當果實發育盛旺時施下；第二次，常在八月下旬至九月上旬施下。第二次追肥，乃用以恢復樹勢，促花芽之生成，或助果實之發育。施肥方法，先在樹幹周圍，掘成闊七八寸深四五寸之輪溝，將肥料施在溝內。溝與樹幹之距離，普通以樹幹周緣之三倍至三倍半爲標準。然依樹幹之粗細，而輪溝之大小，亦隨之而異。或有在畦間掘成縱橫之溝，以施肥者。

第七章　管理

梨園管理，有剪定，整枝，摘果，掛袋，中耕及除草等，茲述之如次：

第一節　剪定

剪定法者，修剪芽條使發育及結果兩作用得適度調節之方法也。剪定時、常將無用之枝條剪去，以促有用部分之發達。茲將剪定法在梨樹栽培上受利之點，分述於下：

(一)整理外觀，調節發育作用。

(二)剪去無用之枝條，使樹枝各部之成長均一，故得節省肥料。

(三)調節梨樹之結果作用，以防隔年結果，使每年得適當之收穫。

(四)得一定之樹姿，便於行各種之作業。

（五）發育得十分旺盛。

（六）果實之收穫量大，且得品質改善。

（七）得減輕病蟲害之發生與被害，且便於保護及管理。

（八）便於除去枯死或被害之局部。

（九）梨樹之經濟的樹命較長。

綜觀上列各項，可知剪定法與梨之栽培上，關係甚大，如聽其自然，則致樹枝錯亂，管理不便，結果減少，品質降低。故剪定一法，爲梨樹栽培上必須施行之作業。

（1）剪定之區別

剪定法，大別有冬季剪定與夏季剪定二種。冬季剪定多在秋季落葉後至春季發芽前之間，在冬期中施行者居多，因梨樹殊無受寒害之慮，故寒暖兩地，均可於十一二月之交，待梨落葉後，直接施行。然於作業上若年内不克施行者，可於翌年早春從速行之，如在降雪之處，則須待積雪融解後，始可從事。冬季剪定係以整正樹姿、強盛主枝之發育爲主。夏季剪定多在春季發芽後，至九十月之間，於生長期中施行，係以調整樹姿，促果實之發達爲主。故夏季剪定與冬季剪定，其時期與目的迥相殊異，然欲使結果優良則一也。二者俱須行之得法，否則結果不佳，以致難收其利。

(2)剪定之種類

(一)主枝剪定法　主枝剪定法者，卽剪定側主枝而調整主枝之方法也。梨之主枝，普通皆不施行夏季剪定，然依整枝法及主枝有徒長的傾向時，則於夏季須行適宜之摘心，以期各主枝之均衡。如有側枝發生，則於夏季由其基部、施以剪定，因於新主枝上，如於同年內發生側枝，彼發生側枝以上之部分，不僅勢力衰弱，且能妨害腋芽之發生。至冬季剪定之程度，則須視種類、整枝法、及風土等而無一定；要之：凡強大之主枝宜短剪，弱小之主枝宜長剪，通常以長約二尺至二尺五寸爲標準。若毫不剪定；聽其自然，則頂芽及其附近二三腋芽伸長後位於下部之腋芽，毫不發達，且有於同年形成花芽而結果實，致失去主枝生長點之勢力，而結果不良，故須將主枝預定之長，於冬季實行剪定之。(如圖所示，卽主枝剪定之狀。)

第二十四圖

主枝剪定

（二）側枝剪定法　側枝剪定法，因側枝之性質及生長狀態如何而異。今將此法分爲葉枝剪定法、果枝剪定法、短果枝羣剪定法三項，分述於下：

（a）葉枝剪定法　於前年生在主枝上之腋芽，至本年生短枝外，多伸長而形成葉枝。葉枝之剪定，卽將是等之側葉枝剪定之方法也。故剪定之巧拙，對於腋芽之生成，大有關係。茲將其剪定法，詳述如下：

〔第一年之剪定〕　前年生之主枝上，至春季生許多新梢。剪定時，先定一枝爲主枝，使向一定之方向生長，由是而次之一二葉枝，勢力強盛者，宜在二三葉處短剪，或自基部剪去，以助主枝之生長。其他由下方所生之側葉枝，至夏季長達七寸至一尺時，先在四至六葉（剪定上所稱之葉，係將基部羣生者除去所稱之芽，並不計潛在基部之幼芽。）處行第一次之摘

第二十五圖

側葉枝第一年之夏季剪定

A第二次摘心

B第一次摘心

心以刺激頂端附近之一二腋芽，使其伸長。待長至五六寸時，則殘留二三葉，行第二次之摘心（如圖所示）如再生長，則再如法摘心，反覆行之，以抑制其生長，而促基部腋芽之生長。至冬季再將側葉枝施行冬季剪定。剪定時，依枝條之長短，及樹勢情形而酌定：即樹齡幼小勢力旺盛者宜長剪；樹齡已大枝條之發育已漸次緩慢者宜短剪，通常以在四五芽處剪去爲最合宜（如圖所示。）

第二十六圖

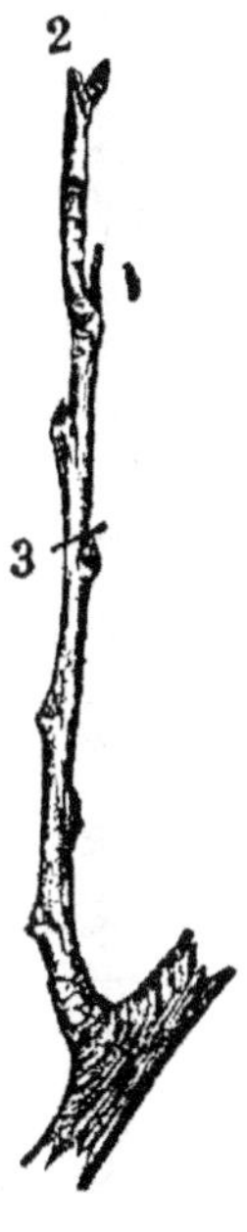

側葉枝第一年之冬季剪定
1 2夏季剪定處
3冬季剪定處

〔第二年之剪定〕 於第一年冬季在四五芽處剪定之葉枝，至第二年之春季，其頂端即有一二芽伸長，而形成新梢，其基部有一二芽，如得適度之刺激，即能發生短枝。短枝之頂端，常能於同年內發生花芽。故待新梢伸長至一尺時，即須摘心，以

第二十七圖

側葉枝第二年之剪定
1前年冬季剪定之處
2 3本年夏季摘心之處
A結果枝
X冬季剪定

促短枝之發達。如短枝上已生短果枝，則於冬季剪定時，宜在短果枝之直上部，施以剪定（如圖所示，）將上部之葉枝剪去。若短枝上不生花芽，而生中間芽時，則宜於短枝上部二三芽處，施以剪定，使勢力集中上部之芽，形成葉枝，中間芽因得勢中庸，遂得化爲花芽（如圖所示。）

第二十八圖

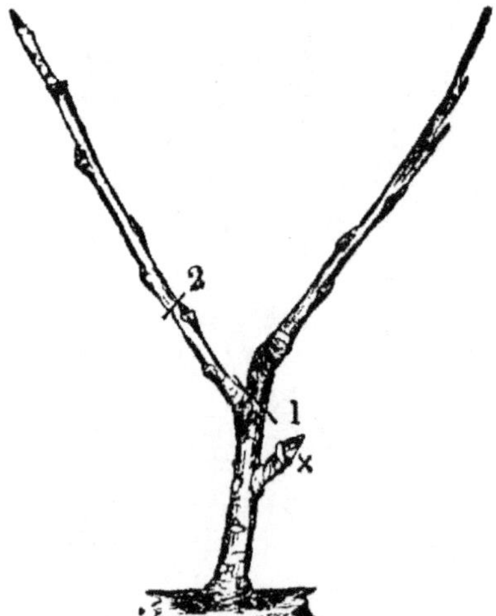

側葉枝第二年生中間芽之剪定
1 2冬季剪定之點
X中間芽

（b）果枝剪定法　果枝剪定法者，疎芟花芽，以調節結果之法也。一果枝上，如着生多數花芽，結果過多，勢力減殺，使實果之品位墜落，難得良果，故花芽必須疎芟。一果枝上留存花芽之數，因樹勢與果枝之多少而定，普通僅於枝之下部，留存一芽，至多則留存二芽，其他則悉行剪去（如下圖所示）。且果枝之中，以短果枝對於結果上最有希望，故常將長果枝剪去，使生出短果枝，因長果枝又有擾亂樹姿之患也。

第二十九圖

果枝剪定（1 2）剪定之處

（e）短果枝羣剪定法　短果枝羣者，乃短果枝合生之羣也。此種短果枝羣，有持續多年結果之性，栽培上多重視之，若任其自由生長，則果枝漸次龐大，分歧錯亂，致樹液流動不順，結果變小，品質不良，多年結果之性，亦將失去；故須年年加以剪定，使生近於主枝之花芽。每年於冬季行之，使留存二三花芽爲度。短果枝羣之已龐大者，年年亦須剪定，使其縮短，惟剪法宜緩，於二三年中徐徐施行，方稱合法。因行之過急，則樹液有餘，每將果枝化爲葉枝，受損甚大。

第三十圖

短果枝羣剪定

1 本年冬季剪定之點　2 翌年冬季剪定之點　3 果枝衰老時剪定之點

（3）剪定用之器具

（一）剪定鋏　翦定鋏，冬夏季剪定時皆使用之，尤以冬季剪定時，爲剪枝之必不可缺之器具也。剪定鋏有種種，就中以下圖所示者，最爲適用。

第三十一圖

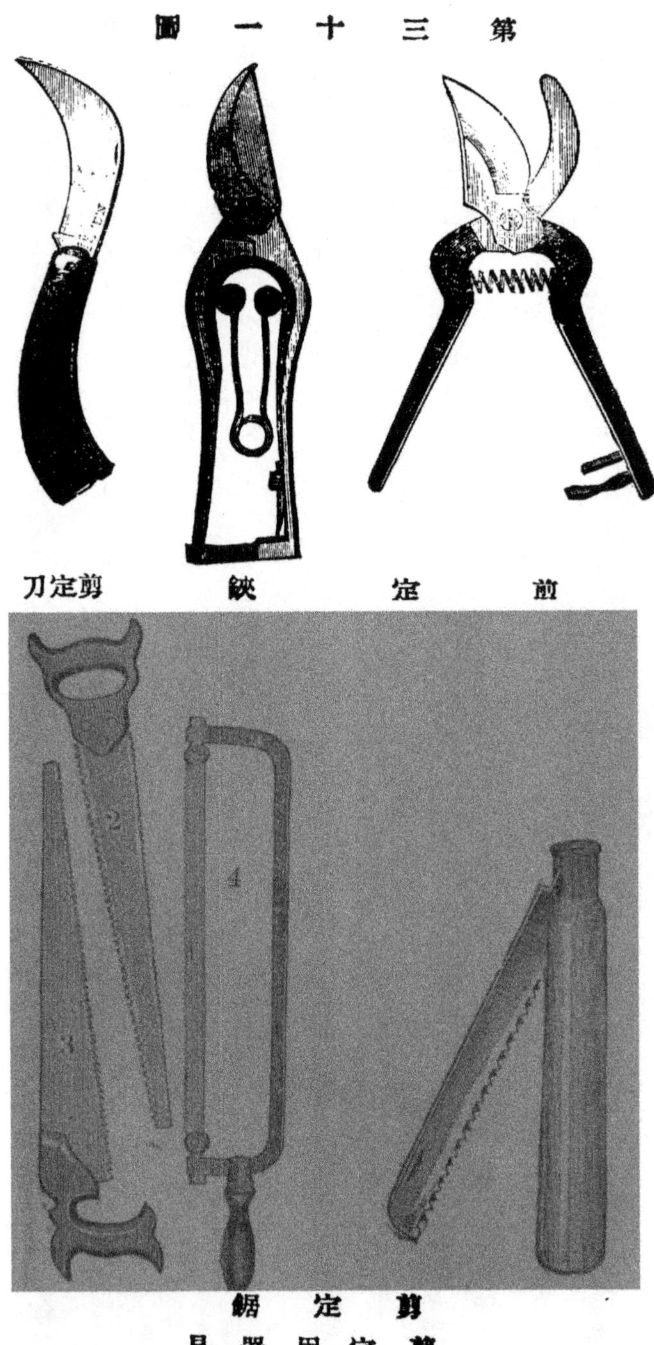

剪定鋏　剪定刀

剪定鋸

剪定用器具

(二)剪定刀　剪定刀，夏冬季剪定時亦皆使用之，夏季多用以剪定綠枝，冬季多用以削平切斷面，普通以上圖所示者爲最適用。

(三)剪定鋸　凡不能用剪定鋏切斷之大枝，皆須應用剪定鋸，其式樣亦有種種，如圖1所示之式，便於攜帶。如圖2 3 4所示之式。便於鋸斷大枝。栽培者可隨意置備之。

第二節　整枝

整枝法者，整調一定之樹形，配置枝條於適當位置之方法也。在梨之栽培上，與剪定法同屬重要之作業，且互相關聯，因行整枝法時，亦須應用剪定法以完成之也。兹將整枝法主要之目的，列述如下：

(一)得於一定之面積內，維持樹形，故定植以後，常無改植之必要。

(二)光線空氣之流通，及其他枝條成育上必要之條件，使各部所受均等，如此不僅能令果實之發育良好，且於每年內亦能得一定之收穫。

(三)主枝果枝等枝條，井然有序，易行各種之作業。

(四)便於預防及驅除害蟲，減少費用。

(五)減少無用之部分，使得節省土地及肥料。

以上所述者，爲最主要而最明顯之目的，其他更有不可勝言之利益隨之，栽培者苟欲得相當之利益，則須研究最適當之整枝法。茲將各種整枝之法，述之如下：

(一)棚架整枝法

此整枝法，爲設棚置架，誘引主枝於架上之法。能抵抗風害，不易吹倒；且將主枝垂平堰曲，能抑制過度之發育，促進結果，便於管理，故爲梨樹栽培上最適當之整枝法，茲特詳述如此：

棚架建設法　架棚用之主柱，通常以松杉等木材爲之，粗以直徑一寸五分至二寸，長以七尺者爲最合用。至建設主

第三十二圖

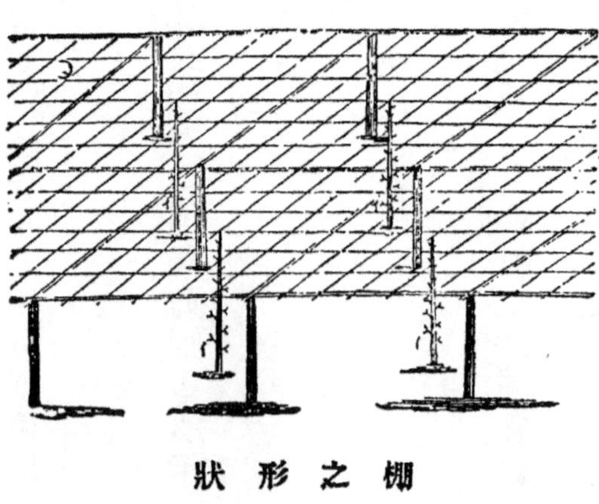

棚之形狀

柱之距離，由栽植法而異，通常使各柱之距離，保存一丈者爲最多。但在寒冷降雪較多之地，則設柱宜較密。柱之下端，宜以一尺五寸至二尺之部，埋入地中，使棚高五尺至五尺五寸，方稱合度。待主柱建設告終，乃於柱之頂端，以周圍四寸至五寸之竹，用鉛絲縛成縱橫之架。然後再用周圍三寸之小竹，在縱橫之架上，以二尺之距離，縱橫架設，使各相接合連絡，各竹之交叉點上，亦用鉛絲結縛，棚乃告成（如圖所示。）

苗木之栽植　棚架整枝法所用之苗以嫁接於實生砧，生長佳良者爲最合，並以三四年之苗木，始行定植，最爲得策，若苗木僅一年生不能定植於本圃者，可暫行假植，於二三年間剪縮樹頭，以強固幹身，然後定植於本圃中，則結果方能改早，且地積經濟，管理便利。

第三十三圖

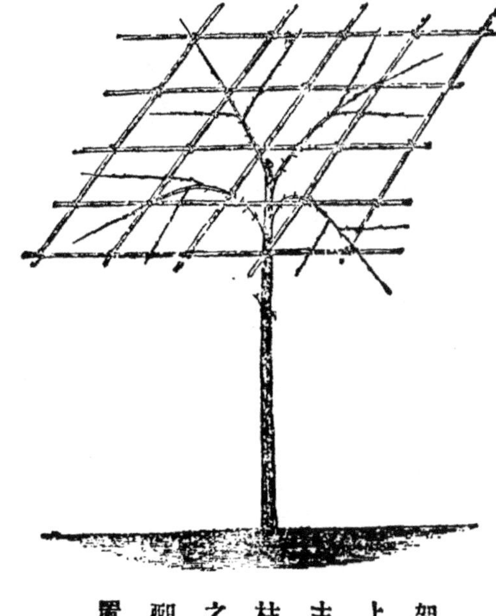

架上主枝之配置

整枝剪定法　一年生之苗木，初年在地上二尺處，施行剪定，待發芽後，使頂端直立之一枝生長，下部之枝條，悉行剪去。至冬季再在地上四尺至四尺五寸處剪定，至翌春必有多數之新梢發生，乃於接近主幹之頂端四枝，選爲主枝，餘者悉於長四五寸處剪去，以圖幹之肥大與發育。然後將此苗木定植本圃，誘主枝於架上。四本之主枝，如圖所示，向棚之四隅，以對角線狀配置，各於二三尺長處剪定。至春季，頂芽卽與主枝同方向，作對角線狀伸長，兩側之二枝，與中央主枝成四十五度，卽與棚之一邊並行伸長，如圖所示。凡在主枝下部抽出之側枝，於夏季冬季行側枝之剪定，各主枝亦年年於一尺五寸至二尺處剪定，使與前年同樣發生主枝，配置於架上。

第三十四圖

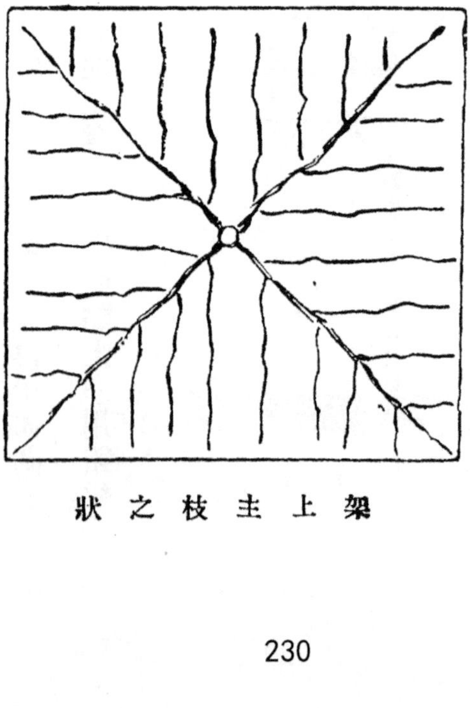

架上主枝之狀

如是者施行四五年後，則架上枝之配置，卽得如下圖所示之形狀矣。此種整枝法，乃完全告成。

(二)圓錐形整枝法

此種盤枝法，使樹呈圓錐形，故名。惟以易受風害，故於時有暴風之區域，須施行特別之裝置，普通多於主幹之旁，豎立堅固之支柱，將主幹縛於柱上以防護之。此法所用苗木，以由芽接或切接繁殖而一年生者爲最合，栽植苗木之距離，常爲一丈。施盤枝時，先將苗木於三尺處切斷，再在離地二尺處，選定與接木痕同向之葉芽，其上至頂端一尺許之部分所生之芽，悉行削去，以供誘引主枝之用。至春季自幹身上之各芽，萌發新梢。新梢中以在上部者之一枝，令繼續幹身之生長，用繩繫於削去葉芽之部，使依垂直之方向伸長。在下部多數之新梢中，選擇近於幹之頂端，平均配置於周圍者五本，令其生長，使於樹幹成四十五度之角，向四方平均開張，其他枝條，悉於基部剪去。此時最下部之側主枝，距離接木痕，約以一尺至一尺二寸爲最合。如於同年內已得生長，乃可行冬季剪定，先於側枝上一尺至二尺處選定外側之芽，其上端七八寸之部分之芽，悉行削除，將先端剪去，次於中央主枝之一尺五寸至二尺處，與前枝之剪定痕同向位選定腋芽，削除上部七八寸處之芽，以供誘引主枝之用。至翌年於中央主枝發生之新梢，與前年相同，令頂端一枝垂直伸長，以繼續幹之生長，次由下方發生之五枝，亦以四十五度之角，向四方開張。此五枝與前年之五枝，取同一之配置，使最下部之側主枝，與前年最下部之側主枝，同在一直線上，與前年最上部之側主枝，相距約一尺左右，以後每年如上法反覆行之，一年形成一段，至形成六段或八段，達一定之高度乃止。至冬季下層之主枝，宜較上層之主枝長剪，至一段中五枝之剪法，宜將強枝短剪，弱枝長剪，以期生長均勻，絕無參差。

第三十五圖

圓錐形整枝

㈢籬柵整枝法

籬柵整枝法，分有多種，皆須建設籬柵，誘引主枝，此法便於驅除害蟲及其他管理。且於一小地積內，能多數栽植，得佳良之果實，是其特長。歐洲諸國多施行之。惟感受風害，則較棚形整枝稍多，乃其缺點。茲特詳述如次：

籬柵建設法　建設籬柵之主柱，外國多使用鐵材，因堪耐久用也。普通則可用松、杉、栗、等木柱以直徑二寸五分至三寸，長約一丈者爲最合。每隔一丈，豎立木柱一根，埋入地下之部，約以三尺爲度，地上則宜保留七尺。木柱之外面宜稍稍燒焦，或塗柏油等，以防腐朽。主柱內側，用木支撑，以備主柱上架鉛絲時，不致傾倒。主柱建設後，乃用鉛絲數條，兩端纏結於木柱上，以垂平緊張爲度。每絲距離，因整枝法而稍異，普通第一絲之離地面約一尺，其上則相隔二尺或一尺五寸。鉛絲固着於主柱上之法，可用鐵絲製成U字形，騎在鉛絲上，用鎚打入柱內卽合。至苗木得纏絡於籬柵上時，乃在鉛絲上用細鉛絲繞設細竹，條條平行，以供間隔及誘引主枝之用。

第三十六圖

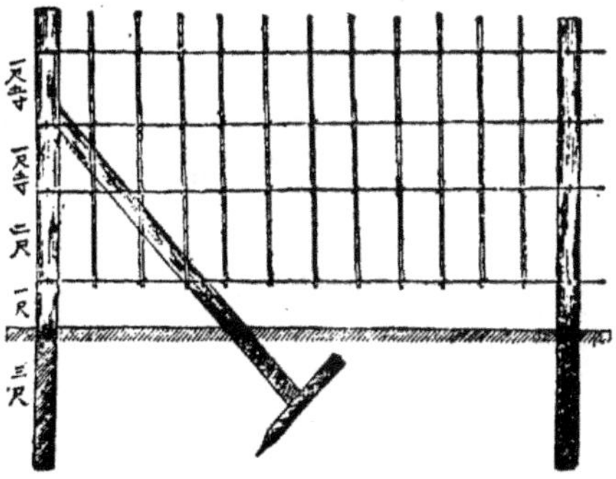

籬柵之建設

誘引纏絡法　此法因主枝之方向而不同，如誘引水平主枝時，宜將生長之新梢，漸漸誘引纏絡，使橫架於鉛絲之上，如新梢尚未生長，而直接垂平纏絡者，常致減殺勢力，阻止生長，故宜徐徐而行，方稱合法。又如新梢之發育遲緩而勢力衰弱者，宜設支柱以擁護之，待漸發育，然後徐徐誘引，迄水平之位置乃止。至誘引垂直或斜立主枝時，則於籬柵上所架之鉛絲，宜各各相距二尺，並建設細竹，每竹宜相隔一尺，將主枝纏絡於竹上，以誘引之。

施此種整枝法之枝條，大概皆須彎曲。彎曲時，宜乘新梢之組織柔軟，木質尚未硬化之際行之。如組織早已硬化，再加以急劇之彎曲，必致受傷。故須乘時而行，方獲穩妥。茲將本整枝法中各式之整枝法，述之如下：

(1)燭式整枝法　此種整枝法，又分有三種：

(甲)二本燭式整枝法　一名U字形整枝法。植苗木之距離，以二尺爲度。在發芽以前，可於地上一尺處(卽第一支鉛絲處)，施以剪定。剪定之前，首宜選定新芽，芽以在鉛絲下方一二寸，生於幹之側方者爲當選。選定以後，乃於芽上二三寸處，施以剪定，至春季卽有許多新梢發生；乃在新梢之中，以選定之芽所發之二枝，沿鉛絲而水平誘引之，其他新梢，悉行剪去。此二

第三十七圖

二本燭式整枝

本水平主枝，再各於距主幹五寸處，屈曲轉向垂直之方向生長。鉛絲上預設細竹，以支持誘引轉向之主枝，並保持其垂直。年年剪縮至一尺五寸迄二尺內外。至在主枝上抽出之側枝，宜保留於左右者，而剪去生於前後者，是其要訣。

（乙）四本燭式整枝法　一名複U字形整枝法。苗木之栽植距離，以四尺爲度，其他與前法相同。惟各主枝之距離幹身，俱爲一尺。冬季於距第一條鉛絲五寸之處，施以剪定，於同高之處，更加設鉛絲一條，以便纏絡主枝。至翌年亦與前年同，各主枝上又發生二枝，再行水平誘引，各於五寸處屈曲轉向，使垂直生長，即得四本主枝。各主枝相隔俱一尺，此後年年施行主枝之剪定。四五年後，高達七尺內外，至達所需之高度乃止。且夏季須行摘心，冬季可於基部剪定，不使加高。

第三十八圖

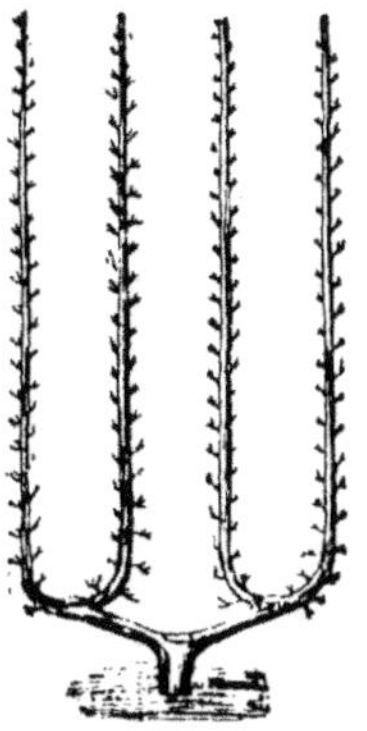

四本燭式整枝（一）

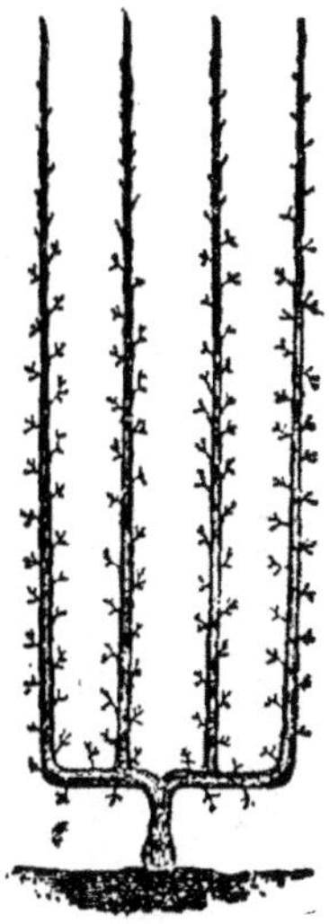

四本燭式整枝（二）

此外尚有一法，即如下圖所示。最初將幹身離地一尺處，施以剪定，發生二本主枝。再於各主枝上距樹幅中心五寸處，左右各誘引一本，前二本之主枝，各於離樹幅中心一尺五寸處，屈曲轉向垂直之方向生長，則得四本主枝矣。

(丙)六本燭式整枝法　苗木栽植之距離，以六尺爲度。先將幹身在離地一尺處（即第一條鉛絲處）剪定，使頂端發生二本主枝，亦以水平誘引而橫架於第一條鉛絲之上，待各伸長至二尺五寸處，乃屈曲轉向垂直之方向生長。至翌年春季於兩水平主枝上，各在枝之上方，選定三芽，每芽須各相距一尺。待芽漸漸生長後，即得六本主枝。各主枝悉以垂直方向纏絡，年年剪縮至一定之高度。

(2)肋狀整枝法　此種整枝法，亦分有三種：

第三十九圖

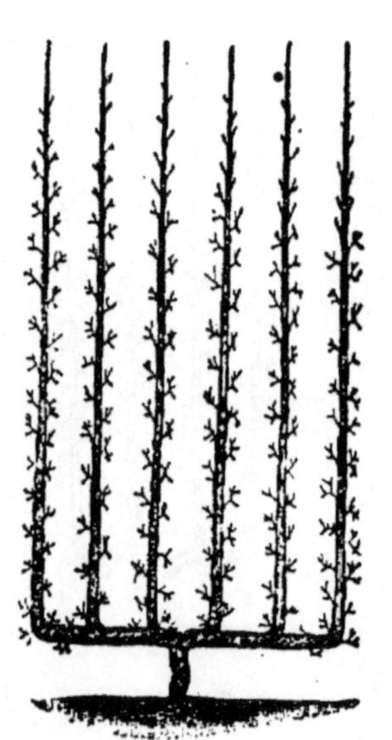

六本燭式整枝

第四十圖

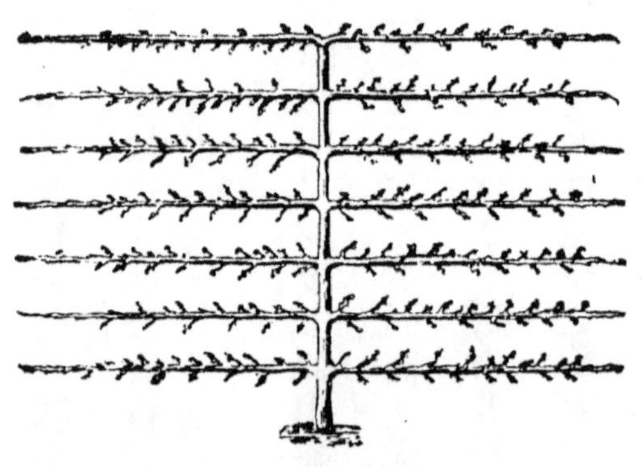

水平肋狀整枝

(甲)水平肋狀整枝法　此種整枝法所用之籬柵，其木柱宜相距丈許。柱上纏絡之鉛絲，各條宜相距一尺，除於幹旁設立支柱外，他皆無用。苗木通常以一年生者爲合宜，栽植於兩木柱之中間，栽植以後，乃在離地一尺處（卽第一條鉛絲處）剪定。然在未剪定以前，宜在鉛絲之下方附近處，先選定外側一芽，以供繼續幹身之用，次在兩側選定腋芽二枚，然後施行剪定。至春季發生新梢後，頂端一枝，定爲中央主枝，以垂直方向誘引纏絡；下方兩側之二枝，以水平方向誘引之。至冬季剪定時，乃將中央主枝與前年同法剪定，再得三主枝而形成第二段；如是者，年年施行五六年後，卽得形成五六段。剪定時，下段主枝，常較上段之主枝長剪，惟欲保上下主枝之均衡，各主枝宜各伸長一丈，使與鄰枝相接觸爲度。

(乙)斜肋狀整枝法　此種整枝法，與前者相同，惟其側主枝斜向，故通常多於先時在鉛絲上設與幹身成四十五度

第四十一圖

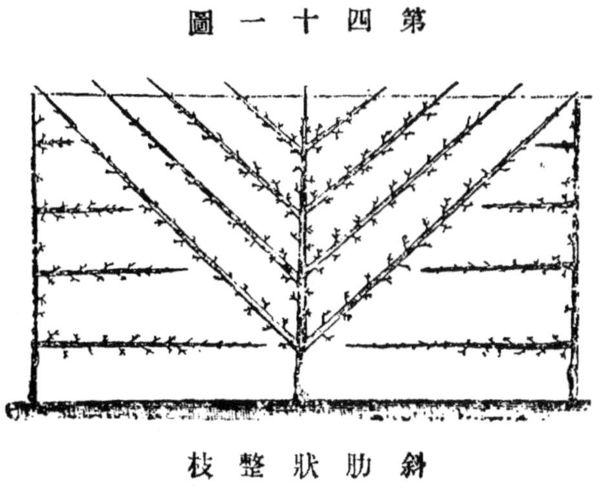

斜肋狀整枝

之角之細竹，以誘引之每年形成一段（如圖所示）卽成。

（丙）垂直肋狀整枝　此種整枝法所用之苗木，亦以一年生者爲最合。栽植距離，約爲五尺。籬柵上之鉛絲，以近地二條（卽第一與第二條）相距各一尺，餘則各宜二尺。先將幹身在離地一尺處剪定，與前法相同，使發生三主枝：頂端一枝垂直誘引之；兩側二枝，先向水平誘引，至各距幹身二尺處，乃屈曲轉向。垂直之方向生長，設細竹以誘引之。至翌年中央主枝在高一尺處（卽第二條鉛絲處）與前年同樣施行剪定，待其三枝生長後，中央一枝垂直誘引，兩側二枝，先亦水平誘引至距中央主枝一尺處，乃屈曲使轉向垂直之方向生長，共得五本主枝。年年施以剪縮，至達七尺內外之高度時，則不宜令其加高矣。

第四十二圖

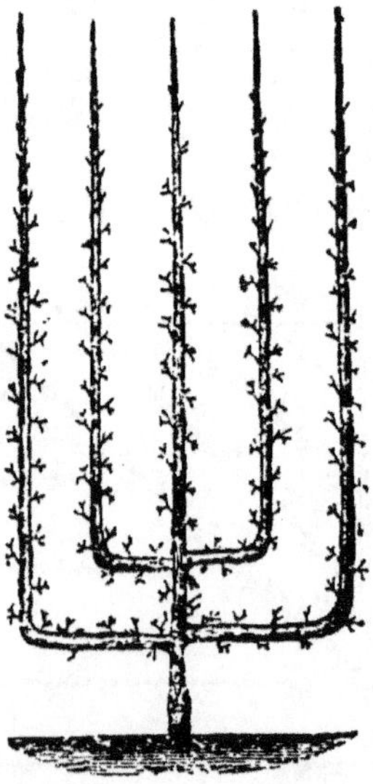

垂直肋狀整枝

（3）單幹整枝法　此法爲祇存一主幹，不令側主枝分出之法，亦分三種：

（甲）單幹直立整枝法　苗木栽植之距離，約爲二尺。株旁直設支柱，使其直立。初年在距地二尺內外剪定，至翌年將頂端之一枝垂直誘引，在下部發生之新梢，俱用側枝剪定法。剪定之主枝，每年在二尺內外，交互選定外側之芽而剪定，至達七八尺之高乃止。

(乙)單幹水平整枝法　苗木栽植之距離，約爲六尺。在離地一尺至一尺五寸處祇須架設一線，先沿線將幹身剪定，再在發生之新梢中，於頂上選定在欲誘引方向而生長佳良者一枝，餘悉剪去。待新梢稍化木質時，乃漸次誘近水平之位置，纏絡於鉛絲之上，年年將上側之芽，行適宜之剪定，卽可。

第四十三圖

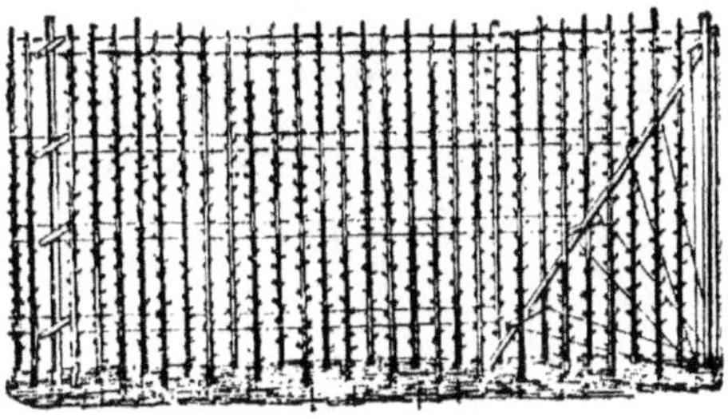

單幹直立整枝

第四十四圖

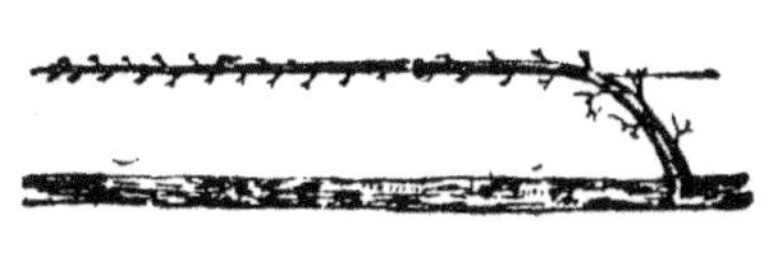

單幹水平整枝

(丙)單幹斜立整枝法　苗木栽植之距離，常爲二尺，先在離地一尺處剪定，各樹以共同之方向，選定主枝一本，誘引主枝斜向；傾斜之角度通常爲四十五度，須預設支柱纏絡之，年年將主枝剪縮，普通使全長達八尺乃止。

(4)水平整枝法　此爲將主枝水平誘引之法也。苗木栽植之距離，約爲一丈。先將幹身在離地一尺處剪定，使主枝伸長，漸次以水平方向誘引之，每年於二尺左右處剪定，至能與他樹之主枝相逢乃止。

第四十五圖

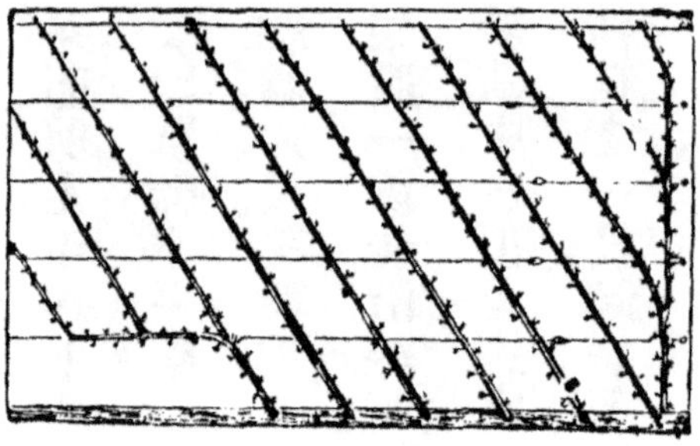

單幹斜立整枝

第四十六圖

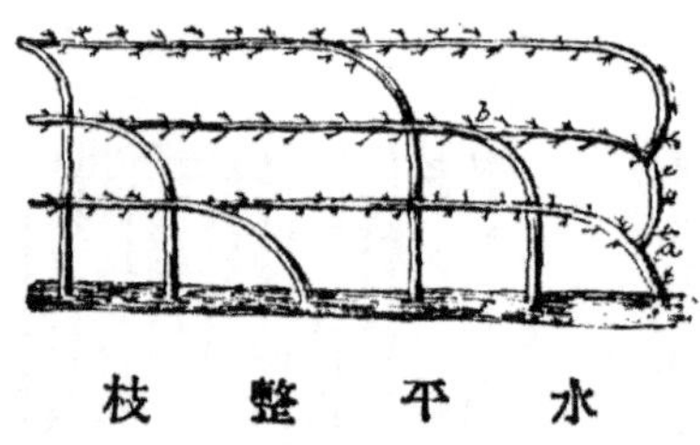

水平整枝

第四十七圖

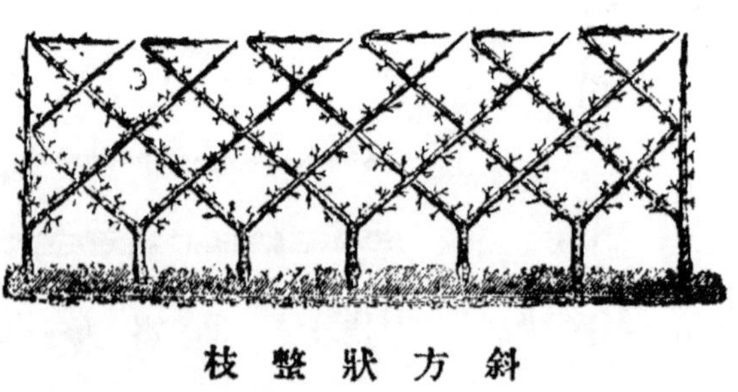

斜方狀整枝

（5）斜方狀整枝法　施行此種整枝法時，建設籬柵之距離，通常皆須一丈，第一條鉛絲，須離地一尺，其他則每隔二尺。苗木栽植之距離，常爲二尺。先將幹身在離地一尺處剪定，至翌春自頂端發生二本主枝，以與水平線成三十五度之角，預設支柱以誘引纏絡之。年年行適宜之剪定，至全長達八尺內外乃止。各樹皆如法整枝，則各主枝相互交叉，而成如圖所示之形狀矣。

第三節　摘果

梨樹一入結果期，則生花芽甚多，一花芽常能抽數朶或十餘朶之花。故於開花期中，枝幹之上，着花幾滿。惟此種花常因種種障礙，其一部分多於中途彫落，斷無悉行成熟者；且所結果實，亦多於中途墜落；然能着生者，仍常超過栽培者所需要之量。若聽其自然，則結果過多，以樹勢衰弱，果實形小，品質不良。補救之法，以摘果爲最宜。摘果最適宜之時期，由各地而異，通常在花謝後十日或經二週後，行第一回之摘除，使每一花序上，僅着花二朶。至果實大如拇指，行掛袋以前，再行第二回之摘果，使每一花序上，僅餘一果或二果爲度。當摘果之際，宜細察果實形大而無病蟲害者，方稱當選。且着生之位置，以選下垂者爲最合，蓋因下垂之果實，較上向者受風害而墜落較少故也。摘果時，宜應用剪定鋏，然普通之剪刀，亦可使用。惟施摘果時，切須注意勿傷及已選定果實之果皮，免致發生病害。

第四節 掛袋

梨之果實，必須掛袋者，因袋能預防病蟲之侵害，增進果皮之光澤，免其受傷，使果實之生育佳良也。袋之材料，雖有種種，普通最適於用者爲新聞紙、桑皮紙、及其他之皮紙；如紙面塗粉與性質鬆軟之紙，均不適用，因其不耐風雨故也。至袋之大小，則依品種而異，普通以橫四寸許，直五寸餘者爲最合。製袋用之漿糊，以用蕨粉製成者最佳；用麥粉調成之糊，雖亦可用，但以易於脫離，是其缺點。如欲袋能耐久，普通多於袋上塗以柿漆。柿漆爲由澀柿製成，在市肆中可以購得；惟應用時，須加水稀釋，因過於濃厚，每致袋生破損。束袋之物，多用藺草，長以七八寸爲

第四十八圖

袋之形狀

度；使用時須浸於水中，使其柔軟後，方得便於束縛。如無藺草之處，則以細微之鉛絲代用之亦可。袋底兩隅，宜切長約三分之斜口，使侵入袋內之雨水，得自行流出。

掛袋之時期，大抵於五月中下旬之頃與最後之摘果同時施行。掛袋宜垂直，以防爲風雨所破損。掛袋之法，先將果實盛入袋中，將袋之左右兩角疊上，壓縮袋口之紙端，而卷縛於果枝之上。如束縛於果梗上者，作業雖易，惟値暴風之時，有易致落果之患，且果梗不免受傷，故多不適於用。

第四十九圖

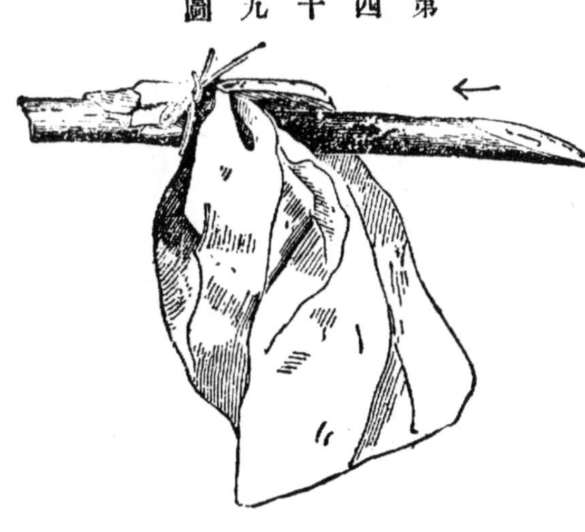

將袋束縛於果枝之狀

第五節　中耕及除草

不問如何之耕地，如放置不理，則土塊沈着，雜草繁茂，遮蔽日光之照射；且土中之養分，每被奪去，使土地之生產力因之減退；在園地中，因園土易被人走動時踏實，致妨礙根之發達，加速水分之蒸發，欲設法防止之，則非中耕與除草不可。因中耕與除草能疎鬆土壤，使空氣與水分不絕流通，以促肥料之分解，而增大其效力，更可助根系發達，及枝幹繁茂。

春季中耕，多於施肥前，卽二月中旬之時，將泥土耕起，深達四五寸，粉碎土塊，使全面均平。秋季中耕，多於落葉後、卽十月下旬至十一月中旬之間，將泥土耕起，深達五六寸，惟土塊不必粉碎，使曝露於寒氣中，以速土壤之分解；並能使土中潛伏之害蟲，因之死滅。又凡耕鋤之際，幹身附近，不宜過深，至離幹漸遠之處，則不妨漸深。

雜草最能繁生之時期，爲自初夏梅雨時至八九月之間，此間須舉行數回之除草。除草時、須連根拔去，以防再行發生。刈除之草，或埋沒於土中，或運積於他處。

第八章　採收及貯藏

果實達於成熟時期，果皮之綠色，次第褪失，褐色增加。待其完熟以後，宜卽行採收。因採收過遲，則果實過熟，往往消失特有之風味，致肉質粗糙而品質不良。採收時、須在果梗上方與果枝着生之處採摘，因此處易於脫離也。如樹幹高大，凡手所不及之處，可用下圖所示之竹製器具採之。果實採下以後，卽宜將袋除去，凡有病害或蟲害之梨，亦宜揀去。然後放入箱籠中，運至貯藏之處，此時謹防損傷果皮，是爲最宜注意之點。

第五十圖

採收用之器具

貯藏果實，最有關於採收之時期。因採收過早者，品質不佳，經久貯藏，多致萎縮；失之過遲者，不堪久貯。且欲貯藏之果實，宜選擇果面無絲毫損傷者，否則傷處發生腐敗，傳染他果。又有病蟲害之果實，亦不能用以貯藏，均宜於貯藏以前，審愼取去。

貯藏果實之箱形狀不定，通常皆爲長方形，全體用厚八分至一寸之松板製成，長約六尺，橫約三尺，深以二尺六寸爲度，上覆箱蓋。箱內糊以皮紙二三重，紙上塗以柿漆，以防止水分侵入木材之中，而致腐蝕。待漆乾燥，卽可供貯藏之用。

貯藏時，將果實上着生之果梗切短，損傷者除去，再選定果形之大、中、小三等，以便按等放入箱中。普通多將小形者排列於箱之底部，中形者放在中央，大形者置於上部；因下部屢受壓迫，恐致良品受損也。放置既畢，宜將箱蓋放開數日，使果實外部之水分，稍稍蒸發，然後將蓋放下。但亦須時時啓蓋，以防水分充滿箱內，致生露滴，妨礙果實。果實在貯藏中，尙能行後熟作用，果皮呈赤褐色，澀味消去，甘味增加。如有腐敗之果實，亦宜卽行取出，以防傳染。至貯藏期之長短，則以品種、熟度、品質而異，不能一定，要以果實已充分成熟，甘味已達極點，乃可取出售賣，或供食用。

第九章　病蟲害

梨樹栽培上，最恐慌而被害最大者，爲病蟲之侵害；如不實行完備之預防與驅除法，則結果不佳。況梨樹爲果樹中病蟲害最多之樹，栽培上尤不可不注意。玆先將梨樹之病蟲害，栽培者應注意之要項列下：

(1)病蟲通常皆依栽培面積之增加，而爲害之度，亦隨之增大。故栽培者、須先研究預防驅除之方法，以期戰勝病蟲之侵害，使不能猖獗蔓延。

(2)肥料中含氰素過多，則枝梢軟弱，易犯病蟲諸害。故於肥料之配合量、土地之性質，須十分注意；而以使枝幹之強固爲最要。

(3)掘取苗木或取用接穗時，當注意害蟲之寄生，欲求穩妥計，須用靑酸氣燻過。

(4)病蟲害已發生時，卽宜從事驅除，未發生前，亦宜時時預防，切勿稍怠。

(5)被害已甚之樹，卽宜犧牲，切勿姑惜，免致蔓延。

(6)使用藥劑以驅除蟲害時，宜愼密周到。

(7)藥劑宜用之適當，方能奏效。

(8)由病蟲之種類，而異其性質。栽培者宜知其性態及生活史，以便講求合理的預防驅除法。

栽培者、應熟知之要項，已如上述。玆將各種之病蟲害，揭示於左：

(一)蚜蟲

春季多寄生於新梢生長點之軟弱部分，皆沿葉之中肋而羣集。新梢被其寄生以後，則生長停止，葉則捲合萎縮，減殺枝條之勢力。

成蟲之體形扁長，長約九釐，四翅透明，翅脈，灰褐。幼蟲之全體呈淡綠色，長約四釐許，喜

第五十一圖

一　二

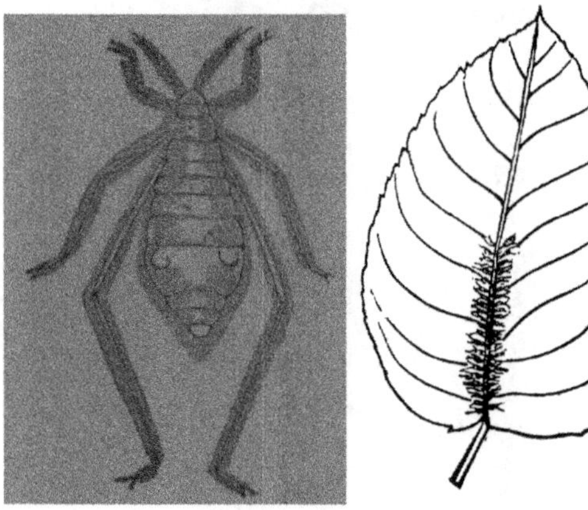

蚜蟲

(一)幼蟲加害之狀

(二)幼蟲(擴大)

吸吮葉之液汁。幼蟲經數次脫皮後，乃變成蟲。

預防驅除法

（1）被幼蟲寄生之枝梢，宜行夏季摘心或剪去。

（2）行青酸氣燻蒸，以經十分至十五分時為度。

（3）用石油乳劑三十倍至四十倍液，或除蟲菊石油乳劑五六十倍液，注入噴霧器中撒布之。

（二）蝕心蟲

成蟲為小形之蛾，長約四分，展翅五分五釐，體與前翅俱呈灰紫色，翅面有二條之白色縱線，外緣有一線狀之細小黑點。每年發生二次，第一次之幼蟲，常於五月中下旬現出，嚙入

第五十二圖

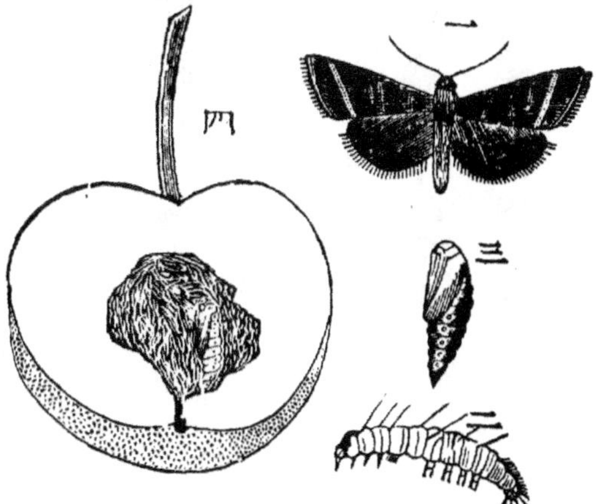

蝕心蟲

一成蟲　二幼蟲　三實內之蛹　四被害果實之內部

果實之中，食害果肉。被害之果實，果面變爲黑色，常有蟲糞自蝕入口排出，待一果食盡後，再侵入他果。自六月下旬至七月上旬，在果實中化蛹成蛾。蛾再產卵，發生第二次之幼蟲，續行加害，至老熟乃入於地中化蛹，至翌春方化蛾產卵。幼蟲體長六七分，呈帶紫暗褐色。

預防驅除法

(1)自五月中旬至下旬須掛袋。

(2)至七月下旬第二次之幼蟲發生以前，袋有破損者，宜卽換去。

(3)如見有被害之果實，宜卽摘下，深埋土中，或投入沸湯內，以殺滅害蟲。

(三)木蝨

一名蠹。全體長約一分至一分二釐，呈黑褐色，觸角爲鞭狀，色黃，前翅略成方形而透明，無膜質部，疊翅時，現X狀。脚淡黃。卵略呈橢圓形，色淡褐，多產在葉面下沿葉脈之處。幼蟲與成蟲均寄生於葉之裏面，以口吻插入葉之組織內，吸吮養液。被害之大者，落葉多而樹勢弱，妨礙花芽。

第五十三圖

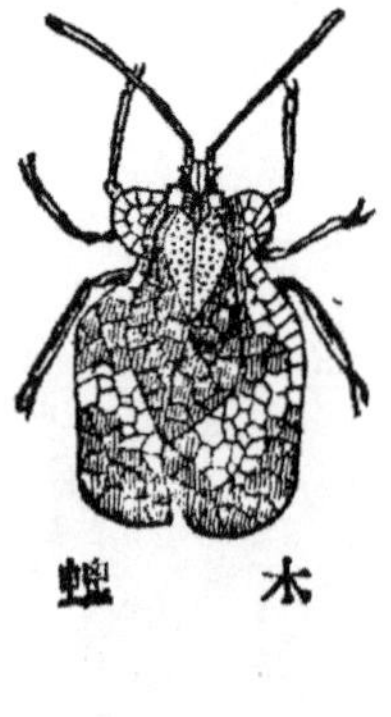

木蝨

此害蟲春季發害較少，以八九月間發生最多，而被害亦大。成蟲至冬季常潛伏於落葉中而越冬，

預防驅除法

（1）撒佈石油乳劑十倍至十五倍液，松脂合劑三四十倍液，或除蟲菊石灰乳劑三十倍液，最有效驗。

（2）冬季掃集果園周圍之落葉及雜草，驅除成蟲。

（四）葉蝨

此害蟲繁殖甚速，爲害頗大。其成蟲一見與浮塵子相似，體形粗短，色黃褐；觸角爲絲狀，色黑褐；腹部黃，翅大半透明，翅脈暗褐，脚暗黃，體長約一分。每年自二月下旬發現，產卵於嫩芽上。卵小，色黃，經十日內外孵化而爲幼蟲。幼蟲體呈橢圓形，色暗褐，背線白色，尾端多刺毛，體長約一分餘，多羣集於枝上，

第五十四圖

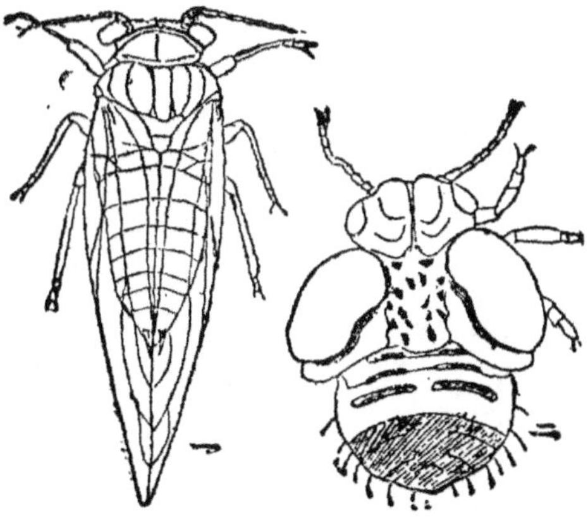

葉蝨

（一）成蟲

（二）幼蟲

吸吮液汁，並侵害嫩葉。至四月中下旬，乃羽化而爲成蟲。

預防驅除法

(1)成蟲用手捕捉殺死。

(2)被害之枝葉摘下，殘餘之部，須用藥液驅除。

(3)撒佈除蟲菊石油乳劑三十倍液。

(4)除蟲菊石油乳劑之用法，當幼蟲孵化時，宜用四十倍液，幼蟲發達時，宜用二十倍液，凡撒佈三四回，以驅除盡絕爲度。

(5)當梨發芽前，宜散布石灰硫黄合劑，以防成蟲之飛集。

(五)梨鋸蜂

成蟲黑色，有光澤。雌蟲體長二分，張翅三分七八釐。雄蟲體長一分五釐，張翅約三分。當春季三四月時，飛集花間，天雨則隱於葉下。多產卵於花萼之內，卵白色橢圓形。產卵之處，組織稍脹大而變色，故易認出。卵經七日至十日，乃孵化而爲幼蟲，直接蝕入果內。幼蟲充分生長時，體長二三分，頭部，暗褐，胴部乳白，背面有暗色條紋。腹脚七對。被害之果實，果面常有蟲糞漏出，如是約經二十日內外乃老熟，降於地面蟄伏土中作繭越冬至翌春三月間化蛹。蛹作灰白色，長約一分六七釐，再由蛹羽化而爲成蟲。

預防驅除法

(1)早晨鋪布於樹下，將樹略略搖動，搖落成蟲，捕集而燒死之。

(2)產有此蟲之卵之花萼，悉行摘去，同時摘去被害之果實，用火燒去。

(3)冬季於表土一二寸深之處，搜集其繭燒殺之。

(六)黝介殼蟲

此蟲爲介殼蟲中爲害最多之害蟲，繁殖力亦大。雌蟲之介殼作扁平之圓形，直徑不過六釐餘，色暗灰。體色淡黃。雄蟲之介殼較小，作黑色。每年發生三回，第一回在六七月，第二回在七月至九月之間，第三回在九月至十一月。分娩期常能亘六星期之久，日日有數頭之幼蟲產出。此蟲常以口吻插入皮下組織內吸收樹液，常致樹勢衰弱，遂至枯死。幼蟲常侵害果實，吸吮液汁，而至萎縮。

預防驅除法

(1)此害蟲主由苗木傳播，故苗木購入之際，須用青酸氣燻蒸。

(2)冬季塗抹石油乳劑二三倍液，夏季則用十倍液。

(3)冬季用松脂合劑八九倍液塗抹亦有效。

(4)用青酸氣燻蒸，爲最有效之驅除法。

(5)冬季用石灰硫黃合劑撒布預防之。

第五十五圖

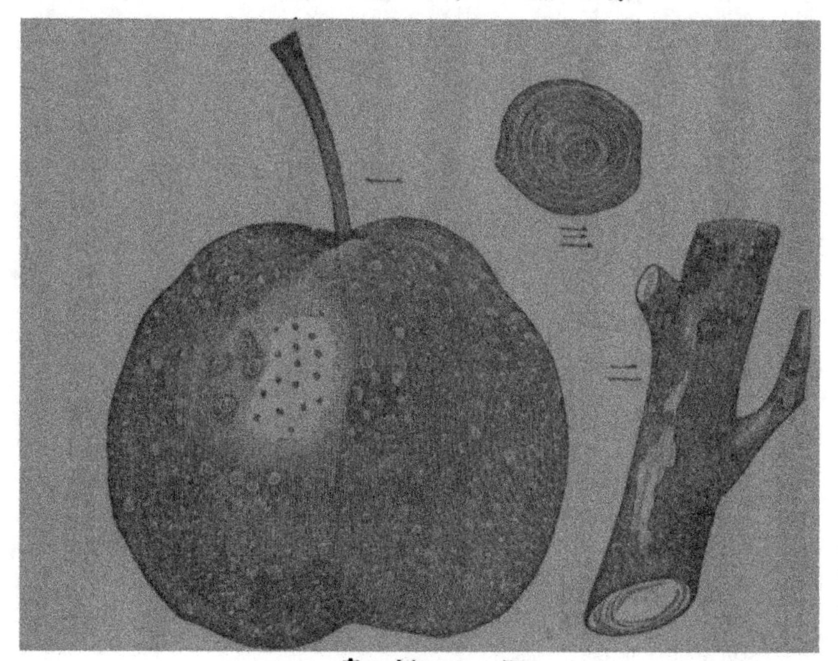

歐介殼蟲

一被害之果實　二被害之枝　三雌蟲之介殼

（七）黑點介殼蟲

雌蟲之介殼，略呈長橢圓形，中央稍稍隆起，呈淡黃灰色，脊面略帶橙黃色，而稍具暗點。體色淡紫，形近圓。雄蟲之介殼長形，背面僅於隆起處，帶暗紫色，有淡褐點。體色赤紫，形近紡錘狀。幼蟲當孵化時，略成橢圓形，色紫赤，每年發生二回，第一回在三月中旬，第二回在七月中旬。此種害蟲，皆寄生於枝幹及葉上，有時害及果實。

第五十六圖

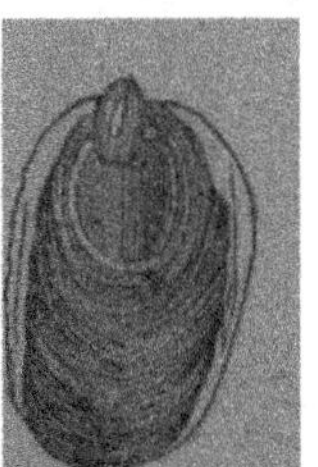

三

黑點介殼蟲

（一）被害之枝　（二）雌蟲之介殼　（三）成蟲

預防驅除法　與前同

（八）桑介殼蟲

雌蟲之介殼，略圓而扁平，脊面稍稍隆起，呈灰白色，體色黃，呈扁橢圓形，腹面有長絲狀之口，常用口插入樹皮之下，而吸取養分。雄蟲之介殼，與雌蟲異色，白，呈長橢圓形，背面有三個之隆起線。體細長，色橙赤，胸部發達，有二翅，質透明。幼蟲呈淡黃赤色，略成橢圓形。尾端有二本之長硬毛。每年發生三回，第一回在五月上旬，第二回在七月下旬，第三回在九月下旬，第三回生長之蟲，雄者於交尾後卽死，雌者能越冬至翌春而產卵。

預防驅除法

(1)撒佈或塗抹石油乳劑之五倍液。

(2)冬季行青酸氣燻蒸。

(九)斑紋介殼蟲

雌蟲之體軀，略成扁平圓形，背面腫起，體色灰白，散布暗黑色之斑紋，脊板強厚，有縱橫之隆起線，達產卵期，則於體之後緣，漸次隆起，自下面分泌白色之棉絮狀物，營卵囊而產卵。卵形橢圓，初呈淡

第五十七圖

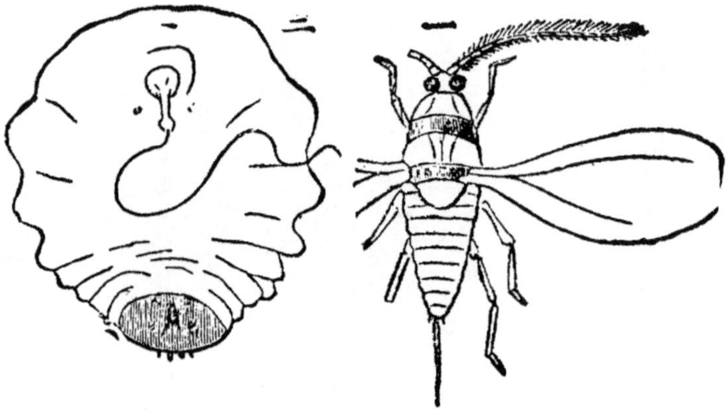

一　二

桑介殼蟲

(一)雄蟲　(二)雌蟲

黃色，至孵化期，乃成赤色。幼蟲呈扁平橢圓形，呈淡赤褐色。雄蟲之體軀，略作長方形，色黃赤。每年發生一回，約在八月中旬營交配。幼蟲之雌者，形較大，呈灰色。雄者較小，帶暗赤色，常以絲狀之口器，插入樹皮之下，吸吮養液，至八月中旬羽化。雄蟲交尾後卽死，雌蟲能越冬，至翌年四五月之交，始產卵。

預防驅除法

蟲體較大，易於驅除，至冬期可塗抹石油乳劑。

（一〇）藍天牛

成蟲之體軀呈圓筒形，長約四分五釐，體橙黃色，翅鞘藍色，有光澤。幼蟲老熟者，長約六分餘，呈圓筒形，色淡黃，多蝕入枝幹內，穿孔加害。

預防驅除法

（1）在成蟲發生之時期，當巡視果園，捕殺成蟲。

（2）用鐵絲或鐵針探入孔中，殺死幼蟲，或將蟲孔用小刀挖大，注入揮發油，並投入青酸鉀一二粒，以黏土封口，亦可殺滅。

（一一）象鼻蟲

此蟲多蝕入果實中，加以大害。成蟲爲體長四五分之甲蟲，色赤紫有光澤。頭胸部之脊面多小點紋，翅鞘之表面有六條縱走之點線。頭部殆成方形，前端突出長嘴；常於五月間，以嘴在幼嫩之果實上穿一小孔，產一黃白色之卵於孔中，以樹脂狀之物質塡塞孔口，該部乾燥後，卽變黑褐色，故易辨認。自卵孵化之幼蟲，以果肉爲食，體長三四分，白色透明，待老熟後，與果實一同墜地，乃舍果入土而化蛹，至翌年五月間，方羽化而爲成蟲。

預防驅除法

(1)成蟲易於墜落，故宜在早晨乘其舉動不活潑時，將樹搖動，見其墜落，卽捕殺之。

(2)凡被害之果實，悉宜摘下燒去。

(3)摘果後，宜卽掛袋。

(4)冬季耕起地土，使蟄伏之幼蟲凍死。

（一二）黑斑椿象

此種椿象之成蟲，體成長楕圓形，長約一分，色白，前胸及翅鞘之內半，有二條褐點之帶紋，與一個灰色點。幼蟲之體扁長，色純白，前胸部左右及翅鞘上，有由濃褐色所成之斑紋，長約八釐。此種害蟲，普通於五六月之交，在幼嫩之果實上，以口吻刺入果內，吸吮果液，被害之處，漸次凹陷而硬化。

第五十八圖

黑斑椿象 (一)成蟲 (二)幼蟲

預防驅除法

(1)每日巡視果園，搖動樹身，使其墜落而捕殺之。

(2)摘果後，宜早日掛袋。

(一三)結草蟲

此蟲之成蟲爲蛾類。雄者體長四分，色茶黑，張翅九分，餘前後翅皆紫黑有光澤。雌者體長五分五釐，形如圓筒，色黑褐，無翅，常居於巢中。至六月間，雄蟲飛來交尾，產卵於巢中。卵數約數百，約經一週內外，卽孵化而成幼蟲。幼蟲以枯枝，枯葉等類營巢，蟄伏巢中，常伸出頭部及二三胸足，移動各處，蝕害嫩芽、樹皮及果實。落葉後，乃固着枝上以越冬。至翌春再集於嫩芽上而爲害，至五月間乃老熟，

第五十九圖

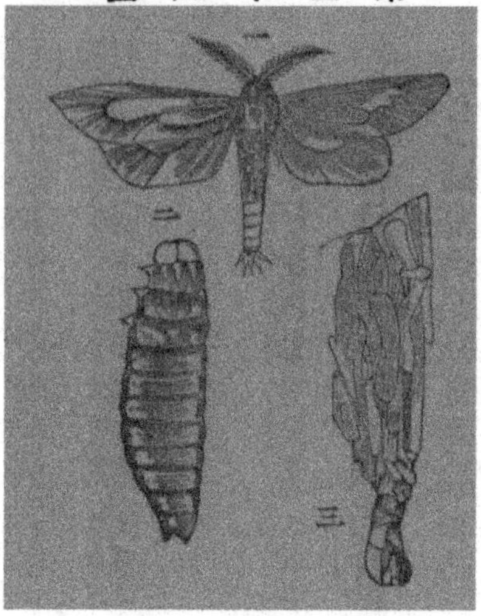

結草蟲　(一)成蟲　(二)幼蟲　(三)巢

第六十圖

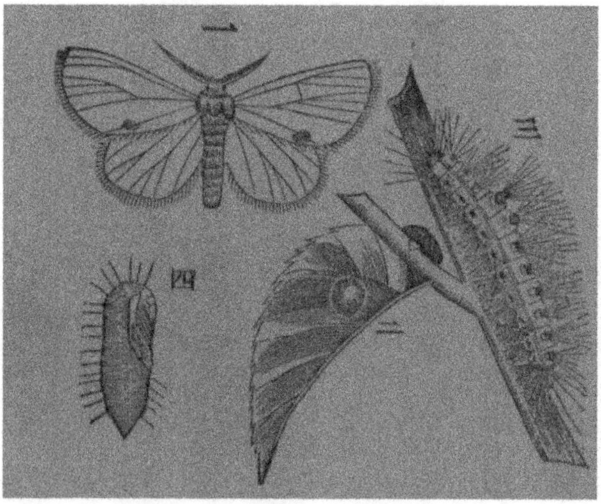

金戴　(一)成蟲　(二)卵　(三)幼蟲　四蛹

六月間乃羽化。

預防驅除法　勤於捕除殺死卽可。

（一四）金載

成蟲爲白色小形之蛾，體長約五分，張翅約一寸六分。其幼蟲老熟者，長約一寸內外，第四第五兩節膨大，體色黃，有濃黑斑紋，出現於五月間。

預防驅除法

（1）捕殺幼蟲。

（2）撒佈石油乳劑三十倍液。

（3）冬季搜集蟄伏於樹皮下之幼蟲捕殺之。

（4）至八月間，在葉之裏面附卵，常以母蛾之白毛遮蔽，可採集殺滅。

（一五）黑星病

本病爲梨樹栽培上最恐慌之病害，概由病菌寄生而起，常在葉片、葉柄、果實、果梗及新梢等各部發病，生不正圓形黑色之斑點。如葉片與葉柄一患此病，則葉之綠色減退枯彫脫落。果實一患此病，則果面生大如拇指之黑色斑點。患處硬化，不能發育，且使果實落下，尤以患及果梗時爲最甚，因果梗之強韌力失去，不能再行支持果實也。新梢一罹此病，則妨礙生長。且此等黑色之病斑部，常有許多孢子飛散於空氣中，以速其傳染，尤以在氣候溼潤（卽梅雨時節是）時，傳染愈速。本病菌，常在枯死或墜落之病枝、葉、果實中生子囊殼，至翌春自子囊殼發生孢子，飛散四處而傳播之。

第六十一圖

黑星病患部之狀

預防法

(1)於發芽期、開花前、落花後，撒佈三斗式波爾多液。又被害處塗抹一斗式波爾多液亦可。

(2)被害之枝條及果條，悉宜燒去。

(3)落葉亦宜燒去。

(4)冬季宜將枝幹之被害部削去。削去之部塗以煤黑油。

(5)注意肥料之配合，使枝條之發育強固。

(一六)赤星病

本病與黑星病同爲梨樹最劇之病害，二病有相隨爲害之傾向。因黑星病爲害之處，赤星病亦必多。本病多於四月中旬至五月中旬之間，在梨之新葉上現橙赤色之小斑點，歷日愈久，則患處愈擴大，局部之裏面腫起，簇生鬚狀之數多突起，飛散孢子。被害之甚者、一葉上現病斑十餘枚。樹勢損而果實之發育亦不良。本病之傳染，全藉孢子，故預防上最主要者，爲撒布殺菌之藥劑。

第二十六圖

一　二

被赤星病害之葉

(一)表面

(二)裏面

預防法

(1)撒佈石灰波爾多液，以三斗式者爲最合。並宜於開花前及落花後舉行之。

(2)附近之樹木，宜悉行砍去。

(3)被害較輕之局部，宜乘尚未發散孢子時，剪下燒去，

（一七）腐爛病

此病之病菌，從不在芽及花間寄生，專喜寄生於幹身。幹身被害後，則往往枯死，患處之色變褐，形如被火所焦灼之狀。尤以在幼木時期及入結果期時，爲害較多。

第六十三圖

被腐爛病害之枝

預防法

(1)冬季用石灰硫黄合劑或波爾多液撒佈及塗抹。

(2)被害之枝，宜即切下燒去。

(3)枝幹之被害部，冬季悉宜削去，削去之處塗以煤黑油。

(4)被害過甚之樹，宜即犧牲，以防傳播。

(5)被害甚多之所，避忌過酷之剪定。

（一八）苦腐病

一名晚腐病。發病時期甚遲，普通多在果實漸近成熟時，至成熟期以前發生，貯藏中亦常被害，故有晚腐病之名。發病之初期，果面生淡褐色之斑點。此斑形圓，能漸漸擴大，待擴大至七八分時，中央稍呈凹形，漏出黏液。一枚果實上，常有生斑達三四點之多。待病勢漸進，則果實變褐色而軟化，致易墮落。本病亦藉孢子飛散而行傳播。

第六十四圖

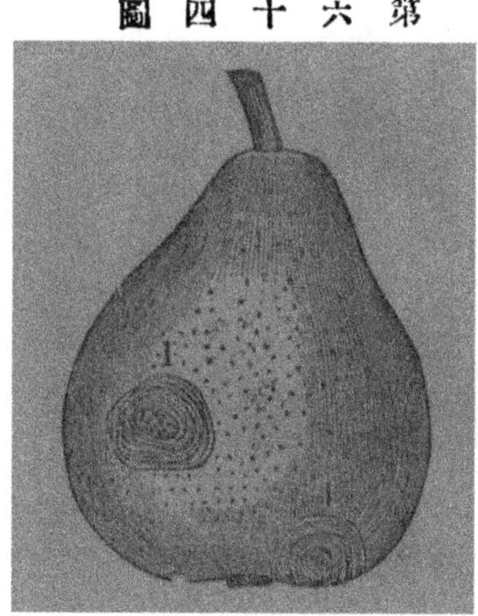

患苦腐病之果實

(1) 斑病

預防法

(1)在發芽前及落花後，撒佈三斗式波爾多液。

(2)早日掛袋以預防之。

(3)被害之果實，宜在未飛散孢子以前收集之，用火燒去。

(一九)褐斑病

本病多於五月間發生。在葉上生褐色之小斑點，亦能漸次擴大，待擴大至直徑二分或三分時，則斑點之周緣呈褐色，中央部化爲灰白色。該部組織脆弱，稍觸之卽破。且病斑常無沿葉之中肋而生者，一葉常發生二三個，亦有達數十個之多，至不能個個區別。此病在梅雨期中發上生最多；他如土地過於肥沃、富含有機物、或排水不良之處，發生亦甚。

預防法

(1)於發芽前、開花前、落花後，撒佈三斗式波爾多液。

(2)使土地排水佳良，減施有機物之氮素肥料，增加燐酸及鉀肥。

(3)被害之葉及落葉，用火燒去。

(二〇)　葉腫病

本病多發生於春季之嫩葉上。在葉面上生水腫狀之腫起物，一葉發生一處或至三四處，其色淡黃。被害部之組織，肥厚脆弱。至發生子囊時，於淡黃色之表面上，稍呈白色。待子囊成熟，該部之色變黑而枯落，被

第六十五圖

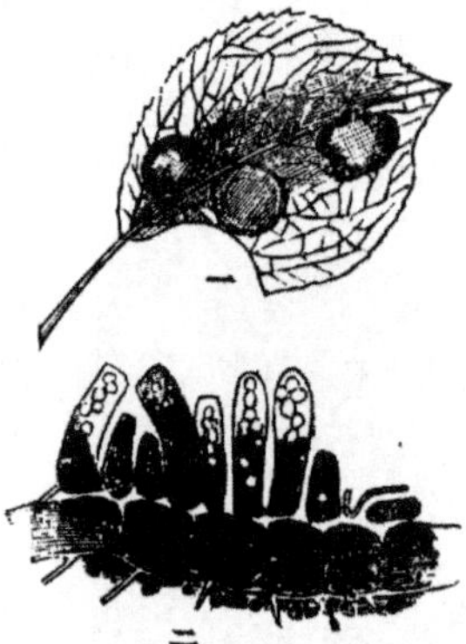

一

二

葉腫病

一被害之葉　二表面上生子囊之狀

害甚大。

預防法

(1)宜在病害部未變黑以前，採下被害之葉，用火燒卻。

(2)在發芽前後，撒佈三斗式波爾多液。

(二一)癌腫病

本病亦爲由一種細菌寄生而起，多在樹皮上生粒狀之腫起物，被害之局部，漸次變褐而凹陷，致樹勢衰弱，枝條枯死，患處能漸漸擴大，有數個相連而成一大病斑者。此病如栽植者不加預防，往往能致果枝枯死，或於主枝上發生一大空處，以致樹勢逐漸衰弱，爲害甚大。

第六十六圖

患癌腫病之枝

預防法

(1)將被害之部削去，塗以煤黑油。

種梨法

（1）冬季撒佈石灰硫黃合劑。

九十二

王雲五主編

萬有文庫

第一集一千種

種梨法

許心芸著

發行人 王雲五 上海寶山路五〇一號

印刷所 商務印書館 上海寶山路

發行所 商務印書館 上海及各埠

中華民國十九年十月初版

The Complete Library
Edited by
Y. W. WONG

THE METHOD OF PLANTING PEAR TREES
BY HSÜ SIN YÜN
PUBLISHED BY Y. W. WONG

THE COMMERCIAL PRESS, LTD.
Shanghai, China
1930

一九三四分

種柿法

許祖植　著

商務印書館
民國十九年

種柿法

許祖植著

農學小叢書

種柿法

目錄

種柿法

第一章　緒言

柿、原產於吾國，亦爲重要果樹之一，樹勢强健，壽命甚長，病害與蟲害較少，在栽培上雖不施以特別之管理，卽比較的放任，亦可得相當之收穫。果實之色，紅黃可愛，富含漿汁，成熟時，味甚甜美，故喜嗜者多。如乾製之，則味更甜美，爲其他乾果所不可及，喜嗜者亦夥，並可輸送遠方，不致劣變，爲重要之商品。兼可製成柿漆，供塗料之用，在工業上亦稱重要。

吾國產柿之額，可稱豐富，惟如桃之闢地開園而專事栽培者，固不多見，卽其栽培之法，亦每取放任態度，毫不施以管理者有之；故其產額雖豐，實不足以應時勢之要求，所產之果實，亦不得謂爲佳良之品，因之種柿一業，尚不甚發達。又因處理果實之法，亦不適宜，常致果實之甜味少而品質劣，喜嗜之人，殆有逐漸減少之勢，大好農產，任其衰頹，誠堪惋惜。故研究改良柿之栽培，爲刻不容緩之急務焉。

柿在植物學上之位置隸柿樹科(Ebenaceæ)柿屬(Diospyos)學名爲 Diospyros kaki 乃帶喬木性之果樹，如自然放任之，常高達八九丈（通常以高約二三丈者爲最普通。）其葉互生，闊大，常作橢圓，或卵圓而尖；葉之外面淡綠色，裏面密生毛茸，葉柄長約三分內外，亦生毛茸。幹之質料，幼時雖甚柔脆，然已經數十年之老木，則質硬而緻密，中心變爲黑色，其木材可供建築，並可供爲細工之原料。每年於三月下旬至四月上旬發芽，至五月下旬開花，九月以後，則果實漸告成熟。

柿當發芽之際，不論任何品種，芽之先端，必垂向下方而漸漸伸長，此乃柿之本能也。因柿之嫩芽，極爲軟弱，若向上方伸長，不免有雨水浸入嫩芽之間，往往受其侵害，且因葉之表面全無毛茸，自必受害較易，反之，裏面因密生毛茸，侵害甚難，故柿之新芽恆向下垂而漸漸伸長者，乃自然避免雨水之法也。待至芽漸生長而成葉時，方取上向之位置開展，此可由目擊而知之。

柿樹之上，普通僅着大蕊花，在某種品種，雖亦有大小兩蕊花同生於一株之上，（即普通所謂雌雄同株者）但比較稀少。大蕊花多着生於勢力強盛前年生枝梢之頂芽及自此而次之數芽發達伸長之新梢上，又依品種之異，而於新梢上第三節至第八節之間，常着二花至六花，與葡萄相似。惟此枝新梢，必不能無限伸長，大抵自最後之着花節上方四五節處，停止伸長。花之顏色，雖不如桃梨等花之美麗，以誘引昆蟲之注目，然因帶有一種甜美之芳香，亦得引誘蜂蝶與小甲蟲類，頻穿花間。大蕊花之花冠呈微黃白色，花瓣凡四片，基部合一，作唇狀，至滿開時，各片皆向外反轉。萼綠色，四裂，下部集合，包圍子房。子房上部之花柱，分爲四本，各有無數之細裂。小蕊八本，呈新月形，已退化，多着生於花瓣內面之基部上。花粉之有無，亦依品種而異，有稍生者，有全無者。

小蕊花與大蕊花異，不能着生於任何品種之上，且其着生之狀態，亦與大蕊花全異，多附着於勢力孱弱，比較纖細之前年生枝梢所生之新梢上，常見於新梢各節之葉腋間，着生三花或

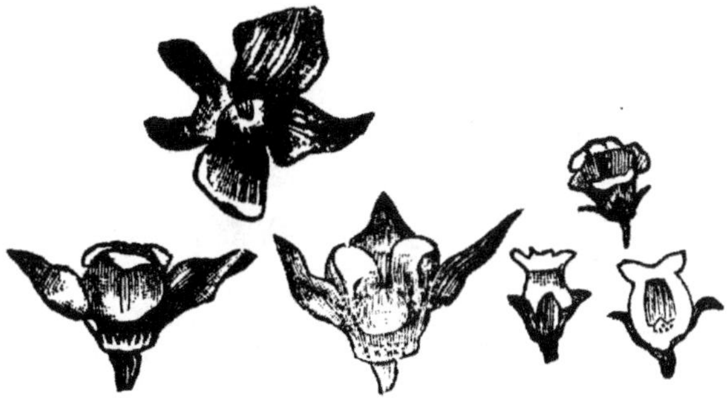

小蕊花　　大蕊花

第一圖　柿之花

二花。花梗之基部，常相合而成爲一本。花冠之形狀，較大蕊花小，花瓣常合一而成爲球形，僅先端開張作唇狀。試就其縱斷而細細檢查之，見其中央部份着有退化之子房，並有小蕊十六枚繞之，藥着生於短花絲之上，花絲之基部，每二本相合於一處。

柿花凋謝以後，大蕊之膨大部分，漸漸發育肥大，結成果實，俗呼柿子。萼亦漸漸變硬，並不脫落，常殘留於果實之下面，綠色，俗呼爲蒂。果皮甚厚，亦有外果皮，中果皮，與內果皮之分別。外果皮卽在最外層之一層薄膜，可以用手剝離。中果皮佔果實之大部份，外部稍硬，其他則俱爲濃厚之液汁，卽平常食用之部份也。內果皮包在種子之外，極似小囊，較外果皮厚，惟於內果皮中無種子者，亦甚常見。果實在尚未成熟時，常作綠色，汁少質硬，帶澀味，難供食用；至成熟以後，則色變紅黃，液汁增多，質地柔軟，澀味減少，甜味豐富，堪供食用。

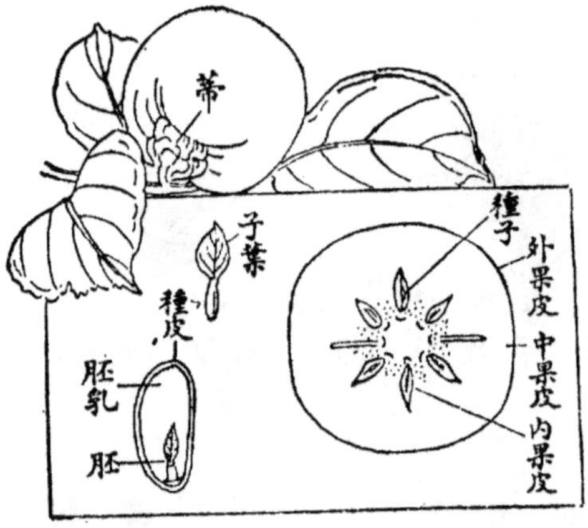

第二圖　柿之果實

包在內果皮中之種子，質地堅硬，作常扁橢圓形，每個果實中所含種子之數，多少不一。亦分有種皮，胚乳與胚之三部。種皮卽最外層之薄皮，黃黑色，難於用手剝離；如用刀刮去種皮，卽露出灰白色之物質，此卽胚乳是也。如用刀再將胚乳直剖，乃露出白色小體，此小體卽名曰胚。胚之上部，有薄皮兩枚，稱爲子葉。在發芽之時，胚乳能漸漸變爲液體，胚取之以爲養料，漸漸發育生長而成新植物。

柿之枝梢，得區別爲發育枝與結果枝二種。發育枝如更細別之，又有使翌年生結果枝之種枝，過於旺盛不能生結果枝之徒長枝，與勢力孱弱纖小之細枝等三種。如下圖所示；a爲第一年生成，不施以剪定之枝梢；b c爲第二年所發生之枝梢，其中b爲勢力中等者，c爲勢力旺盛而短切者；d爲第三年所發生之枝梢，其堅實發達者，卽爲翌年生結果枝之種枝；e卽爲徒長枝，f卽爲

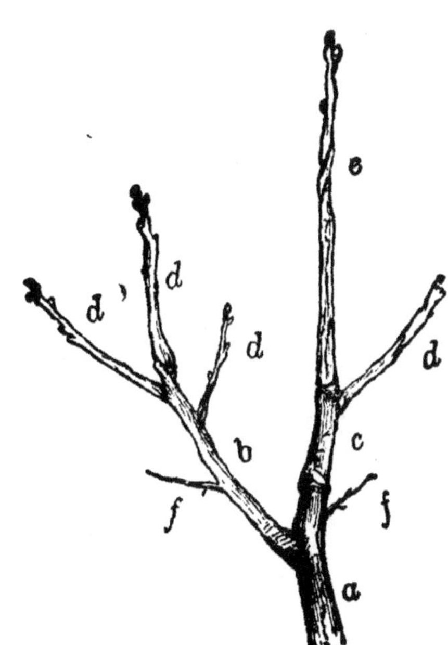

第三圖 柿之枝梢(自然狀態)

勢力孱弱纖細，不能爲種枝之細枝。

結果枝生成之狀態，通常皆依種枝之大小與強弱而異；最普通者，如左圖甲所示：1 2俱爲種枝，凡自甲1上 a b c 三芽伸長而成之結果枝，其狀態必與圖乙1上各枝之狀態相同；自甲2上 a b c 三芽伸長而成之結果枝，其狀態亦必與乙2上各枝之狀態相同。然如種枝十分強大，則所生之結果枝勢必異狀發育而成爲徒長枝之狀。反之，如種枝十分弱小，則所生之結果枝，勢必短小纖弱而發育困難。惟強弱之範圍，漠然難分，不能貿然判定。要之：強枝與弱枝，乃比較的言論，亦常依品種及樹齡之如何而定，非以一定之數字可以論斷之。因如樹齡已經過百餘年之老樹，其枝梢之發育勢甚緩慢，其最長之枝亦不過四五寸而已，較諸數十年之壯樹，雖不啻有天淵

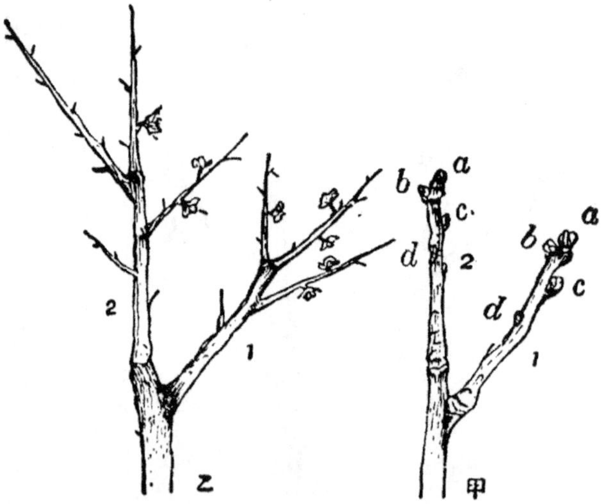

第四圖　自種枝生成結果枝之狀

之别，然其結實狀態，卻仍能與壯樹所生之強大結果枝相比翼者卽是。然據大概而論，凡樹齡達二十年內外，如管理得宜，其所生之種枝，以達二尺內外者，最爲可珍。此種種枝，悉非一期發育，普通常見其作二期伸長，卽於五月下旬時，其伸長之度，常達一尺二三寸而止，至六月中下旬，再開始伸長，至八月上旬時，又伸長一尺二三寸，合計長約二尺四五寸，如下圖甲所示之枝，最爲珍貴，其a b二部，組織充實，節間短縮，芽之發育佳良，結果枝大抵皆由此二部發生。如圖乙所示之徒長枝，當伸長之際，從不中途停止，其組織往往軟弱而不充實，不能發生結果枝，可由觀察而知之。

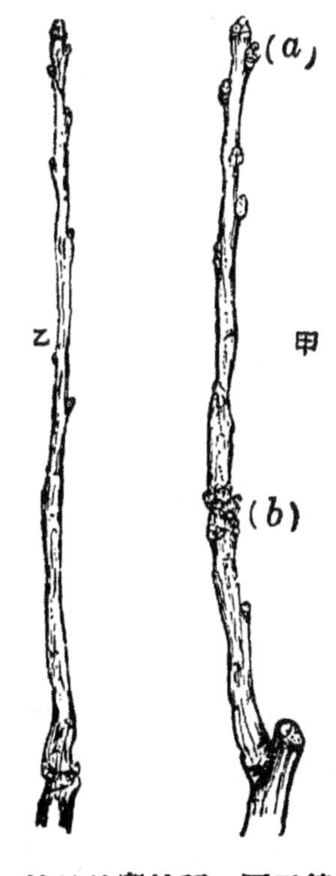

第五圖　種枝與徒長枝

第二章　柿與風土之關係

（一）氣候之關係

柿爲喜生育於温帶地之果樹，故吾國各地，除北方氣候寒冷之數省外，其他各省，皆爲適於栽培柿樹之佳土。柿對於寒氣之抵抗力，雖較桃稍強大，凡桃被寒氣侵襲而梢端枯死之處，柿能生育無恙，惟發生於寒地之柿，常因温度之低降，日光照射之時間稀少，致脫澀作用不能完全，果實之中常帶澀味，如不加以人工脫其澀味，必致難供食用，故如將品種佳良之柿而栽植於氣候寒冷之地，亦使結實不良，昔云：「甘柿移植寒地必化澀柿」一者，卽指寒地不適於種柿而言。反之，如熱帶地方氣候酷暑之處，亦不適於種柿，因温度較高之處，氣候往往乾燥，水分之蒸發亦必從之強盛，以致土地之內，缺乏水分，大有影響於柿之營養；設或強而栽之，必不能得佳良之結果。然亦不限於熱帶地方而已，卽在溫帶地方，如遇氣候常常乾燥之處，亦當乏良品產出之希望，是則柿對於乾燥之抵抗力，其衰弱可知。從事斯業者，對於氣候之關係，可不特加注意乎？

（二）雨量之關係

柿對於氣候之關係，既如上述。然在生育期間，如遇雨量過多，亦所嫌忌。因在此時期中，如遇降雨過多，常致枝梢軟弱，易於徒長，對於病害之抵抗力變弱，亦能阻害花芽之生成，促進果實之墜落，在成熟期間，又能損害着色而致品質不良。就中果實墜落一端，影響最著而最易，例如當乾旱以後，忽遇急激之大雨，或霪雨連綿以後，忽逢旱魃爲災，卽見其墜落甚多，此乃由於蒂與果實之發育相異，與由蒂之較厚而堅硬易於互相脫離所致。卽果實固着於革質硬蒂之上，當其發育時，已呈有互相脫離之現象，如遇降雨後而乾旱連續時，與乾旱後而霪雨連綿時，因果實與蒂之發育之相異，乃致落果尤易。通常又以果實之發育較蒂急激時，落果爲最旺盛。柿之落果原因，雖有種種，由此而落果者，當亦爲其原因中之一主要者。

（三）風之關係

柿對於風之抵抗力，雖較其他之果樹稍強，然依整枝法之不得其宜，亦有被害甚大者。又於成熟期間，如遇暴風，則受害更鉅。至在海岸附近風勢較烈之處，雖不適於柿之栽培，苟栽培之人，能悉心研究風之方向與風力，擇避風之地與被害較少之方向而從事栽培，並注意整枝之法，亦無不可栽植之理。

（四）霜之關係

降霜之多少與時期，對於柿之生育，尤以結實與成熟度之影響，關係最大。在降霜較早之處，雖多妨礙果實之成熟，然在十一月初旬中降霜，卻有增加甜味，且使果實之色澤佳良等利益。惟降霜過多，亦不免被害，栽培者宜注意之，而加以特別之設備方可。

（五）土質之關係

種柿之處，不僅氣候與雨量等須適合柿之生理，卽土質一端，亦須力求適宜於柿之發育。因土質不得其宜，頗有影響柿之品質也。

柿有易於發生直根之性質，常能使樹勢旺盛，結果稀少，結果較遲，並具易於落果之傾向，又所結之果實脫澀作用，亦常不能充分，致果實常帶澀味，品質劣變。故種柿之處，表土最忌過深，心土亦忌過軟，他如排水不良之土地，亦宜避忌，以免發生粗大之直根，遭重大之影響。如將同一品種，種在表土較淺，心土堅實之地，而能結果較早，脫澀完全者，卽由於直根發育困難之故也。詳言之：卽表土爲礫質黏土或壤土與砂質壤土，心土爲砂礫之排水良好而土質堅實之處，栽培柿樹，結果必甚良好。至如砂土之土質輕鬆者，雖亦能生育結果，但因排水過多，易受旱害，亦非所宜，栽培者宜注意選擇之。

（六）地勢之關係

柿不論平坦地與傾斜地，均可栽植。惟用傾斜地栽植者，傾斜之度，不宜過急，因傾斜過急，常使種種作業，感覺不便也。傾斜之方向，總以南向者爲最佳，如傾斜西向者，則宜防止西日之激射，以免落果。平坦之地，雖較佳於傾斜地，惟排水一端，卻覺稍劣，故栽培者須加考察，力求排水之良好方合。

第三章　品種

柿原產於吾國，現今日本各處，栽培甚多，品種駁雜，同物異名，同名異物者，在在皆是；要之，可大別爲甘柿與澀柿二屬，茲特分述於次：

（一）甘柿屬

本屬之柿，因富於甘味，故名。茲將吾國與日本各處所產者，就其特徵，敍述於左：

（A）中國種

吾國所產之甘柿，品種甚多，其中最著名而最常見者，約有二種，述之如下：

（甲）朱紅柿　朱紅柿爲吾國著名之甘柿，各處皆有產出。果實重約二兩至四兩，形狀長圓，上部帶尖，臍部突出，無臍窪。果皮紅色，外觀鮮美。果肉柔軟多汁，富於甘味，風味極佳，核不多，普通約二三枚，形狀長圓，兩端帶尖。每年於秋季成熟，產額甚豐，爲吾國最有望之品種也。

（乙）銅盆柿　銅盆柿亦吾國著名之甘柿，果實較朱紅柿大，重約四兩，大者重約六兩許，形狀扁圓，上部平，臍部略凹陷，蒂窪深，果皮紅色帶黃。果肉柔軟多汁，亦富於甘味，風味較朱紅柿尤佳。核亦不多，形較朱紅柿之核大而扁，並帶圓味。每年亦於秋季成熟，惟較朱紅柿稍遲。產額亦豐。

（B）日本種　日本所產之甘柿，品種亦多，其中最著名而最常見者，約有十種，列述於下：

（甲）富有柿　此種甘柿，爲日本最有望之品種。果實甚大，大者重達十兩，小者亦重約六七兩。上部平，臍部凹陷，呈扁圓形。果皮濃色，充分成熟時，則帶紅色，外觀甚美。果肉之褐斑甚少，柔軟多汁，富於甘味，滋味佳絕，甚豐產，品質頗佳。核少，普通不過一二枚，形帶圓味，甚豐滿。每年於十一月上中旬採收，惟在九月末葉，殆已脫盡澀味，可供生食矣。

第六圖　富有柿

（乙）次郎柿　此柿亦爲日本之名種。果實之大者，重達七八兩，形狀扁圓，臍部稍凹陷，果面有淺縱溝，橫斷面稍呈方形，蒂窪深，窪邊有細皺。果皮亦呈濃色，至成熟以後，乃變紅色。果肉微呈黃白色，褐斑甚少。肉質柔軟，甘味甚豐，品質優良。核少，普通約一二枚，全無者亦有之。每年亦於秋季成熟。

（丙）天神御所柿　此柿亦佳種也。果實亦大，普通重約六兩內外，其形愈近臍部則愈細，常呈短鈍尖形。蒂窪淺。果皮之色，較富有柿稍濃，接近臍部處，微現斜線溝，橫斷面稍呈方形，果肉之褐斑少，質柔軟而多甘汁，品質上等。核少，普通約一二枚，每年至十一月間採收。

（丁）甘百目柿　本種爲日本分佈最廣之

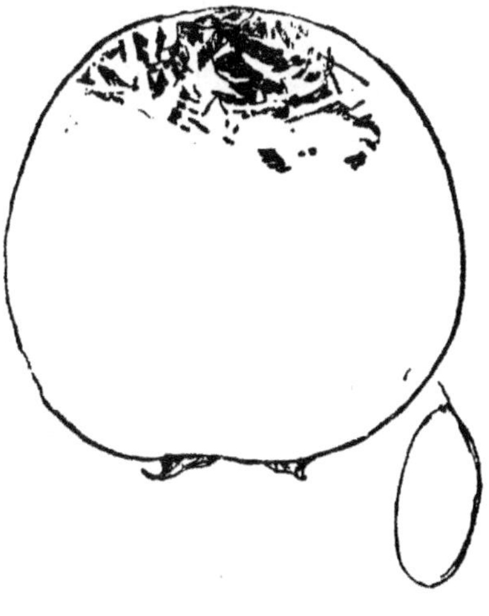

第七圖　天神御所柿

第八圖　甘百目柿

品種。果實大者，重達十兩以上，普通者亦重六七兩。形圓而豐滿，漸達上部則漸細。臍部之凹極淺。橫斷面殆成圓形。蒂密接於果底，梗窪稍深，窪邊甚豐滿。果皮淡色，稍帶微綠。果面之上半部，有黑線紋，尤以臍部四周爲最著，惟須待充分成熟時，方能顯著現出。果肉質脆，多褐斑，漿汁亦多，富於甘味。核較多，普通約自五六枚至八枚，是爲本種之缺點。

（戊）天龍坊柿　本種亦稱良種，日本栽培甚廣。果實大，普通重約五六兩，大者重達八兩以上。形狀略與甘百目柿相似，惟果面之黑線紋較少。橫斷面稍呈方形，形狀頗整正。果面有四條斜線溝。臍窪極淺，果梗細，蒂窪不明。蒂之外面與果底成水平，蒂片薄而平滑。果皮淡色，成熟時先端漸現黑線紋。肉質脆，褐斑多，甘味富，核亦多，普通約七八枚，每年於十月中旬採取。

（己）正月柿　本種之果實亦大，普通重約五六兩。上部細，臍端尖，故呈尖圓形。果面有四條之淺縱溝，果梗粗短，其附着

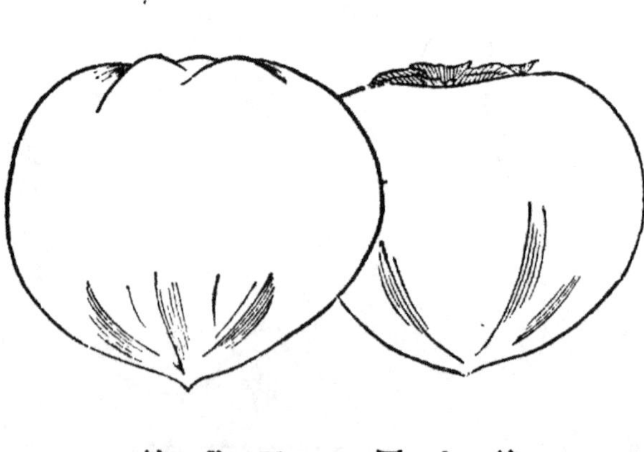

第九圖　正月柿

於果實之部份，則顯著肥大，是其特徵。肉質甚脆，甘味甚富。核多，普通約有八枚，核幅甚狹，各核俱集合於果心部，與他果稍異。

（庚）紅柿　此種之果實，大小適中，形狀扁圓，並帶鈍尖圓形，有四條甚淺之縱溝。窪廣而深，窪邊甚豐圓，充分成熟時，則果皮呈紅色。肉質柔軟多汁，無褐斑。品質極優，惟收量不甚豐，是其缺點。

（辛）四谷柿　本種之果實，普通重約二兩內外。形狀扁圓，有四條之深縱溝，故名。臍部凹陷，形狀不正。果肉柔軟，多褐斑，甘味亦富。核少，普通約二三枚。品質雖優，惟因果實過小，且形狀不正，故外觀不美。每年於十月中旬成熟。

第十圖　四谷柿

（壬）平柿　一名連臺寺，爲日本最普通之品種也。果實之大小適中，重約五兩內外，形狀扁平。果面有許多之淺縱溝，臍部凹陷，蒂窪甚淺。果皮濃色，至成熟後，則現出許多之黑線狀

紋。肉質柔軟，褐斑稍多，甘味亦富，品質上等。珠座極夥，普通之柿，如具八枚者，已可稱極多，本種有時竟達十六枚以上；惟普通核僅五六枚，是其特徵。每歲於十月中旬成熟。

（癸）霜降柿　本種爲日本之早熟種。果實小，其大者重達六兩，普通約自三兩至四兩不等。肉質較硬，核較多，是其缺點。惟因早熟，故最適栽培之用。每年於九月下旬至十月上旬之間成熟，即可採取。

（二）　澀柿屬

本屬之柿，因富澀味，故名。茲將吾國與日本各處所產者，就其特徵，敍述於左：

（A）中國種　吾國所產之澀柿，品種亦甚衆多，其中最著名而最常見者，約有三種，述之如下：

（甲）方柿　本種爲吾國著名之澀柿，產出甚多。果實甚大，普通重約六七兩，形扁而方，横斷面殆呈方形，故名。臍部凹陷，蒂窪亦深，果面有四條之深縱溝。果皮質硬而厚，外被白粉，初呈綠色，漸熟則漸變爲橙黃色。果肉生時堅韌無汁，多澀味，不堪入口；漸熟則漸變柔軟，惟其柔軟之度，總不及朱紅柿與銅盆柿等。此時澀味雖已減少，然不能完全消滅，汁亦不多，風味特異。核多而較小。每年於秋冬之交成熟。採收以後，不能直接供給食用，必須用人工脫澀後，方可剖食。

（乙）君遷子　本種爲吾國最古之品種，多自生於山野間。果實甚小，幾與指頭等大，故又有牛奶柿之名稱。形狀作圓形者有之，作橢圓形者有之，作扁圓形者亦有之。成熟以後，果皮呈黃色，密佈細小之斑點。未成熟者可採取榨汁，供製柿漆之原料。如任其着生樹上，待至降霜以後，則澀味全去，甘味增加，可供食用。樹性強健，枝梢細小叢生，呈暗灰色，並帶綠色。葉細長而小，帶濃綠色，葉之裏面無毛，甚平滑，是其特徵。

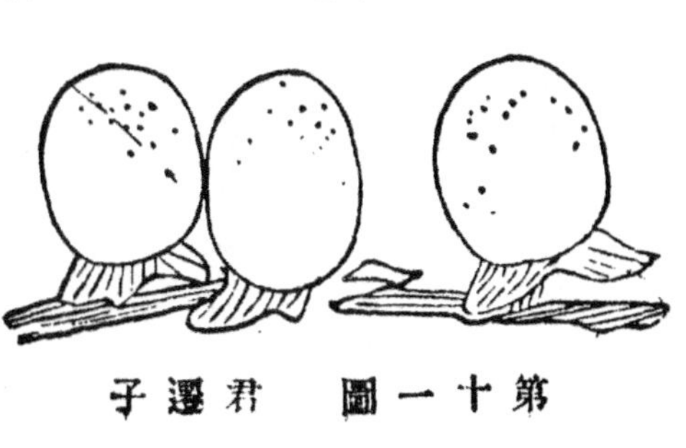
第十一圖　君遷子

（丙）漆柿　本種亦多自生於山野間，果實之形，亦近於圓形，較君遷子更細小。果皮作青黑色，澀味更多，雖成熟以後，亦難供食用，惟供製柿漆之原料，則較君遷子尤佳。

〔附〕柿漆之製法　當君遷子或漆柿將近成熟時，將其採下，放入石臼中搗爛，除去種子，乃浸入有水之瓶中，每日攪拌一二次，如是者經過七八日，乃裝入袋中，用壓榨器榨取汁液，此汁液卽名柿漆水。再將此水傾入鍋中，用火煎煮，待水分蒸散，漸漸濃厚，自變黃白後，卽成柿漆，可以用爲塗料。

（B）日本種　日本所產之澀柿品種亦多，其中最著名而最常見者，約有十種，列述於下：

（甲）富士柿　此柿乃日本名種也。果實甚大，普通重達八兩內外，大者多達十三四兩。形長，有淺縱溝，橫斷面稍呈方形。蒂窪深，窪邊甚豐圓。果面極光滑，成熟時，近於臍部上，現出許多黑線狀紋，果面散佈黑點。肉質柔軟，核少，僅一二枚，富於

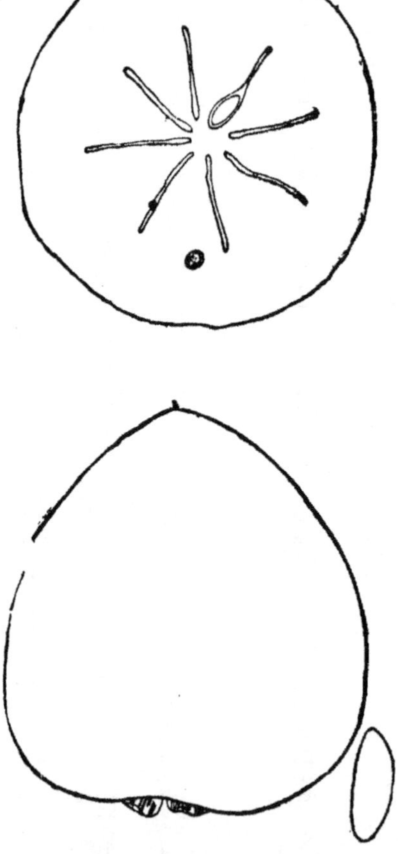

第十二圖　富士柿

甘味，品質優良。

（乙）西條柿　本種之果實，大小適中，作長圓形，有四條之淺縱溝。蒂窪無，蒂之表面常突出於果底之外。果皮淡色，外觀不甚美麗。普通無核，或含有一二枚。肉質柔軟，纖維極少。每年約於十月下旬至十一月上旬採收，亦佳種也。

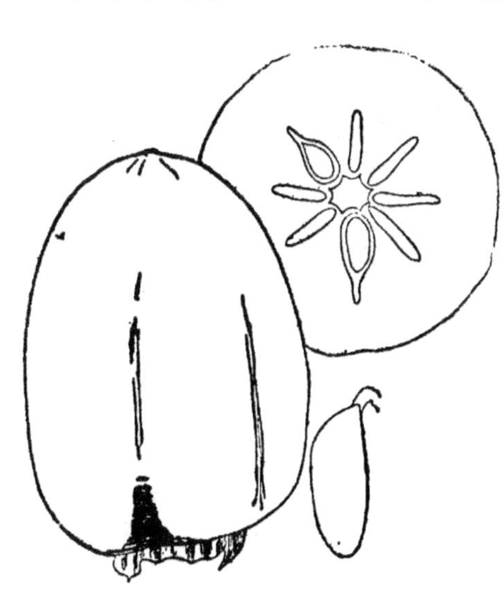
第十三圖　四條柿

（丙）衣紋柿　本種之果實，普通重約六兩內外，形狀扁圓，臍部尖。果面之上半部，有數條之淺縱溝。果皮之色稍淡，至成熟時，則常被白色之果粉，外觀甚美。蒂窪深，窪邊豐圓。肉質柔軟，稍帶褐色斑，初含澀味，至充分成熟後，即完全脫澀，汁多味甘，風味甚佳。核有一二枚，或竟全無。每年於十月下旬至十一月上旬採收。產額甚豐。

（丁）四溝柿　果實稍小，普通重約二兩至二兩五錢，呈圓錐形，有四條之深縱溝，故名。

橫斷面稍呈方形，肉質柔軟，漿汁多，甘味富，風味佳，品質優良。爲他種所不能及；惜乎形狀太小，外觀不美。每年於九月下旬，即可採收，如欲求其風味充分增進，則宜在十月中旬採收。

（戊）紋平柿　本種之品質甚佳。果實之大小適中，普通重約五兩內外，形狀扁圓，果面有甚淺之縱溝與斜溝，臍部稍稍凹陷。蒂窪甚深，蒂密接於果底。果肉有褐色，味甜，質柔，富於漿汁。核約二枚至四枚。每年於十月下旬至十一月上旬成熟。

（己）美濃柿　美濃柿之果實中大，俱有形狀長圓，橫斷面圓形，充分發達者呈方形。蒂窪無，蒂片廣大，果面淡色，充分發育時，臍部周圍，現出少數之黑線狀紋，頂端部份有甚淺之斜線溝。果肉味甘多汁，惟纖維較多，產額則甚豐富。

（庚）守屋柿　果實小，呈圓滿之圓形。果面甚光滑，呈鮮麗之朱黃色，外觀甚美，並現出許多黑線狀紋。蒂窪無，蒂片密接於果底。肉質柔軟多汁，富於甘味，品質佳良。

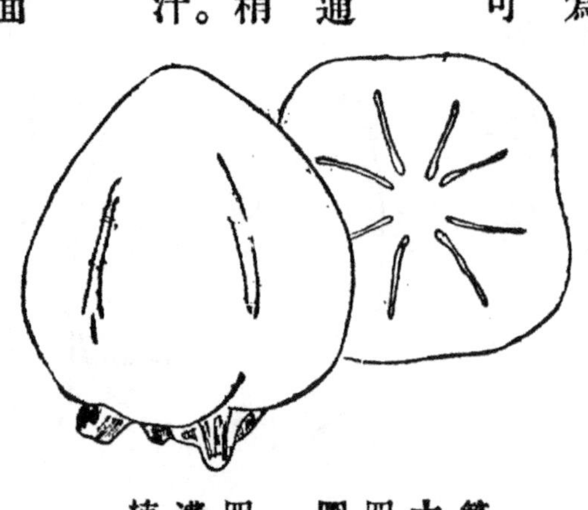

第十四圖　四溝柿

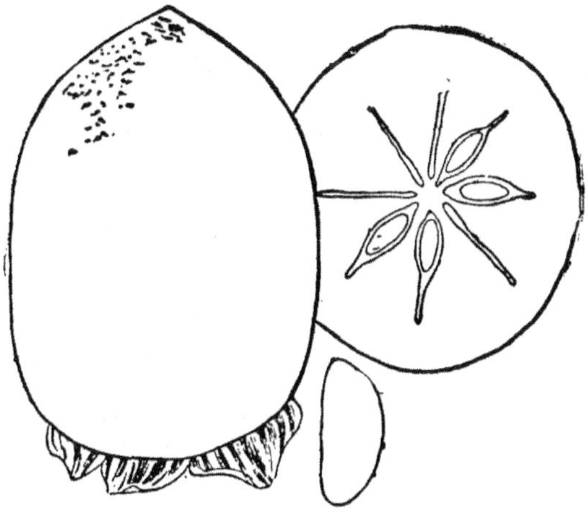

第十五圖　美濃柿

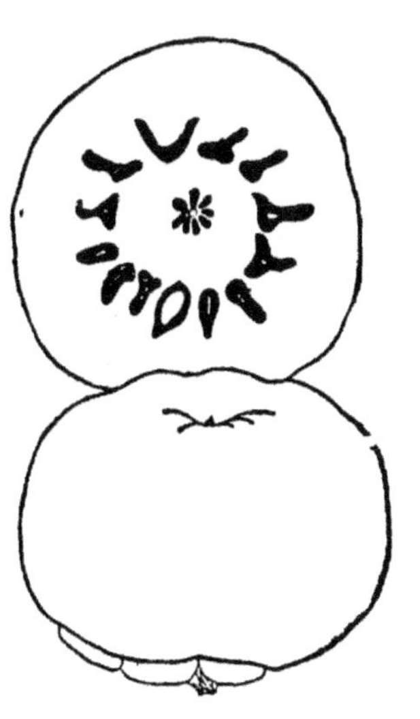

第十六圖　八重柿

（辛）八重柿　一名二重柿。果實大，重達六七兩，形甚扁平，臍部深而凹陷，窪邊凹殊凸甚。蒂窪深，窪邊有十個內外之隆起，蒂片常與其面相密接。果面呈甚濃之色澤，熟則變爲鮮紅，外觀頗美。橫斷面作不正之圓形。珠座有二重，如圖所示，一見頗覺奇異。肉質柔軟多汁，品質甚佳。核有一二枚，或竟全無。

（壬）臺灣柿　一名毛柿。此種柿爲臺灣地方所生之名種。果大適中，重約三四兩，長形。果面密生白色之軟毛，果皮薄，呈暗橙赤色。果肉淡黃色，甘味似甜瓜，有香氣。核大，凡八枚，其中之二三枚，當退化消失，土人喜嗜之。

（癸）葉隱柿　果實之大適中，形作鈍尖圓形。蒂窪深，核少，通常一個至三個不等。果實柔軟味甜，品質佳良。每年於十月中下旬成熟，產額甚豐。葉隱者，蓋形容其結實之衆多也。

第十七圖　第第

第四章　繁殖

繁殖者，卽養成苗木也，普通皆採用接木法以繁殖之。供接木用之砧木，與梨相似，多用實生或插木養成。玆將砧木之養成與接木之方法，分項縷述如左：

（一）砧木之養成

養成砧木之法，普通所採用者，有實生與插木二法，述之如下：

實生法　實生法爲砧木養成上最通行之方法，因柿之種子，有豐滿之胚乳，其發芽之力，甚爲强盛，卽任意投棄路旁，不加管理，亦能自然發芽；故實生法者，乃採取柿之種子，播種土中，令其漸漸發芽生長，養成砧木之法也。法取成熟之果實，放置一處，待其腐敗後，乃放入水中，洗去腐敗之果肉，將種子採取，放在通風之處，使其陰乾，待二三日後，乃埋藏於土中，以待來春播種。播種以前，先選取土質膨軟肥沃，富含有機物質之土地，用鐵搭翻轉土塊，作成闊約三四尺長短適宜之床，並撒佈堆肥、油粕與草木灰等肥料，使與表土充分混和；床之面上，用細棒或細竹於每隔四五寸處，切一直線，床乃完全告成。此時再將埋藏之種子自土中取出，選其形狀豐滿，發育充分者，在床之直線上，每隔一二寸處，播入種子一粒，上覆細土，深以八九分爲度。惟當播種之際，最須注意者，即種子生胚之部，宜向下方，並宜略略傾斜，如是則發芽方得良好。

播種告終以後，乃上覆藁草，以防表土乾燥，妨礙種子之發芽；並宜時時灌水，補足水分，尤在將近發芽之際，更須注意灌溉而勿怠。待至種子已發嫩芽，即宜將覆藁輕輕除去，注意勿傷子葉；其過於密生之處，則宜舉行疎行，以保持適當之距離。待幼苗漸長，乃用水灌於根際，輕輕掘出，定植於闊約一尺五六寸之畦上，株間以四五寸爲最合。至七八月間，宜施以稀薄之人糞尿約一二回，以促進其發育。在夏季中因氣候乾燥炎熱，土中所含之水分蒸發常甚旺盛，此時須勤於灌水，土地表面又宜敷設草藁，以免蒸發過甚而缺少水分。至於冬季又須防止霜害，注意寒害。待至翌春，天氣轉和，乃可管理稍懈，此時幼苗亦漸漸發育而將成爲苗木矣。惟因其年齡尚幼，本年內尚難直接供爲砧木，通常多於春季二三月間，將其掘起，剪去直根三分之二，其他各根，一律短切，再移植於闊約二尺之畦上，株間亦四五寸爲度，並將枝梢稍稍剪短，施以堆肥、菜餅與其他之肥料等，注意管理，至翌春即可供爲接砧之用。如尚有發育不良者，則更須栽培一年方可。

插木法　插木亦爲砧木養成上最通行之方法，分有兩種：

（A）根插法　柿之品種中，有枝幹插入土中，不易發根而易由根發芽之特性，故此類品種，多採用根插法。法於二三月之間，先掘取如小指大之根，用利刃切成長約三四寸者一條，一方選定含有適宜溼氣之處，粉碎其土塊，耙平其土面，作成闊約二尺之畦，將切得之根，斜插畦中，僅使先端露出地上。插入以後，即用手壓實根邊泥土，使無空隙，上用溼藁被覆。四月下旬至五月上旬，即開始發芽。發芽以後，約經二週，即宜施以稀薄之人糞尿，以後再施以一二回之液肥，夏日勤於除草、灌水，至秋季即得充分發育矣。

（B）枝插法　柿之品種中，如君遷子等，常帶易自枝幹發根之性質，故此類品種俱可應用枝插法以養成砧木。供插木用之枝，普通多用接木時自砧木切下之枝幹，用利刃截成長約七八寸者一條，下端切平，將半部插入於粉碎之土壤中，用手壓實，露出於地面上之一部，亦用土被覆，以至先端不見爲度。至五月間，乃開始發芽生根，而漸漸生育，此時宜將被覆之土，稍稍除去，並施以稀薄之人糞尿一次。夏季注意除草與灌水，勤於管理，至秋季亦得發育供爲砧木之用。

（二）接木法

接木法爲繁殖上唯一之方法，法有種種，例如切接，割接，袋接與芽接等皆是。就中以切接與割接二法，最爲通行。茲將此等接木法就其大要，說明於次：

切接法　切接法多施行於幼樹，施行時，普通皆採用居接（卽前年假植之砧木，不再掘起，在其發生之處，直接施行切接之法），避忌揚接（卽將前年假植之砧木，至行接木法時掘起，取至定植處種下，方施行切接之法。）因柿之細根，發生困難，如一旦將其掘起，則勢力顯著衰退，卽難生活，而新梢之伸長，必甚細弱，難得良苗，故揚接除特殊之情形外，皆不施行。供切接用之砧木，宜選取二三年生之實生砧，周圍二有三寸者，最稱適合。供切接之接穗，宜選取一年生勢力中等之發育枝長約五六寸至一尺內外，各芽充分發達而豐滿者，方稱合用。接穗雖可於接木之前日或當日剪取，但依實驗者言，最適當者，宜於接木十日至二週以前採取，將其埋藏於含有微量水溼之細砂中，或於冬季剪定時選集，埋藏砂中亦可。惟砂中所含之水溼，對於接穗之貯藏，頗具密切之關係，如失之過乾，枝梢往往乾縮，反之，如失之過溼，常使穗上之芽，漸漸腐死，或促進發芽，以致前途不利，故須充分注意；如一旦遇有萌芽之徵象時，則宜卽將接穗自砂中取出，放置陰所，經過一日，至枝梢之表面發現細皺，再埋入含有適當水溼之砂中方可。

施行切接之時期，以自二月下旬至三月下旬，爲最適當。施行時，先將砧木在離地五六分處切斷，其斷面更用利刃旋削，使之平滑。如砧木之幹身已粗大，則宜使近於髓心之部，稍稍凸起，周圍低削，以防雨水之停滯；削滑以後，乃用左手握持砧木，右手握切接用小刀，在砧木之平滑部分，以小刀將皮部削下，長以達八九分，深以將木質部削成極薄之片爲度（如下圖2所示之狀。）待砧木削成以後，乃將埋藏之接穗，自砂中取出，將先端與末端，悉行剪去，選留中央部，附有兩芽，長約一寸五分至三寸者一條，亦在平滑之一面深削，以達木質部而止，反對一面亦斜削一下（如圖1所示之狀）然後將接穗插入砧木之切削部，使二者之形成層互相密着，故二者之切面須各各相應方佳。此後乃用草藁一條，自下向上，密密紮縛，惟當紮縛時，其寬緊之程度，於對接木之活着，大有關係，因失之過寬，接穗易動，生活困難，反之，如失之過緊，常致損傷切削面之組織，生活亦難，故宜力求適當方妙。

第十八圖 切接法

1 接穗
2 砧木
3 接穗插入砧木中之狀
4 用藁密札之狀

手術告終以後，乃在接木之周圍，被以細土，以至接穗不見爲度，求免接穗之乾燥；並須時時防止覆土之流失，靜俟發生新芽。如在四月中旬接木者，至五月下旬，必可漸次發芽，此時宜將覆土次第除去，待新芽伸長至二三寸時，始可使接合部露出。自砧木發生之芽，宜卽行搔去，若怠而不行，常致接穗之發生不良。又至六七月間，芽長達五六寸時，宜施以人糞尿一次，以促進苗木之伸長，並於株旁設立支柱，防止暴風之吹折。如是保護管理，至秋季必可伸長達二三尺，得優良之苗木。

割接法　以上所述之切接法，係專行於幼小之砧木。如砧木之直徑達一寸以上，表皮已肥厚者，或生長已達二三十年之成木，幹之直徑已達三四寸，因其品種不良，須重行接木以改良之者，或欲使老木更新時，俱難應用切接，苟或勉強施行，必有接穗與砧木易於脫離之患，以致生活困難。通常在此種情形下，多採用所稱割接法者之一種高接法以代之。結果甚佳，頗稱得策。茲將其施行方法，述之如左：

供割接用之接穗，宜擇本年伸長勢力強壯之枝條，方稱合用；截取之際，宜較其他接木法之接穗稍長。普通以三寸內外，附有三芽者，最爲合式。接穗截取以後，即用切接用之小刀，在接穗之兩面，削成一寸至一寸二三分、削面平滑之楔形（如下圖之1所示），含入口中，或浸入小鉢之水中，以防乾燥。次將砧木在離地一二尺或三四尺處，用鋸將砧木截斷，斷面用銳利之小刀，削之平滑；然後用特製之割接用彎刀（如下圖3 4所示之二式即是），放在砧木之中心，左手握持刀柄，右手持鎚，將刀徐徐擊入，使縱裂至二寸內外爲度。然後將刀取出，即用刀口反對之突出物

（如圖a卽是，）插入中心部份，以備插入接穗。如遇裂開部之兩側不整，斷面失之粗糙時，可用銳利小刀薄削之，使其光滑，削完以後，乃將接穗自鉢中取出，插入裂開部中，使兩者之形成層密接。然後將刀取出，此時由砧木兩面之壓力，能自然緊夾接穗（如圖2所示，）故可不用草藁密紮。如遇砧木較細，則接穗宜用一本，將砧木之一方斜削，反之如遇砧木十分粗大，則接穗宜用四本，砧木上之裂縫，割成十字形，方稱合法。至接穗之用兩本者，乃砧木之粗細適中者用之。施術者，可隨意酌定之可也。

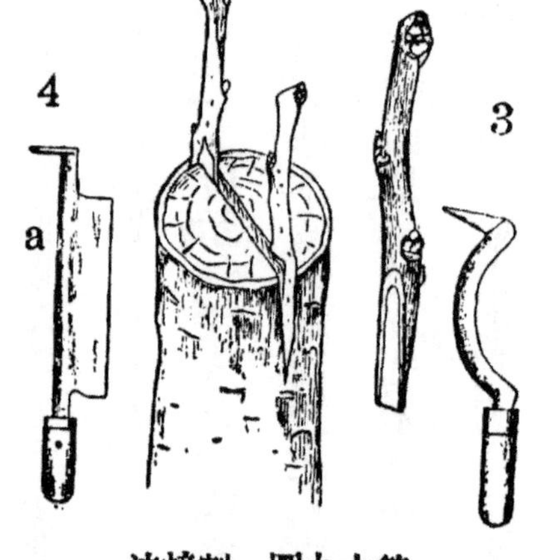

第十九圖　割接法

1 接穗　2 接穗與砧木接合之狀　3 割接用彎刀　4 同上

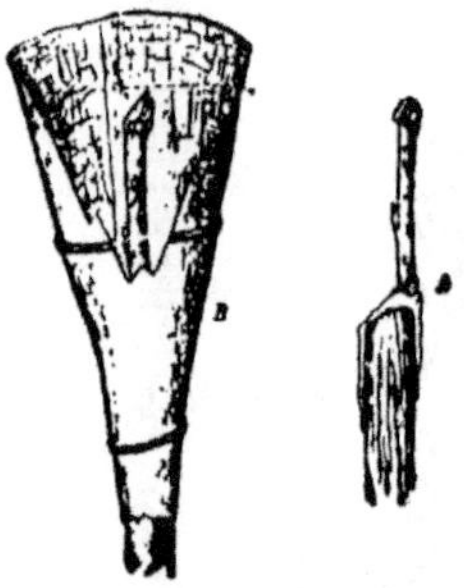

手術告終以後，乃用預先所預備之接蠟，如下圖A所示，偏塗於砧木之斷面上，側面之裂傷部，及接穗之基部與先端之切削面等處。如遇寒冷之日，接蠟甚硬，作業不便之時，可另備猪油

第二十圖

割接後塗附接蠟與包圍細土等之狀態

少許，於使用時加入使其軟化，或將接蠟放在小鍋之中，加温使融，以筆塗之亦可。施用接蠟，乃藉之防止乾燥與雨水之流入也。然在歐美各國與日本各處，亦有用牛糞泥炭或細土等以代接蠟者，法用大形之葉包圍於接合部之四周，卷成漏斗形，下部用草藁扎縛於砧木之（如上圖B所示）上，葉中放入稍溼之細土等，以至隱沒接穗之先端爲度。如是約至六月以後，乃見接穗之上開始萌芽，如管理不懈，卽可得良好之苗木，則品種改善，老木更新矣。

〔附〕接蠟之製法　接蠟之製法，雖有種種，普通則多用蜜蠟，松香，豬油，三種原料混合而成。其配合之法，雖亦隨接木之季節與果樹之種類而不同，然通常則皆依左列之分量，互相調合而成：

原料	分量	
	第一法	第二法
蜜蠟	二兩	二兩
松香	六兩	四兩
豬油	四兩	一兩

調合之法，先將豬油放入小鍋中，用火加熱，待其熔解以後，乃將松香加入，攪拌一回，最後再加入蜜蠟，亦攪拌之，使

其混和。待至完全溶解混和時，乃離火放冷，卽已告成。如欲製成比較柔軟者，則可用蜜蠟一分，松香六分，混合加熱，待攪拌至十分混和後，乃自火取下，注加少量酒精，攪拌放冷，卽成糊狀之接蠟，可以用筆塗附，應用甚便。

袋接法　袋接法與割接法同，亦多施行直徑較大之砧木及改良品種與老木上。法用竹篦將發生層之軟弱部份，壓向下方，於皮部及木質部之間隙中穿一狹孔。一方更用利刃削成得押插密着之接穗，插入孔中。再用一種接蠟布，如用草藁扎縛然纏絡結束之。更在接穗之基部與砧木之切斷面上，塗佈接蠟，使之生活。此法以砧木大而接穗小時施行之，最稱適當。

〔附〕接蠟布之製法　法取蜜蠟十兩，使與松香七八兩相混，放入小鍋之中，用火加熱，使其熔解混和。再取闊約三四寸，長約六尺內外者之布條，放入鍋中，至內部浸透後取出，擴成帶狀，晒於日光中以乾燥之，卽成。不用之時，宜在不觸空氣之處貯藏之。

芽接法　芽接之法，以桃李等之繁殖上，應用甚多，柿之繁殖上，則比較少見。柿行芽接之時期，雖常隨土地氣候之狀態而稍有不同，然最易剝皮之時期，概在八月間，從而八月之中，亦爲施行芽接最良好之時期。供芽接用之砧木，以二年生，周圍一寸至一寸五分，直徑三四分者，最爲合宜。接芽之採取法有二：一爲自前年生之枝條所採取之芽，稱爲發生芽；一爲自本年生之枝條之所採取之芽，稱爲土用芽。普通多選用後者一種之芽。至砧木之剝皮法，接芽之採取法及施行手術等項，要皆與梨之繁殖上所用之芽接法相同，茲不贅述（參看本叢書種梨法第四章繁殖。）

第五章　栽植

吾國種柿一業，向不特闢園地而行專業的栽培，普通多於住宅之周圍，園圃之一隅，隨意栽植，其栽培與管理等法，亦多幼稚，較諸桃、梨與其他之果樹，殆有相形見拙之慨。兹將開闢園地之法，約述如下，以供有志刷新斯業者之參考焉。

（一）園地之開闢

種柿之園地，以擇地勢平坦者，最爲相宜；因平坦之處，便於施行各種之作業也。傾斜之地，雖亦可用，惟欲得傾斜度充分適宜者，甚爲困難，且管理不便，是其缺點。然在平坦地上，地勢每患卑溼，故宜設置明溝或暗渠，以宣洩水分。土壤宜擇礫質黏土、壤土與砂質壤土等，最稱合宜。又當開闢之際，地上所生之雜草，宜用火燒去，土中之草根，亦宜掘出，以免重復繁生。同時將土壤深耕，粉碎土塊。園之四周，設立竹籬，以防盜竊，園乃營成。

（二）苗木之選擇

柿之苗木，較諸桃梨等之苗木，尤須顧慮，茲就其選擇上之要項，分述於下：

（A）柿易發生直根，側根與鬚根發生極少，常誘發種種之影響。故苗木由苗木商購入時，先當注意根系之狀態而審愼選擇之。卽自己養成之苗木亦不能輕忽從事，以免定植以後，發生生育不良之患。

（B）苗木之發育良好者，雖一年生，亦可當選。然普通則以培養二年者，最爲穩妥，至已經過四五年以上之老苗，切勿冒昧購入，卽係自己養成，亦宜棄置勿用，因於定植以後，雖費苦心之栽培與管理，亦常結果不良也。

（C）枝幹之色澤，雖隨品種之不同，而有差異，但發育良好者，大概皆有光澤，斑點鮮明，直立粗大，一見卽得與不良之苗木相區別。

（D）價格低廉之苗木，必無良好之品種，完善之苗木。故當購買之時，切勿貪圖細小便宜，以致前途失敗，後悔莫及。栽培者應特加注意之而警戒之。

（三）栽植之時期

栽植之時期，如其他落葉果樹類，每年自十一月下旬至翌年三月下旬之間，無論何時，均可栽植；然在暖地降雪較少之處，則以秋季栽植，最爲相宜，因秋季栽植者，至翌春發芽時，已能發生細根，常較春季栽植者之發芽早而發育伸長旺盛故也。反之，在降雪較多之寒地，如栽植過早，不免受雪之侵害而損根傷枝，故宜待積雪融解，氣候轉和之春季，再行栽植，方稱適宜。

（四）栽植之距離

柿之栽植距離，常依整枝之形狀，園地之狀態與土壤之肥瘠，不能一定。據大概而論，凡整枝之形較高，園地之狀態較劣，土壤較瘠之處，其栽植距離宜較疏；反之，如整枝之形較低，園地之狀態較佳，土壤較肥之處宜較密。詳言之：卽前者宜在一丈八尺至二丈四尺四方中，栽植一本，最爲適宜；後者以在一丈二尺見方中栽植一本（與在九六八五方尺中栽植七十五本相當）亦無妨礙。如栽培者不加注意，疎密失當，一則不出數年見各株之枝葉卽已互相接觸，以致生育不良；一則株間太空，地積不合經濟。故栽培者宜斟酌情形，以定適當之栽植距離方妥。

（五）栽植之方法

栽植之法，先在栽植之地，深加耕耨，並掘成直徑一尺、深約五寸之植穴。穴中施入堆肥，豆渣，過燐酸石灰與木灰等作爲原肥，使與土壤充分混和，然後將健全之苗木，定植於植穴之中央。惟原肥之用量，常依園地之肥瘠而無一定，通常則概依左表所示之比例而施用之。表內所示之量，乃九六八五方尺中栽植一年生苗木七十五本之總量，一本之量可用七五除之卽得。

肥料名	施肥總量
堆肥	四六九·〇斤

豆渣	一九·〇
過燐酸石灰	六·二
木灰	九·四

栽植之際，苗木之根部，雖須稍稍剪縮，然較其他果樹，則須殘留稍長，此因柿之細根，常較稀少，若剪去過多，殘留過短，常致發芽遲延而發育與伸長不良故也。通常則僅將直根剪去其全長之三分之一或二分之一者有之。

栽植之深淺隨土地之狀態，亦有差異；例如在高燥或砂質之地等甚乾燥之處，亟宜深植，反之，在地下水高或土中含有溼氣之處，則宜淺植；然如失之過淺，因根部乾燥能使發育遲鈍，又如失之過深，因根之距離表地太遠，光熱之透射不充，致根之活動滯鈍，亦不免發生不良，通常皆使接木之痕，現於地表爲度。故當苗木插入植穴之中以後，卽宜酌觀情形，斷定深淺，然後上覆細土，用足踏實，並宜稍灌清水，使土粒互相黏連。

當苗木插入植穴中時，其直根與細根，宜保持其自然之位置，配置四方，有條不紊，方稱合法。

當栽植告終以後，宜於苗木之旁，設立支柱，防其倒伏，此以苗木粗大時所必需。其他如至夏季有乾旱之慮處，宜於地面之上，敷以多量之草藁，以防水分之蒸發過盛。又如在新闢之園地而爲磽瘠之土質時，則除於栽植以先，施以上述之原肥外，另須施以肥土，補其不足。

（六）盛樹之移植法

柿之年齡漸大，從而移植漸難，故欲將盛樹移植時，先宜在晚秋或三四月之交，將細枝與粗枝悉行剪去，使其僅留主幹，或將一切之細枝剪去，使粗枝殘附於主幹之上。再在殘留之主幹與粗枝上密裹草藁，以防水分之蒸散。再用鐵搭在樹幹四周將泥掘起，然後將全樹輕輕取出，切勿損傷細根，此時亦須用草藁之類密被根部，防其乾燥，以便運至定植之處，從事栽植。栽植以前，亦須深耕掘穴，穴中施以上述之原肥，然後將運來之樹，插入穴中，上覆膨軟肥沃之細土，用足踏實。在暴風較多之處，亦宜設柱支持。如是至翌年，卽可生葉開花。

第六章　肥料

（一）肥料成分

從來栽培柿樹，殆不特施肥料，僅取塵埃等物，敷於根際，待其腐敗，漸漸滲入養分於土中而已。柿因不能獲得充分之養料，常致所結果實不得肥大優美，且隔年結果之習性愈形顯著，此乃由於柿樹之性質較其他果樹須供給多量之肥料而然，從來皆取反對方針，無怪結果之不良也。

欲圖樹性之發育伸長，則所施肥料，宜以氫素肥料爲主。欲使內容之充實強健，則燐酸肥料與鉀肥料，必不可缺。欲使樹之發育適宜，結果豐而果形大，則有施石灰肥料之必要。此四種肥料中，氫素肥料爲主要成分，可不必論，其他效果最大，能使果實之甘味豐富者，則當首推鉀肥料，石灰肥料次之。故栽培上除施以氫素肥料外，尙須添入鉀肥料，與石灰肥料。燐酸肥料，雖稱有效，然近時尙不克充分確定，當有待於將來之研究。茲將三要素肥料對於樹齡之使用成分，示之如左：

例別／肥料／樹齡	第一例 氰素	第一例 燐酸	第一例 鉀	第一例 石灰	第二例 氰素	第二例 燐酸	第二例 鉀
一年	六〇兩	二〇兩	二五兩	—	—	—	—
二年	八〇	五〇	三五	—	六〇兩	六〇兩	六〇兩
三年	一〇〇	八〇	四〇	—	九〇	九〇	九〇
四年	一二〇	一二〇	一〇〇	—	一五〇	一五〇	一五〇
五年	一三〇	一三〇	一三〇	一〇〇〇兩	二〇〇	二〇〇	二〇〇
六年	一五〇	一五〇	一八〇	—	二五〇	二五〇	二五〇
七年	一七〇	一七〇	二〇〇	—	二五〇	三〇〇	三〇〇
八年	二〇〇	二三〇	二五〇	一二〇〇	三〇〇	三五〇	三五〇
九年	二三〇	二五〇	二八〇	—	三〇〇	三五〇	三五〇

一〇年	二五〇	三〇〇	三二〇	—	三五〇	四二〇	四五〇
一一年	二八〇	三二〇	三五〇	一五〇〇	四〇〇	四八〇	五七〇
一二年	三〇〇	三五〇	三八〇	—	四五〇	五七〇	六〇〇
一三年	三八〇	三八〇	四〇〇	一五〇〇	五三〇	六五〇	七〇〇
一四年	三五〇	四二〇	四五〇	—	五八〇	七〇〇	七五〇
一五年	四〇〇	四五〇	五〇〇	二〇〇〇	六〇〇	七五〇	八〇〇
一六至一八年	四〇〇	四五〇	五〇〇	二〇〇〇	—	—	—
一九至二〇年	四二〇	五〇〇	五五〇	二五〇〇	—	—	—
二〇年後	四五〇	五〇〇	六五〇	三〇〇〇	—	—	—
二五年後	五〇〇	五五〇	七〇〇	三〇〇〇	—	—	—

〔備考〕十六年後，石灰宜隔年施與方合。

（二）肥料之種類及分量

柿之肥料，以施稍稍遲效性者，較爲得策。惟在樹齡尚幼，則宜施以速效肥料；換言之，卽在生育時代中，須供給多量之氤素肥料是也。樹齡漸進，則須將鉀與燐酸肥料之供給，漸漸加多，專行注重於結實作用。在樹齡尚幼之際，如生育不良，難遂長大發育者，則將來終難望爲成木，尤以達結果樹齡較遲者，最須使其充分發育，是則非注意三要素之配合不可。

氤素肥料，宜選用堆肥、豆餅、人糞尿等，效用大而價值廉者，方稱合用，尤以在土質瘠薄、表土較淺之處，有亟宜選用堆肥之必要；更於每年或隔年酌加石灰，共同施下。燐酸肥料以米糠、過燐酸石灰、骨粉等最爲合用。鉀肥料則以硫酸鉀、木灰、藁灰等，最稱適宜。木灰之中因含有多量之石灰，故於每年施下木灰時，可無特施石灰之必要。茲將施肥之分量可爲標準者，舉二三之實例如下：

一　十年生自然形之施肥量（九六八五方尺中植七十五本）

肥料名	施肥量（原肥）一本用量	氤素	燐酸	鉀

豆餅	二五五〇兩	三四兩	一七九兩	三八兩	五一兩
人糞尿	二三五〇〇	三〇〇	一二八	二九	六一
堆肥	二三五〇〇	三〇〇	一一三	五八	一四二
過燐酸石灰	二一〇〇	二八	—	三一五	—
木灰	二三五〇	三〇	—	八八	二六三
合計	二九五〇〇	九四四	四二〇	五二八	五一七

二十年生自然形之施肥量（九六八五方尺中植七十五本）

肥料名	施肥量(原肥)	一本用量	三要素 氰素	三要素 燐酸	三要素 鉀
人糞尿	二八八〇〇兩	三八〇兩	一六四兩	三七兩	七八兩

豆餅	一二〇〇	一六	七九	一四	二五
過燐酸石灰	一〇〇〇	一三	—	二〇〇	—
木灰	二〇〇〇	二六	—	七八	二三四
合計	三三〇〇〇	四三五	二四三	三二九	三三七

三 二十年至二十五年生自然形之施肥量（九六八五方尺中植七十五本）

肥料名	施肥量（原肥）	一本用量	三要素		
			氰素	燐酸	鉀
堆肥	二二五〇〇兩	三〇〇兩	一三一兩	六八兩	一一三兩
人糞尿	二八八〇〇	三八〇	一六四	三七	七八
豆餅	二六二五	三五〇	一七三	三二	五八

過燐酸石灰	一八〇〇	二四	—	三六〇	—
木灰	三五〇〇	四六	—	一三七	四一〇
合計	五九二二五	一一〇〇	四六八	六三四	六五九

（三）施肥之次數與時期

施肥次數之多寡，應視土性如何而定，普通以一次至二次爲最通行。凡土性帶黏，或由腐植質所成之吸收力較強之土質，則施肥一次，已可宣告充分，如砂土、礫土等吸收力較弱之處，則宜分施二次，方稱合宜。至在土質十分磽瘠之處，則須分施三次。當二次分施時，宜將堆肥、豆餅等效能稍遲，富於有機物之肥料，用爲原肥；用人糞尿，過燐酸石灰，爲補肥，木灰與過燐酸石灰，則宜隨原肥與補肥而分施之，方合。

施肥之時期，雖須依樹齡與生育狀態而有差異，然普通則多依施肥次數而酌定之。施肥一次者，宜在二月下旬至四月上旬之間，卽於發芽以前施與。作二次分施時，第一次宜自十二月中旬至二月下旬之間隨時施與；第二次宜在六月下旬至七月中旬，迨果實大如指頭時施與，最稱合宜。作三次分施者，第一二兩次之時期與前相同，第三次於八九月間施與卽可。

（四）施肥之方法

施肥時，先在幹之周圍，掘一直徑一尺五寸至三尺（約居幹之周圍三倍半處爲最適當）、闊六七寸至一尺、深五六寸之輪溝，將預先混合之肥料施入溝中，充分攪拌，使與土相混和後，再培土使平。此際如欲將過燐酸石灰與木灰同時施下時，則有一定之程序，不能紊亂；法取木灰先行施入，使與土相混後，再上覆薄土，然後取與過燐酸石灰相混和之別種肥料施入溝中，方稱合法。如加用石灰，肥宜散佈全土之表面，以待耕起時，埋沒土中。施肥以後，如遇氣候十分乾旱，土質乾燥過甚，則必妨礙肥料之分解，以致吸收不易，此時必須用草藁等物鋪佈根際以預防之。

第七章　管理

種柿之管理工作，有除草，中耕，間作，剪枝，整枝，摘果，掛袋等，除特要者另章專論外，茲述之如次：

除草爲保持園地清潔必要之作業。此種作業，從來雖不採用，然有志經營園地而行專業的栽培者，則當採而施行之。當園地上有雜草繁生時，卽宜拔去，一得保持淸潔，二得根本斷絕害蟲之棲止，三得免去消耗地力，種柿前途，獲益莫大。

中耕亦爲種柿必要之作業，當樹齡幼小時，因於行間施以間作，能自然施行中耕。近樹齡達十餘年，不能施以間作時，則於春季發芽前，卽一月或二月間，施以稍深之耕鋤，膨軟其土質，以扶助側根之發生，至秋季再施行一次，方合。

間作者，卽利用柿樹之空間，以栽培他項作物之作業也。柿之生育，因較其他果樹緩慢，又以栽植距離之遠，故得舉行比較長期的間作。供舉行間作用之作物，冬作以馬鈴薯、玉葱、豌豆等數種爲最合宜，夏作以各種之蔬菜類、落花生與大豆等，最稱適當，當柿栽植後二三年間，如欲間作麥類，亦無不可。

第八章　剪定

柿之習性，與桃梨等異，因而剪定之法，亦當應其習性，以定施行之標準；其最初四五年之剪定，乃用以整正樹形，若用普通之方法以剪定之，雖無妨礙，至已達結果樹齡者，若不施以特殊之剪定，則年年當不能得相當之收穫，此多由於剪定不得其當致養分缺乏之故。故剪定一法，對於種柿前途，實具莫大之關係焉。茲特分述如下：

（一）發育之剪定

發育枝大概皆指不生結果枝之枝而言；至生有結果枝，使其繼續伸長，以形成樹冠之基礎之枝，亦可名之曰發育枝。此等發育枝，如於整枝之中，欲其形成樹姿時，則當適應其目的而講求適當之剪定。如樹形已整，達於結果時代之發育枝，不施以適當之剪定，其後卽不成爲徒長枝，必多成爲纖弱之枝梢。至不能發生小蕊花之弱枝，對於結實作用，因無何等關係，則可任意剪定，有時不妨在基部剪去。其成徒長枝者之枝梢，在整枝中，可在五六寸至一尺內外之間，施以剪定，有時可自基部除去。然達於結果期者，當其發育中途，宜努力求其變爲種枝，有時於夏季中施以夏季剪定，以抑制其勢力之旺盛，否則於冬季中施行冬季剪定，適應其樹姿之狀態，於五六寸至一尺內外處，施於剪定（有時如欲自基部剪除亦可。）惟此種枝梢，如殘留數寸剪定時，至春期多能更行猛烈伸長，再成徒長枝的狀態。反之，作長剪定時，因不免有擾亂樹姿之憂，故不如不使其發生爲妙。惟欲求其變爲種枝而不得，不適應其樹勢而作長剪定時，則夏季剪定之作業，決不可省，如是庶可抑制其過度之伸長。

（二）種枝之剪定

種枝之形狀不一，短至二三寸者，長至二尺內外者均有之；此外含有半發育枝之意味者，卽作兩期伸長之種枝亦有之。此種作兩期伸長之種枝，如任其保存，易使樹姿之修整，感覺不便，兼有擾亂樹勢之憂，故通常多在第二期生長點之基部上剪定之。至取普通狀態伸長之種枝，即伸長至一尺內外者，可任意放置，惟其先端容否剪定，則爲亟須充分考慮之事實。今取此種種枝檢之，見此枝之上，大抵能着生十二三枚之腋芽，通常五六芽甚者七八芽能化成結果枝（其中不生花蕾者亦有之）如盡使伸長，則一種枝之上，常着果達十餘個之多，以致果實形小品劣，同時又因頂芽未曾剪去，難免勢力過旺，奪取養分，有促進落果，擾亂樹姿之憂。故長大之種枝，宜於冬季剪定時，將頂端剪去。

今如將伸長至一尺至一尺三寸內外、發育良好之種枝，施以種種之長剪定，即剪去全長三分之一者，不僅其果實之收量無何等之減少而已，他如果實之發育脫澀及來年成種枝之發育枝生成上，亦得結果良好。又剪去全長二分之一者，與剪去二寸內外（即將先端三四芽剪去）者，結果亦佳。如下圖甲所示，a 爲勢力強盛之種枝，如放任之，

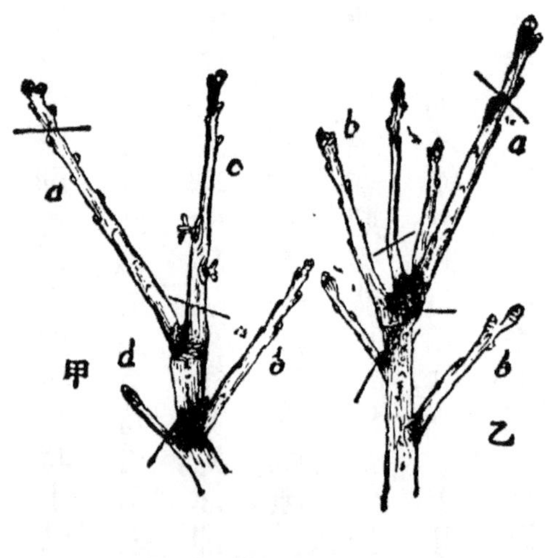

第二十一圖　種枝之剪定

常致勢力過於旺盛，易於落果，故宜在線上剪定，使其下部發生結果枝b爲伸長六七寸，勢力中等之種枝，則無剪定之必要，可任其發育。此項剪定法，以樹齡在二十年以內者，最屬主要，至已經數十年之老樹上，所生長達一尺以上之種枝，比較少見，故其先端無剪定之必要。又如圖乙所示，如一處發生多數種枝時，則宜將勢力不良者，自基部二寸，殘留二三芽處剪定，一部則全不剪定。要之種枝之剪定法，可分爲左列五項：

(1)作兩期伸長之種枝，可在其境界線處剪定之。

(2)伸長至七八寸以上之種枝，宜在先端三分之一以內處剪定之。

(3)伸長在七八寸以內者之種枝，可放任之。

(4)同處發生多數種枝時，宜舉行疎芟的剪定。

(5)宜注意翌年種枝之生成。

（三）結果枝之剪定

本年結果者與中途落果者之結果枝，將若何剪定之乎？考結果枝上，結果之狀態，大都皆在基部三節至六節之間開花結實；所生果實，小者約三四個，大者約一二個。當一度結果時，自下方流來之樹液，盡供果實之發育，常不能集注枝梢，使其發育充實，多呈如前圖甲之c枝之狀態。如此之結果枝，養分常告缺乏，翌年雖有新梢發生，亦不能發生結果枝。故當冬季剪定時，宜在基部或前年生成部之逆上處，施以剪定，或於結果部之上方剪定之亦可。果實之着生部，從不發生腋芽，惟其下部則多出隱芽，故當剪定之時，宜深加注意之。

以上所述，爲普通狀態下結果枝之剪定法，尤適宜於老樹；然樹齡尙幼，或勢力旺盛者，本年之結果枝，至翌年伸出時，其先端一二芽，再能生成結果枝者甚多，昔人雖有前年之結果枝，絕對不能發生本年之結果枝，必須剪定之說。然於實際上，達二十年之樹，其結果枝普通皆易於發生，故當剪定之際，如遇種枝甚少，則是等結果枝，卽有保存之必要。

（四）種枝更新之剪定

任何果樹，如一年結多數之果實，則翌年收量，必顯然減少，甚至全不結果者有之。此種性質，名曰隔年結果性，就中以柿爲尤甚。欲絕對的加以變更，雖乏相當之技術，如管理得宜，或得防止於萬一；又自幼樹時代而加注意，依品種之異，或可全脫其弊。況此特性原由於樹性之疲勞、養分之減耗而起，苟給以充分之養料，施以剪定時留意於種枝之生成，亦不能謂不得良好之結果。茲將種枝之更新法，就剪定上最須注意研究之點，分述其利害如下：

（A）異株之更新法　此法卽將二本之柿樹，甲樹使本年結果，當收穫以後，將全部之枝梢剪去，翌年不使結果，剪定時，結果枝固不必論，卽發育枝種枝亦宜悉行剪定；翌年乃不施行剪定，任其伸長使其充分結果。乙樹宜與甲樹相反，當甲樹結果一年，使生發育枝，甲樹生發育枝卽不結果之一年，使其充分結果；由此法所得之果實，收量必豐，惟行於樹齡達數十年以上、樹幹甚高與害蟲發生之樹，最稱合宜。

（B）同樹區分數羣而異其結果期之法　此法係將同樹之枝，分爲二羣或四羣，或東南西北四區，使東西二區本年結實，南北二區次年結果而剪定之之法也。如下圖所示：甲、丙二羣係前一年結果之羣，至今春乃行全部之剪定，不使結實；反之，乙、丁、二羣前一年不結果實，生有多數種枝，本年不施行剪定，使其充分結實，至收穫後方剪定之。故甲丙二羣與乙丁二羣係隔年剪定者。

（C）將枝梢區別爲結果枝與發育枝使其交互結果之剪定法　此法爲現世常行之改良法，卽一方使生結果枝，同時他方使生發育枝，以構成明年種枝；並使枝數相同，庶得結果平均之方法也。如下圖甲所示，如於一枝之上生有1、2、3、三種枝（發育枝）時，1爲勢力中庸者，2爲過於旺盛者，3爲勢力微弱者，當剪定斯種枝羣時，3枝宜自基部剪去，可不必論，2枝可於基部三四芽處剪去，1枝放任不剪，待1 2兩枝伸長時，1枝之上常能發生如圖乙所示之A、R、C、三枝。A B兩枝能結果實，C枝發育不良，祇能伸長至數寸而止。2枝之上亦能發生D、E、F、三枝，俱爲不能結實之發育枝，祇能供生成翌年之種枝之用。如是至冬季剪定時，如圖丙所

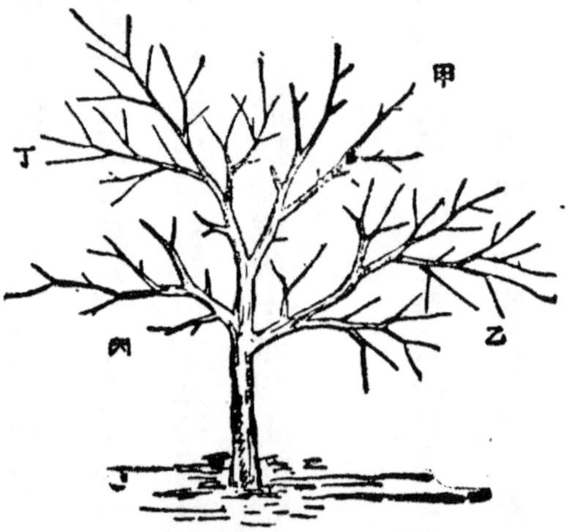

第二十二圖

示，宜將由1枝所生之枝，在G線處剪去，自2枝所出之D、E、兩枝，因生育良好，可直接選爲種枝，惟E枝因失之過長，宜在G線將其先端剪去，F枝因生育不良，則可自基部剪去。其後卽見於DE兩枝之上，發生結果枝，自1枝上G線之部，發生發育枝，卽生翌年之種枝，而成如圖丁所示之狀態矣。如是者每年交互而行，結果必佳。

（D）一枝之上使發生結果枝與發育枝交互結果之剪定法　此法爲最進步之方法，與前者略相似。如下圖甲所示，1假定爲發育枝，本年在二三芽處剪定；無何，芽卽伸長而呈圖乙之狀，如將二者俱放任之，則均能成爲結果枝。通常可將A枝於二三芽處剪去，B枝放任之，使翌年生成結果枝，呈如圖丙所示之狀態，使其結果，而A枝則如前年亦生二發育枝矣。當冬季剪定時，則宜將B枝於基部剪去，自A所出之二枝中，將G

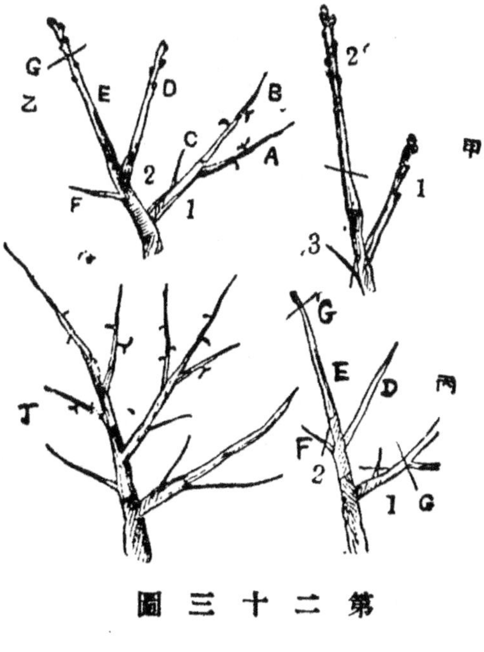

第二十三圖

枝（D枝亦可）於二三芽處剪定，令D殘留爲種枝，而呈如圖丁所呈之狀態。如是則一枝之上，必有兩本發育枝，再行交互剪定之，則數年以後，其枝數既無增減，結果之數亦略能一定矣。

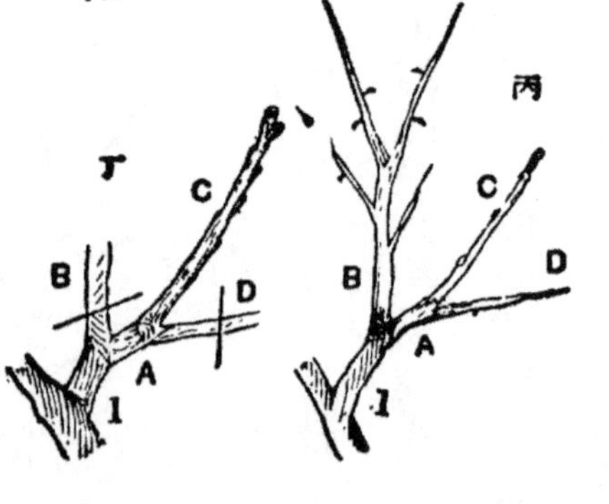

第二十四圖

（五）剪定時期與剪定用具

柿之冬季剪定，自落葉期至發芽期之間，無論何時，均可施行。然在寒冷之地，以秋末、初冬與翌春三四月間行之，最爲相宜。暖地以自二月中下旬至三月中旬之間，卽寒期已去時行之，方得安全。

第二十五圖

剪定用之器具，多施用剪定鋏，如當剪定野生的老木時，因其枝幹之高，不易用手攀執，則可應用右圖所示之攀枝器。此器以鐵製成，下嵌竹柄，攀枝甚便。

第九章　整枝

從來栽培柿樹，向不舉行整枝，多取放任態度，任其自然伸長；此乃由於不行專業的栽培，不圖改良所致。柿爲喬木性之果樹，當自然放任時，則枝梢顯著伸長，常見一本之樹而佔甚大之面積者有之；又因枝梢之伸長自由，縱橫交錯，使相互間不免發生生存競爭，強者愈強，弱者愈弱，終至樹形呈不規則之狀態，下部枝梢，因日光之透射不良，常致次第枯死，樹之先端伸長愈著，終致管理不便，作業困難。尤以剪定之一種作業不克施行完全時，更易致果實形小，品質劣變，結果之力減弱，呈隔年結果之狀態。故從事斯業者，欲免除此等弊害，亟宜講求整枝之法，以調節各條枝梢之發育，希望樹勢之均等，將樹形縮小，使限定於某範圍之中，以便於種種之管理與作業。茲將柿之整枝法，擇現在最通行者，述之如左：

（一）自然形整枝法

此法爲於一本主幹之上，造成樹冠，使近於自然樹形之整枝法也。當樹冠形成之初期四五年間，係以人工分枝作樹冠基本形之枝條，再以人工支配之，迨造成以後，卽委諸天然。惟須時時注意樹冠，使其不致超出其程度以外，故宜剪去徒長枝，間截密枝與枯枝等。此種整枝法，依樹幹分枝處之高低，卽距地之高低，分有長幹、中幹、短幹、三法。普通幹長約五六尺者，卽稱曰長幹法；長約三尺內外者，稱曰中幹法；長約三尺以下，卽於幹之距地一二尺處，使其分枝以形成樹冠者，稱曰短幹法。柹樹本帶有喬木性，當結果實之際，每見枝條下垂，如分枝之點，過近地面，卻有損害果實品質之憂，如分枝之點過高，則管理不便，通常於離地二尺至三尺之範圍內，使之分枝，以形成樹冠，最爲適當。

法將苗木先在一尺內外處剪定，使繼續生長，待經過一年，達適當之長度後，乃舉行分枝。如苗木已強盛發育者，則可於栽植時，在豫定之長度處剪定，使其分枝；惟柹經一度移植，復原不易，故於栽植之際同時分枝，頗覺困難，通常於栽植之同歲，殆不能十分伸長，故以栽植後二年或三年，漸使分枝，方稱得策。

當最初分枝時，自主幹距地面二三尺之處，誘引枝條三四本，使之斜發，略如杯狀，爲第一段之主枝。同時施行主幹摘心，長以距分枝點一尺五寸爲度。翌春主幹及各枝皆發生新枝時，復於主幹上誘引枝條亦三四本，爲第二段之主枝。須將第一段之各枝，適當剪定，使樹液利於循環組織易趨充實。又明年作第三段之主枝，則主幹以一尺五寸至二尺摘心。基本形至此已定，遂停止分枝。乃配置各段之枝條，搆成結果面，嗣後僅行剪定而已。此種整枝，全長以一丈內外爲度，倘伸長過度，則加抑制。又樹齡漸增時，下部枝條，往往枯死，樹冠亦隨之上昇。故剪定之時，須限制上部強枝之發育，删除密生部分，以通日光，使樹勢上下均衡，斯無老衰之患。

第二十六圖　自然形整枝

（二）瓶形整枝法

法將栽植後之苗木，在離地二尺五寸至三

尺處，施以剪定，使幹心於此而止。在第一年，由幹身所生之枝條中，定三枝爲主枝，於夏季伸長中，用竹或繩，依四十五度內外之傾斜而誘引之，至翌春乃在一尺五寸至二尺處，施以剪定，使每本主枝之上，再出主枝二本，合計可得六本之主枝矣。此時再注意各主枝之發育，以保均等，凡自下部所出之側枝，雖可任其伸長，但遇勢力強盛，將駕淩主枝以上時，則宜於夏季中，在基部或七八葉處剪定之。至翌年更將各主枝再如前年施以剪定，使各主枝上又出主枝二本，年年如法剪定，迨三四年後，則可得大體之形狀矣。以後則祗須注意枝條之配置，不使過疏，不令過密，又使樹冠之全體不失瓶形，斯可矣。

第二十七圖　瓶形整枝

（三）圓錐形整枝法

此項整枝所成之樹形，以呈圓錐形，故名。法將苗木在離地三尺處切斷，再在離地二尺處，選定與接木痕同向之葉芽，其上至頂端一尺許之部分所生之芽，悉行摘除，以供誘引主枝之用。至春季自選定之芽萌發新梢，新梢之中，以在上部者一枝，令繼續幹身之生長，用繩縛於摘芽之部，使依垂直之方向伸長；在下部數多之新梢中選擇平均配置於周圍者五本，令其伸長，使與幹身成四十五度之角，向四方平均開張，其他枝條，悉自基部剪去。如各側主枝於同年內已得生長，乃可行冬季剪定，法於枝上一尺至二尺處，選定外側之芽，其上端七八寸之部分之芽，悉行削除，將尖

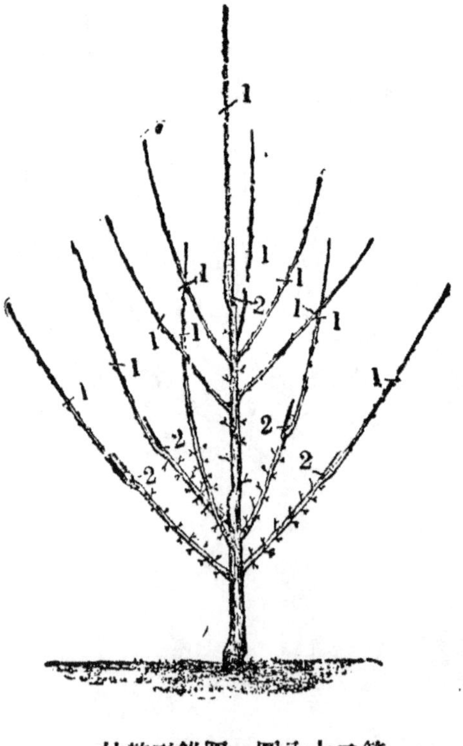

第二十八圖　圓錐形整枝

端剪去，次在中央主枝之一尺五寸至二尺處，與前年之剪定痕同側選定腋芽，上部七八寸處之芽，亦宜削除，尖端亦宜剪去以供誘引主枝之用。至翌年於中央主枝所發生之新梢，亦令一枝垂直伸長，下方五枝，亦以四十五度之角，向四方開張。如是年年按法施行，一年可形成一段，待形成四五段，達一定之高度乃止。惟於冬季剪定時，宜將下段主枝較上段者，依次長剪，又宜將強枝短剪，弱枝長剪，使生長時毫無參差，方稱合法。惟柿對於此項整枝，欲其整然分段，每覺困難，通常祗求側主枝配置均勻，漸漸形成圓錐形，分段不明，亦無妨礙。

第十章　摘果及掛袋

任何果樹，如遇結果過度，往往因養分消耗過多，致樹勢呈顯著衰弱之狀態，如柿樹本有隔年結果之習性者尤須注意於結果之過多，因柿如結果過度，不僅以養分消耗過多，致樹勢衰弱而已，其隔年結果之習性，亦往往現出，苟或不現，則果實之品質，必多不良，操斯業者，如欲設法防止之，則非舉行摘果以限制之不可。

摘果之時期，以六月下旬至七月上旬之間，見果實形如錢大時，施行之，最稱適宜。摘果之多寡，則須依品種、樹勢及結果狀態而斟酌之，通常如果實之形狀較大者，於一果枝上以留存一果或二果爲最合，果實較小者，則不妨殘留稍多。摘果時，宜將生在果枝之上下部者摘去，中央部者殘留。因柿花往往以此部先放，上下部分者後開，依自然之狀態，開花較早者，其果實之發育必較迅速故也。柿之果梗，非常強硬，故當摘果之際，宜用剪刀剪除，徒手攀摘，不唯勞而無功，又有損害果枝之慮。

柿行摘果以後，樹上着果之數，特別減少，此時不得不力圖保存，以免影響收量。況柿因氣候、土質與病蟲害等關係，有容易落果之傾向，講求預防與驅除等法，亦爲勢不容緩之急務。操斯業者，欲求萬全之計，則非掛袋不可。且掛袋一法，尤以預防蟲害，爲最有效用。

掛袋所用之袋，普通多用新聞紙或東洋紙以製成之，製袋之法，先將紙切成長一尺闊六寸，如下圖之形狀，然後依BB點線折疊，使AA邊與CC線相合。塗糊於圖中陰影部處，折疊黏合，卽可製成。袋底二隅，又宜向斜淺剪，以供流出雨水之用。如欲其經久耐用，則宜塗以柿漆或荏油，以免爲雨水所沖破。掛袋之時期，以摘果後卽於六月下旬至七月中旬，蒂蟲第二次發生前行之，最爲適當。掛袋時，袋口必須堅束於果枝之上，結束如不完全，害蟲必自由侵入食害果實，以致勞而無功。結束可用藺草，如袋用東洋紙製成者，則用細針亦可。

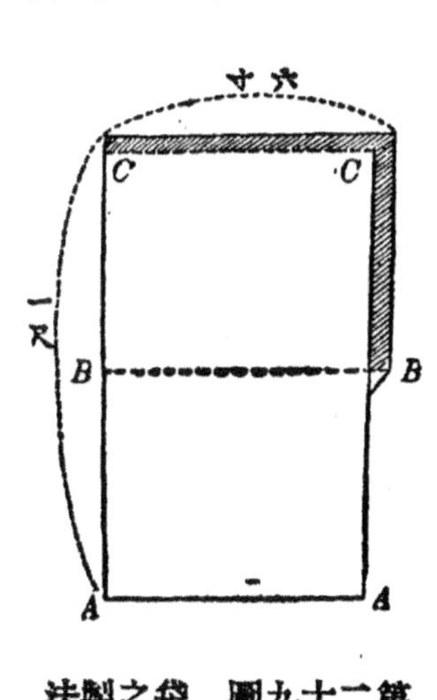

第二十九圖　袋之製法

第十一章 採取及以後之處理

（一）採收

柿之果實，尚未成熟時皆呈綠色；迨成熟之度漸進，則漸漸現出黃色，次第着色濃厚，至呈固有之柿色時，乃爲已告成熟之證。其成熟之時期，雖隨品種之異而有不同，通常以九月中旬至十一月中旬爲最多，八月下旬至九月上旬之間成熟者，乃爲早熟種也。果實成熟以後，皆脫去澀味，增多甘味，如甘柿者，當果實初着色時，多已脫澀，嗣後隨熟度之增進，得增高糖分之含量。

採收之時期，常依品種與用途而不同，以普通而論，凡早熟種宜於八月中旬採收，晚熟種則宜稍遲，待其成熟以後，方可採收。如於成熟以後，仍令着生樹上，不行採收，當時雖無腐爛墜落之憂，然消耗養分，以致妨礙翌年果枝之發育，影響亦大，又採收過早，則甘味較少，品質不良。故操斯業者，當於適期之中，從事採收，不可輕忽。

供採收用之器具，以採收剪爲適用。當採收時，可用此剪在果梗部上剪下；如果實着生高處，非手之所能及者，則宜利用踏臺（圖甲），或利用一種採收鋏（圖丙），或用鐵鉤，嵌在竹竿先端，製成一種攀枝器（圖乙）以採收之。如利用採收鋏採收時，又宜用蔴布製口大二尺內外之袋，袋口嵌以粗硬之鉛絲，將袋口張開，縛於竹桿之上，以便承受果實，使不致落地跌損，消失貯藏性。

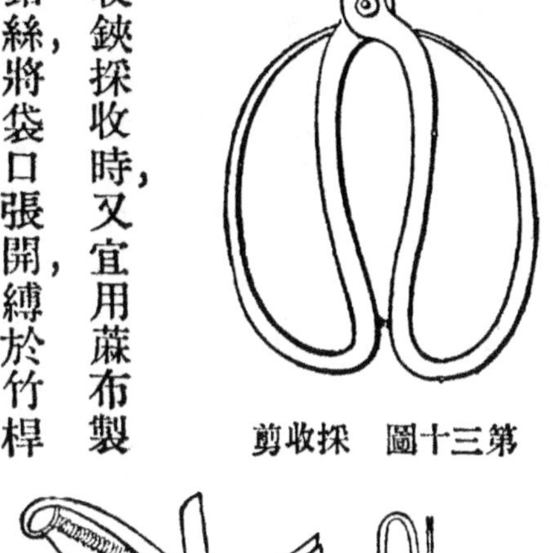

第三十圖　採收剪

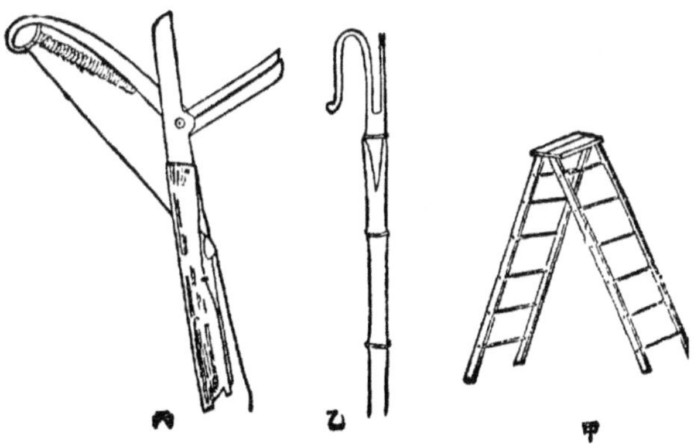

甲　乙　丙

第三十一圖　踏臺攀枝器及採收鋏

採收之時候，亦有一定。要之，凡降雨以後或朝露未乾以前，總以避忌爲妥，因蒂部帶有水分，如於採收後直接貯藏者，常致促進發酵，以致果實腐敗；故採收一事，以天氣晴明朝露已乾時舉行之，最稱適宜，此亦爲操斯業者所不宜輕視者也。

（二）貯藏搬運

柿之果實之貯藏法，至今尚未研究。又柿之性質上，對於貯藏之必要，因較其他果實少，似可不必顧慮，但短期之貯藏，則屬必要。茲將貯藏時應注意之要項，分述於左：

(1)果實須於適當之時期採收，切忌過熟或過生。

(2)採收時，切勿損傷果面，如已受傷之果實，宜隨即揀去。

(3)貯藏之果實，宜在晴天採收。

(4)貯藏果實之處，宜擇冷而且涼，温度少變化之所。

(5)貯藏時，各果實宜平放，切勿堆積一處。

(6)貯藏中途，果實有腐敗者，宜卽取出棄去，以免傳染。

柿之果實貯藏時，通常多利用貯藏室，室以木板爲之，室之四壁，張板二重，板與板之間，宜塡入礱糠入口之戶，亦須以二重之板造成，以期室內之溫度變化較少。室壁之上方與下方，皆宜開窗，流通空氣。室內設棚敷簀，棚上並列果實，每果皆宜用新聞紙密密包裹。列置既畢，乃摘取樹木之青葉，被覆果上。然用此種貯藏，往往有易於乾燥之慮。

最完全之方法，可用木板造成長三尺，闊二尺，深約四寸之箱。箱底用木條造成格子。木箱造成以後，乃於箱內敷入乾草，上置果實。果實之上，覆以青葉。迨一箱放置既畢，再放果實於他箱之內。至諸箱俱放妥後，乃將各箱疊置一處，最後一箱之上，施以木蓋，再將各箱放置木架之上。如是貯藏，似較前法簡而易行。

亦有於箱底不用木格，而全面張以木板者，箱內多放入礱糠或鋸屑，每果用新聞紙密密包裹後，埋入礱糠之中，成績亦佳。

果實貯藏以後，大抵已能充分成熟，如係甘柹，則果實中之澀味，已可完全脫去，甘味充分增加，此時逕可出售於市，或裝入箱內，運送各地。惟柹之果實，達於成熟者，大抵果質柔軟，易於損傷，如輸送遠方，難免意外之損害耳。茲將裝箱之法，分述於左：

送遠方。

爲度。每層之間，又須敷藁，以免互相接觸。果實與果實之間，又須塡充藁草，以免動搖。如是則可輸

（1）用松、杉、等木材，製成木箱。箱之底面，薄敷草藁，每果用新聞紙包裹，竝列箱內，至三四層

（2）用竹片編成橫一尺一寸，長一尺九寸，深一尺之竹籠。籠之底面，敷以藁草，籠之四周，亦

以草藁排列，待果實放入後，乃將露出於籠口以外者之草藁，折入蓋覆，其上再薄薄鋪草一層，然

後用繩紮縛，以供輸送。

（3）如下圖所示，乃附有果枝者之搬

運法也。常以十個內外之果實，併合一處，用

繩緊束，放入上述之籠中，以搬運之，亦稱穩

妥。

第三十二圖　各果結束之狀

（三）脫澀

柿之果實，帶有澀味者，乃因其中含有鞣質而然。如澀柿之澀味較強者，卽以含多量之鞣酸故也。甘柿未熟時，雖亦富含鞣酸，而與澀柿無異；然當成熟之度漸進，則果實之中，能隨之而發生一種氯化酵素。此酵素能漸漸氯化鞣酸，撲滅澀味，迨其成熟以後，所含鞣酸，殆已完全氯化，脫澀變甘。澀柿之中，非不能生與甘柿相同之酵素，乃因柿實之細胞中，原形質尙生活時，酵素不能呈如斯之作用。故雖成熟以後，而澀味依然不滅。因於生活細胞之原形質內，酵素與鞣酸乃異所而居，由原形質之機能，能防止其互相接觸之故。如用人工將澀柿放入酒中或溫湯中浸漬之，使柿實之細胞，失去生活力，原形質卽消滅特異之機能，細胞內之汁液，卽得互相混合，此時酵素與鞣酸，亦得互相接觸之機會，酵素卽逞其作用，而分解鞣酸，消滅澀味。通常欲脫去澀柿之澀味，能化無用而爲有用者，可依此原理以施行之。惟當施用溫湯之際，切忌高溫，實驗上以攝氏四十度內外之溫湯，最爲適當。浸漬時間，以一晝夜爲最普通，此時如欲防止溫湯冷卻，宜用草囊包被容器之四周，或時時加入溫湯，方稱合法。

柿之脫澀法，既如上述。惟現世對於柿之脫澀，學說紛紛，此處所舉者，惟就效力最大、簡而易行者，以備操斯業者之參考而已。

第十二章　病害

柿之病害較少，從來研究者亦甚稀。茲就其主要者，列舉如下：

（一）黑星病

病徵　本病多於五月上旬，葉開展時於葉脈上發病，生黑色小點，次第擴大而成豆狀。被害之部，漆黑有光澤，質脆，周圍呈黃綠色，輪廓不明，一葉之上，少者一個，多者竟達十個以上。嫩葉及幼芽如發生此病時，常致漸漸捲縮，如犯及葉柄與嫩梢，則生紡錘形與長橢圓狀之斑紋，至翌年縱裂，更能發生龜裂，至果梗蒂部等處染着時，常致落果。

病原　本病爲由黑星病菌 (Fusicladium diospiræ) 寄生而起。如縱斷被害之部，放在顯微鏡窺察之，見有許多菌絲，蔓延於內部之組織中，此絲能盛行吸收養分，組織因之被害而變黑，達於某時期中，乃向外方抽出擔子梗，此梗多數本或十數本簇生一處，其頂端各着孢子一枚。孢子呈紡錘形或長橢圓形，其基部即接合於擔子梗之部分，有四角形之突起，頂部稍呈鈍圓形。此孢子每年於五月間發生，漸漸蔓延。

預法防

(1)三月下旬至四月上旬，當新芽未開綻先，用二斗五升至三斗式波爾多液撒佈之。

(2)發芽以後，可用消石灰加用硫黃合劑以撒佈之。

(3)被害之果實與葉等，宜收集燒去。

(4)被害之枝，宜剪去燒毀方妥。

(5)陰濕之地，發病較多，故於栽植之際，宜絕對避去。如已栽植，則宜講求排水之方法。

(二)落葉病

病徵　本病多在六月間發生於葉上。發病時，病葉之上，散佈暗色之小點，此點次第擴大而成不正之形狀，色亦變爲黑褐。病勢較劇者，葉全墜落，甚至果實亦隨之脫落。

病原　本病由落葉病菌(Cereospora kaki)寄生而起。至九月間，在斑點內所發生黑褐色之粒狀物，乃由擔子梗之集合而成。擔子梗之頂端稍尖，各附孢子一枚。孢子呈黃褐色，作絲狀或長棍棒狀，如得到水分，卽有發芽之性。

預防法　與黑星病之預防法相同。

（三）腐敗病

病徵　本病又名黑斑病。發病時，初於幼果表面，接近蒂部處，生二三細小之黑點，次第成圓形，表面略凹。病勢更進，乃成不規則之大斑。內生小黑粒，破裂後，卽有赤色之孢子羣露出，遂飛散各處，果實常因之失去勢力，變爲柔軟，而至腐敗。如新梢發生此病，則生暗黑色之橢圓形斑點，經數日後，增大如豆，中央稍凹，縱生小龜裂，漏出淡紅色之黏液，待病勢增進，於一枝上生數個之病斑時，遂至枯死。葉罹此病，亦常枯損墜落。

病原　本病乃由一種腐敗病菌（Gloeosporium kaki）寄生而起，其孢子呈圓筒形或棍棒形，得水能立卽發芽。

預防法

(1)發芽以前，用二斗五升至三斗式波爾多液撒佈之。

(2)病枝宜悉行剪去燒燬。

(3)苗木購入之際，宜用石灰乳浸漬二十分鐘(浸時須倒置苗木使根部在上不必浸液)後，取出栽植。

(4)採收時，如有病果，宜卽與健果隔離。

（四）紫紋羽病

病徵　本病多因菌絲加害根部，常自根之下部，次第害及上部，多呈赤褐色而腐敗。柿患此病後，葉之伸長遲鈍，葉色減退，勢力衰弱，生育遲緩，遂至枯死。根之周圍，常成厚革狀，至五六月間，生灰白色之粉末，如法蘭絨狀。

病原　本病由紫紋羽病菌(Stypinella mompa, Helicobaselium mompa)寄生而起。病菌初成薄層，次第呈紫褐色而生菌傘。在四月以後至十月間，於氣候温暖之時節中，呈灰白色。在其他之季節，則帶褐色，此卽爲菌絲束上所生之擔子梗，着生孢子故也。擔子梗之上，着生孢子凡四個。孢子之形如卵而稍曲，易於脫離。

預防法

(1)發病之根，悉宜掘取燒燬，雖細根亦須盡量除去。

(2)病勢尙輕者，宜從速掘開根際泥土，撒佈石灰乳劑。

（五）枝枯病

病徵　本病多發生於幼木，被害之部，多變暗褐色，稍稍凹陷，後在與健全部之境界上，縱生龜裂，次第於被害部之中央生裂痕。至此病斑圍繞於枝之周圍時，枝乃枯死。又侵入接近地面之主幹中而枯死者，亦常見之。病斑次第變爲黑色，常侵入木質部中，使木質部亦變黑色，與外皮分離，嫩葉被害時，常發生暗色不正之斑點，葉形變歪。

病原　本病由枝枯病菌（學名未詳）寄生而起，菌絲蔓延於組織之中，子殼生於表皮下，呈球形或扁圓形。頂端開口，破表皮而露出於表面。子殼之中充滿分生孢子。孢子成熟時，由口孔噴出，呈紡錘形或卵圓形。

預防法

(1)自秋季至五月發芽前，用石灰乳洗滌數次以預防之。

(2)發芽之先，撒佈波爾多液。

(3)切除被害之部，用火燒去。切痕塗以煤黑油。

（六）落果病

病徵　本病多於果實將成熟時發生。發病時，果實常自蒂脫離落下，有時極似因受蟲害所致，然仔細檢之却無蟲害之痕跡，內部常變褐色，帶腐敗之徵象。溫度較高時，發生白毛，外果皮先呈黑斑，繼則次第陷入，終至全果腐敗，放不快之臭氣。果實在貯藏中，亦能發生此病。

病原　本病為一種落果病菌（Botrytis diospyri）寄生而起，菌絲無色，有隔膜，常在果實之組織內，縱橫分歧，而漸漸蔓延。擔子梗白色直立，呈叉狀，其先端着生白色廣橢圓形之孢子。

預防法

（1）果實如錢幣大時，每隔二星期，用二斗五升式波爾多液撒佈以預防之。

（2）如撒佈波爾多液以後，果實尚時有落下，此際宜將落下之果實，悉行收集之而深埋於地中。

（3）本病病原菌之孢子，多自萼部侵入，栽培者宜時時加以注意，如萼部全無傷痕，則不致被害。

（七）紅斑病

病徵　本病多發生於柿之葉上，病葉之表裏生淡赤褐色之斑點，病勢漸進，則漸次擴大葉遂脫落。

病原　本病爲由紅斑病菌（學名未詳）寄生而起，如將病斑部縱斷，用顯微鏡檢之，則見如圖所示，有自三枚橢圓赤褐細胞所成之孢子存在，先端具毛二本。

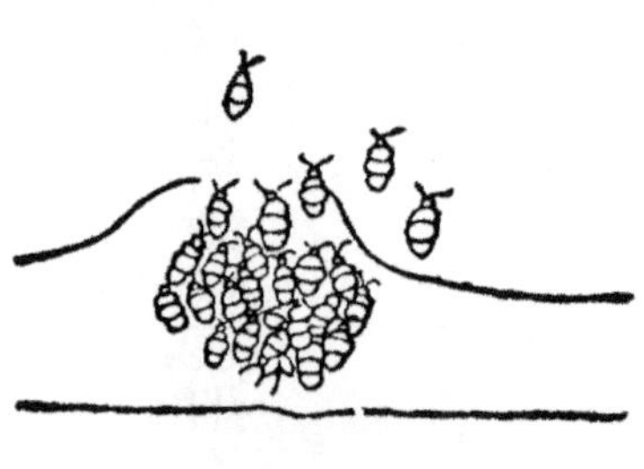

第三十三圖　紅斑病菌之孢子

預防法　與黑星病相同。

第十三章　蟲害

柿之害蟲，最著者，約有四種，分述如下：

（一）蒂蟲(Kakivoria flavofasciata)

形態　此蟲之成蟲，其色彩與斑紋，雌雄相同。頭部與口吻，俱呈黃褐色，顎鬚甚長，亦呈黃褐。觸角作剛毛狀，亦黃褐，長與前翅同，密生纖毛，雄之纖毛較雌稍長。眼黑色，胸部暗褐或黑褐，背面之後方，有黃褐之橢圓紋，後脚之脛節上，簇生黑褐色之長毛。腹部之背面，呈暗灰色，各節後端，有淡黃褐色之橫條，末節叢生黃褐毛。腹面灰白色。前後翅俱狹長，翅端尖，有光澤，外緣列生二重暗褐色之長緣毛。前翅上近於翅端處，自前緣至外緣，有一黃褐條。翅之裏面與表面相等，惟前翅缺黃褐條，常散布黃褐鱗。雄者體長一分六釐內外，雌者二分一二釐，翅之開張，雄者四分三釐至四分八釐，雌者五分至五分五釐。

卵形橢圓，色白，稍帶淡紅，罕有全體俱呈白色者。幼蟲之頭部呈褐色，散生白毛，單眼淡褐色，大顋之緣邊黑褐，胴部呈較暗之紫褐色，腹面色淡，各節有橫皺，有許多黑色小顆粒，上生白毛。尾脚之側部，有暗灰色之斑紋，充分成長時，長達三分一二釐。

繭作長橢圓形，厚被絹絲，內面白色，外面暗褐色或赭褐色，長約二分五釐。蛹作褐色橢圓形，頭部稍突出，長約二分二釐內外。

生活史　此蟲每年發生二回。在繭內越冬之幼蟲，多於五月上中旬化蛹，自五月下旬至六月上旬羽化而爲成蟲。羽化以後，即交尾產卵，至六月中下旬，卵即孵化而爲幼蟲，直接蠹入柿之幼果中。至七月上中旬，幼蟲充分成長時，乃於蒂部作繭化蛹，蛹期爲十日餘，更於七月中旬至九月中旬

第三十四圖　蒂蟲

一　二三　四五六七八

果梗之基部附有蟲卵之狀
成熟之幼蟲
被害之果實
種子之一部（被害）
蒂內部有繭
樹上附繭
蛹
蛾
蛾靜止之狀

間，羽化而成第二回之蛾，再交尾產卵，卵再孵化而爲幼蟲，至十月上中旬，充分成長時，乃離果實作繭而越冬。

蛾於日中多靜止於葉之裏面，動作不活潑，捕捉甚易，夜間飛出交尾，蛾有趨光性，夜見燈光則飛集。幼蟲孵化後，卽蠹入幼果之中，多在蒂或果梗部蝕入，孔口常有蟲糞排出，故易識別。被害之果實，漸次變爲灰褐色，終至離蒂而脫落，幼蟲每於落果以前，移入他果，故於落果之內，常無幼蟲可見。每條幼蟲所侵害之果實，常自四個至六個之多，待充分成長後，多在殘留於枝上之蒂內，造繭化蛹。成蟲產卵場所，多在接近果梗之部，或接近果梗之蒂部。此蟲有喜食果實硬部之特性，故每至被害果稍變黃色，或果肉柔軟時，則多嚙食種子。第二回之幼蟲十分成長後，乃去果而營繭於樹皮之罅隙或其他之被覆物中，繭之外面因多與周圍相適應，故檢出不易。

預防驅除法

(1)收集樹上殘留之蒂，及樹皮之罅隙間之繭，用火燒去。

(2)尙未墮落之被害果實，宜卽摘除，燒棄或埋沒之。

(3)自五月中旬至六月上旬及七月中旬至八月上旬之間，捕集靜止葉下之成蟲殺死之，或於夜間用誘蛾燈以殺滅之。

(4)果實宜早行掛袋。

(二)角蠟蟲(Ceroplastes floridensis)

形態　此蟲爲侵害枝幹特著之害蟲，雌蟲與雄蟲之體上，俱被有白色之蠟質物，呈扁平橢圓形。幼蟲初發生時，作細小之不正圓形，背面有甚大之角狀突起，其周緣又有八個小突起，漸漸成長，則現瘤狀，外觀呈鈍六角形，又於小突起之基部，各生一個微細之黑點，隨背面突起之發育而漸漸消失。白色之蠟質物，常帶微紅，長約三分，闊約七八釐。蟲體作

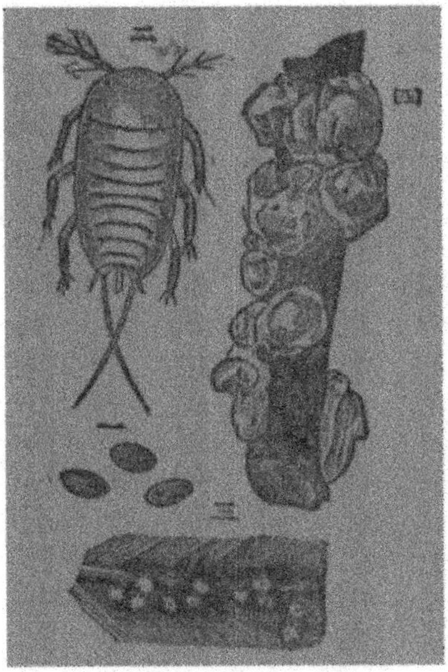

第三十五圖　角蠟蟲

一　卵　二　幼蟲　三　雄繭　四　被害之枝

橢圓形，尾端有黑褐色角狀之突起，長約一分七釐，闊約一分內外。

雄蟲有翅，體呈赤褐色，觸角與脚作淡褐色。觸角由十節構成，各節生許多之長毛。翅廣而短，稍帶黃色。腹部圓錐形，尾端有二個肉質突起，其中央有甚大之交接器。體長一·三粍，張翅約二粍，雌蟲較雄蟲小，一見甚易識別。

生活史　此蟲每年發生一次，幼蟲多於七月下旬至九月上旬之間現出，雌蟲發生後，常固着於枝上而越冬，至翌年六月中旬，產生多數之卵。幼蟲之雌者，多固着於枝幹，雄者多固着於葉面，至九十月之交羽化，雄蟲與雌蟲營交接後卽死。

驅除法

(1)當夏季中幼蟲孵化後，宜用石灰硫黃合劑或石油乳劑與松脂合劑等撒佈之。

(2)冬季舉行特酸氣燻蒸法殺滅之。

（三）刺蟲(Monema flavescens)

形態　成蟲爲體長五分，張翅一寸一二分，全體呈黃赤色之蛾。頭部鮮黃，腹部呈淡黃褐色，胸背密生黃褐之長毛，前翅作黃赤褐色，有二條之橫線，近於外緣處，散佈許多黑褐小點，後翅帶黃色，近於外緣處，有帶淡褐之黃線。幼蟲老熟時，長約七八分，全體肥滿，各節之體側，有肉狀突起物，突起物上生有黑色之小刺，全體黃綠色，背線紫褐色或稍帶青藍色，後部之兩側，有長形之斑紋二枚，其色青藍，其他又有短圓形斑紋一個與尾節上黑褐色之小斑紋八個。脚小，不能爲用。腹脚尾脚皆缺，如頭部小，色灰黃，其兩側呈黑色。繭似小鳥之卵，具貝殼質，呈橢圓形，黑褐帶灰色，有稍屈曲之黑色縱線三四條，長約五分餘。蛹形肥大，呈淡黃綠褐色，體長約四五分。

生活史　此蟲每年發生一回，幼蟲能越冬，至五月間化蛹，最早於六月中旬，遲則至八月間，化爲成蟲。雌蟲常於葉裏產卵二百粒內外。卵於一星期前後孵化而成幼蟲。幼蟲最早至七月下旬至

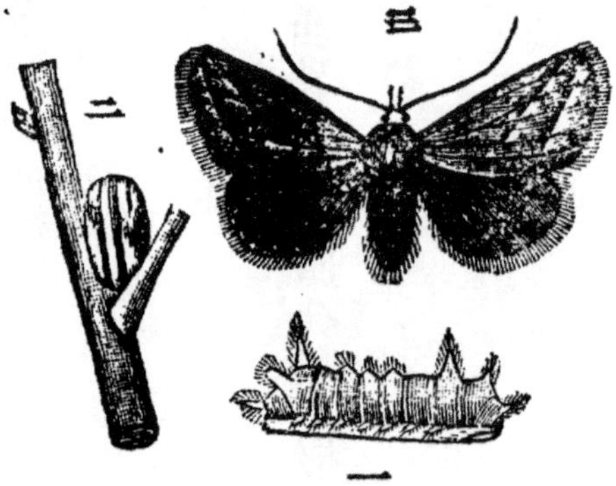

第三十六圖　刺蟲

一　幼蟲　二　蛹　三　成蟲

八月上旬時，老熟營繭，最遲在九十月間老熟，故一年之中，極似發生二回。幼蟲常靜止於葉裏而食葉。幼蟲體上之刺，人如誤觸之，則覺疼痛而生腫瘤。

預防驅除法

(1)於冬季落葉期中，將附着於枝上之繭，採集殺死。

(2)如幼蟲發生甚多時，可撒佈石油乳劑二十倍液。

(3)於七月間採收卵塊而殺滅之。

(4)撒佈毒劑亦有效。

（四）赤楊蛅蟖(Lymantria dispar)

形態　成蟲爲蛾，雌者全體呈灰黃白色，前翅灰白，中央有縱波狀之黑斑，翅底有一黑點，外緣有黑點八枚，後翅灰色，與前翅略相似，雄者形較小，全體黑褐，斑紋鮮明。雌者體長一寸，張翅約二寸四分，雄者體長八分，張翅約一寸八分內外。卵大如粟，常多數集合而呈不正之塊狀。外面常被黑褐色毛，多附着於枝幹與葉上等處。幼蟲充分成長時，長達一寸五分至二寸，作黃褐色，背線及亞背線黑色，兩側鮮藍色，以下有紅紋。蛹常化於粗繭之中，黑褐色。繭常營於根際雜草間。

生活史　此種害蟲，每年發生一回。卵於四月上旬孵化，幼蟲漸次成長，至六月中下旬，老熟化蛹，至七月上中旬乃羽毛而爲成蟲。幼蟲之性頑強，對於各種藥劑之抵抗力甚強，發生亦甚易而強盛。故常有經一二日間，而一樹不見綠葉者。幼蟲能引絲隨風飄垂，是其特點。

預防驅除法

(1)冬季收集卵塊，用火燒死。

(2)乘幼蟲初孵化時，卽行撒佈毒劑。

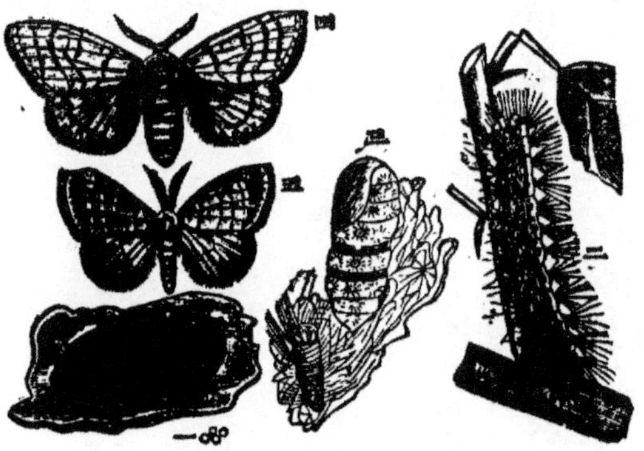

第三十七圖　赤楊蛅蟖

一　卵塊　二　幼蟲　三　蛹　四　成蟲(雌)　五　成蟲(雄)

（3）保護寄生蜂與肉食昆蟲等，以利用天然驅除法。亦屬有效。

（4）至六月中下旬，收集蟲繭，用火燒去。

王雲五主編

萬有文庫

第一集一千種

種柿法

許祖植著

發行兼印刷者 上海寶山路 商務印書館

發行所 上海及各埠 商務印書館

中華民國十九年十月初版

The Complete Library
Edited by
Y. W. WONG

METHODS FOR PERSIMMON PLANTING

By
HSÜ TSU CHIH

THE COMMERCIAL PRESS, LTD.
Shanghai, China
1930

B五二三分

種蘋果法

王太乙　著

商務印書館
民國十九年

種蘋果法

王太乙著

農學小叢書

種蘋果法

目錄

種蘋果法

第一章　概論

第一節　蘋果分佈栽培之概況

蘋果爲重要之果樹，世界各國，栽培甚廣。其果實之豐豔，風味之佳良，以及供給時期之長久；頗有卓越其他果品之概。西諺云「日啖蘋果，醫師裹足；」其有益衞生而堪珍視也如此。兹將世界各國蘋果分佈之概況，略述如次：

亞洲

中國　黃河流域各省、長江流域一帶、以及新疆、綏遠、察哈爾、熱河、奉天、吉林、等省。

日本　青森、北海道、長野、秋田、等處。

朝鮮　南部。

阿富汗　白沙瓦（Peshawar）附近。

小亞細亞　特勒比遜德（Trebizond）附近。

土耳其　斯庫台里（Scutari）及布魯撒（Brusa）附近。

歐洲

英國　普里穆斯（Plymouth）至北明翰（Birmingham）之間。

法國　西北海岸一帶聖巴利生（St. Brienz）至底培（Dieppe）之間。

比利時　西部海岸一帶，即布魯塞爾(Brussels)根脫(Ghent)及俄斯坦德(Ostend)附近。

和蘭　鹿特丹（Rotterdam）以西海岸一帶。

德國　國境西邊；即自科林（Kolin）以迄瑞士邊境；以及布勒門（Bremen）來比錫（Leipzig）以西一帶。

奧國　格拉齊（Gratz）一帶。

捷克斯拉夫　布拉格（Prague）迄布侖（Brünn）之間。

波斯尼亞（Bosinia）　保加利亞（Bulgaria）　羅馬尼亞（Roumania）　多瑙河（Danube river）流域。

蘇俄　自彼得格勒（Petrograd）至科多拉斯（Kotolas）之間。克里米亞半島（Crimea penisula）全部。以及喀爾巴阡山脈（Carpathian Mountains）東北。即東加里西亞（Eastern Galicia）及俄領基輔（Kiev）之間。

西班牙　北部畢爾巴鄂（Bilbao）附近。

斐洲

南洛諦西亞（Southern Rhodesia）及好望角殖民地（Cape Colony）。

海洋洲

塔斯馬尼亞島（Tasmania Island）及新西蘭島（New Zeland）。

美洲

美國　除德古士（Texas）新墨西哥（New Mexico），及佛羅里達（Florida），南部諸省而外幾無不生產。而紐約（New York），華盛頓（Washington），賓夕爾法尼亞，（Pennsylvania）維基尼阿（Virginia），密執安（Michigan）加利福尼亞（California），俄亥俄（Ohio）密蘇里（Missouri），西維基尼阿（West Virginia），伊利諾斯（Illinois），俄勒岡（Oregon），緬因（Maine），諸省栽培尤甚。

加拿大　諾法斯科細亞（Nova Scotia），愛德華皇子島（Prince Edward Island），新不倫瑞克（New Brunswick）魁北克（Quebec），上加拿大（Ontario）及英屬哥倫比亞（British Columbia）。

墨西哥　中部一帶，即爪那寂阿多（Guanajuato）及墨西哥附近。

智利　一部分地方。

中央亞美利加　危地馬拉（Guatemala）地方。

蘋果分佈區域之廣，既如上述。自氣候之環境言，大抵夏季七八月之平均溫度，在攝氏二十六度以下之處；即爲蘋果栽培最盛之區。如美國東部諸省，以及加拿大東南部，歐洲北部等處，均爲蘋果分佈最盛之所。試以地理學之眼光觀之，似與條頓及盎格魯撒克遜民族之分佈，如出一轍也者。歐美諸國，果實之種類既繁，栽培之數量亦巨；而蘋果需要之份量，依然極大。平常食桌上，幾每餐必具蘋果；生食而外，烹調之使用甚廣，加工之製造亦盛。夫國運之文明，雖未必全視國民果品需要之分量；而口之於味，固有同嗜，求良品以饜口腹，實人類生活上自然之進步。此優良品種之育成，以及栽培方法之改進，所以隨世運而俱昇也。

自蘋果栽培之現況觀之；歐洲方面，雖栽培之歷史甚古，而最近之發展甚少。一般栽培，概採盤枝方式。其主要之用途，供日常之烹調，果酒之製造，以及果醬之加工。其栽培方針，概偏重於生產之份量，似較品質一層尤爲重視。

北美合衆國，及英屬加拿大；蘋果栽培之業最盛，生產之額亦最多。由是而輸出至歐洲，南美諸國，及亞洲東部者；歲頗不貲。因事業之開展，經濟之發達，而栽培之方法，益爲進步；販賣之組織，亦愈爲完備。而北部如加利福尼亞省一帶，與其他果樹之栽培，及加工事業；同馳並進；遂成世界果樹栽培之中心，握全球果品生產之牛耳焉。

次於北美，最堪注意者，爲海洋洲；其栽培之方法，步武北美，因氣候乾燥，故產品甚佳；倫敦市上，供給極夥；雖果形稍小，而色香並優，較諸北美西部所產，大有青出於藍之譽。惟以距離市場過遠，運輸頗需時日，從而栽培之面積未廣；生產之分量不多。惟該處生產之蘋果，與北半球蘋果之收穫時期，適值相反；故生產販賣，各專其利；前途發展，綽有餘裕；將來或堪爲北美蘋果商業前途之勁敵也。

世界各國蘋果生產之數量，苦無精密之統計；姑僅就美國方面計之，其產量之多，價值之鉅；已足驚人。示之如次；

年份	生產額 英斗(bushel) 約四四——五〇磅	每英斗之價值 美金
一九二一年	九九·〇〇二〇〇〇	一·三〇八

一九二二年	二〇二・七〇二・〇〇〇	一・八三五
一九二三年	二〇二・八四二・〇〇〇	一・三一五
一九二四年	一七一・七二五・〇〇〇	一・二一三
一九二五年	一七二・三八九・〇〇〇	一・四四九
一九二六年	二四六・五二四・〇〇〇	一・四六三
一九二七年	一二三・四五五・〇〇〇	一・九七〇

附注　表中所列價格，爲農夫躉批之售價，至消費者之購買價格，當然不止此數。每一英斗，爲三十二夸脫(quart)，合二一五〇・四三立方英寸。

據右列之統計，就一九二六年度計之，合美金三萬六千萬元以上；其有裨於國家經濟者，固何如乎？就美國蘋果栽植之樹數言之，一九二〇年度之統計，達結果齡者，爲一一五、三〇九、一六五株；未達結果齡者，爲三六、一九五、〇八五株。一九二五年度，達結果齡樹數爲一〇三、六九七、一八〇株；未達結果齡者爲三四、二九九、三四八株；此美國蘋果栽培生產之大較也。更就世界各國蘋果貿易之概况，及其輸出輸入之大要；據一九二六年之統計，示之如次。

主要輸出國

美國	五·三九·〇〇〇〇（英斗）	比利時	三六六·〇〇〇〇（英斗）
加拿大	一·一九三·〇〇〇	新西蘭	一〇·〇〇〇
法國	七〇五·〇〇〇	義大利	六二五·〇〇〇
和蘭	一九四·〇〇〇	海洋洲	九〇一·〇〇〇

主要輸入國

英國除愛爾蘭	六·一一三·〇〇〇（英斗）	愛爾蘭	一七五·〇〇〇（英斗）
德國	二·七七四·〇〇〇	埃及	一一九·〇〇〇

瑞典	二〇一·〇〇〇	腦威	六三·〇〇〇
丹麥	二〇七·〇〇〇		

更就亞東方面觀之；日本自輸入歐美蘋果，試驗推廣以來，不過五六十年；以政府之積極提倡，人民之熱心種植；遂致栽培面積，蒸蒸日上；生產價格亦有不容漠視之勢。茲示其最近之統計如次。

（收量一貫合一百兩，卽六斤四兩。）

年份	樹數	收量	價格日金（每圓約合華銀一元）
一九二〇年	三·三六五·三六六本	七·七一〇·九九〇貫	四·八六三·一五一圓
一九二一年	三·一六八·〇八七	七·二五七·八五九	四·四五七·八七四
一九二二年	三·〇四八·〇一一	一七·二七九·〇七七	六·五五七·六四八
一九二三年	三·一四〇·六〇六	八·〇〇一·一八二	五·六二一·〇七五
一九二四年	二·八一四·〇〇七	一〇·六二七·八六六	六·三七三·二二三

我國蘋果栽培之面積，生產之分量，均無明確之統計。雖適宜種植之風土，面積綦廣；而國人厚生利用，未能充分注意；舊有品種，亦復放任淆雜，產品不良。年來由海外輸入者，與歲遞增；據上海扶輪社之報告：一九一三年，由美國輸入上海之蘋果，不過五千一百三十九擔，合關銀二萬二千零七十一兩。一九二〇年，增至五千九百四十擔，値關銀六萬三千三百八十四兩。一九二七年，更增至一萬三千三百六十二擔，計關銀十五萬四百八十五兩。十四年間數量之增加，約二倍半；而經濟價値之增加，驟至七倍；此僅就上海一埠而言，此外南北諸埠，均不在內。涓涓不塞，漏卮堪虞。夫臨淵羨魚，不如退而結網；國人有注意民生而提倡殖產者乎？謹拭目以俟之。

第二節　蘋果之原產及其栽培之歷史

蘋果栽培之歷史甚古；歐洲中部，湖棲民族之遺跡中，曾發見野生蘋果；則其栽培之起源，至少當在湖棲時代也。西曆紀元初，博物學者普林尼（Pliny）氏，曾將蘋果分爲二十二種；羅馬人利用人工，熱行接木法而繁殖栽培；此殆歐洲蘋果栽培歷史記載之嚆矢也。

蘋果原產之地點；據植物學家竇康杜爾（A. de Candolle）氏之研究；謂在高加索南部波斯濱海地方之吉侖（Ghilan）省，與俄濱黑海之特勒比遵德（Trebizond）爲高一萬八千尺之高峯）之間。此等地域，在北緯三十七度至四十二度之間。有史記載以前，人類已將野生種及栽培種，繁殖推廣。除極北之地而外；東自裏海沿岸，西至大西洋沿岸，莫不分佈。氏又謂印度西北部之山中。亦有野生蘋果之分佈但西伯利亞、蒙古、及日本、則未之見耳。

據馬雷脫（Marlett）氏及其他植物學家之意見；謂中國北部所產者，係似林檎而非蘋果。當歐美蘋果未曾輸入中國以前，中國蘋果之有無，似屬疑問。揆諸實際，馬氏之說，未必盡當。我國西北所產，林檎而外，亦有蘋果；且此種蘋果，與歐美普通所產，果實之性狀微殊。但此種蘋果，是否爲我國原產，及究係何時輸入？則書缺有間，文獻難徵。蓋我國西北，近邇小亞細亞，自昔交通頻繁。輸入栽培，實始該處。本草綱目、以蘋果爲柰，謂「樹實皆似林檎而大」；又謂「柰梵言謂之頻婆」則蘋果二字，當指頻婆果實而言；既由梵音之轉，當隨佛學而輸入。史載魏明帝（二二七——二三九）時，諸王朝京，賜東城柰一區。陳思王謝曰、柰以夏熟，今則冬生，物非時爲珍，恩以頒爲厚。詔曰，此柰從涼州來。羣芳譜載「柰一名頻婆。與林檎一類而二種，江南雖有，西土最豐。……」綜以上各書之記載，則我國原有蘋果之栽培，確自西北輸入，可無疑義。大抵隨佛學而東漸，揆其年事，至遲當在魏明帝時。決非輓近始由歐美輸入，自可斷言矣。（煙臺等處近來由美國教士輸入推廣之蘋果，與我國原有栽培者品種不同，通常稱之謂洋蘋果，以示與中國原有之品種區別。）

至林檎原產之地點，據美國貝力（L. H. Bailey）氏之說，謂在亞洲北部西伯利亞及滿州之間，而喜馬拉亞山境內，亦有此種植物之分佈云。

美國蘋果栽培之歷史，傳說不一。或謂當英人移民維基尼阿之時，即已輸入；或謂由和蘭人移入紐約；綜其栽培之歷史至多亦僅三百餘年。而經濟栽培之起源，則在一八〇六年。由是而推廣密西西比（Mississippi）以西，及南部伊利諾斯等處；至西部諸省之積極推廣，專業栽培，已在一八九〇年左右矣。

日本蘋果栽培之歷史，年事甚暫。其最初由美國輸入，在文久年；其大宗輸入而着手推廣，在明治四年，（一八七一）未能成功。更於明治八年，（一八七五）在北海道設立開拓使，輸入種苗，試驗推廣。而民間之着手營利栽培，不過五十年左右而已。

第二章　形態及生理

吾人當栽培果樹之前，必須了解各部之形態；及其生理之作用。更稽外界諸作用，與(果樹)營養生殖之關係；然後藉人定之力佐造化之工；施用栽培上種種之技術，俾圖果實生產之優良，而達吾人栽培之目的；此所以果樹形態生理之智識，爲栽培方法之基礎也。惟是形態構造、及生理作用；異常繁複，詳細討論；勢所不能。僅就栽培上必要之部分，略施說明，以示梗概。

營養、與生殖，爲生物之二大機能；生物體之各種器官，不外司二種機能之進行而已。蘋果在生物界中，屬最高等植物之顯花部。其施行營養機能之器官，爲根、莖、(枝幹)葉；施行生殖機能之器官爲花。根自地中攝取水分，及溶解於水中之無機鹽分；以供給於上部。葉則吸取空中之炭酸，與根部所攝取之水分；同化而成炭水化物。莖、(枝幹)則介二者之中間，司無機養液、及有機養液、之運行。此三種器官，完成一種組織；所謂營養系者是也。果樹在適當營養機能之下，旣進行其營養、成長、之作用；更於適當營養狀態之際，（氣質之供給適當炭水化物與氣質之比例，比較的多量時。）着生花器營生殖之機能，而結果實以完成其機能；斯固生理上造化自然的妙緒也。

第一節　根

根之垂直向下，入地中深處者；謂之主根。由主根側面分岐而生長者，謂之側根。側根一再分岐，由第一側根，而分第二側根；更由第二側根分歧而爲第三側根；如是遞次分歧，而成根羣。側根向地之性，不若主根之強；每與垂直線成相當角度之方向，而伸長地下。其二次三次分歧者，向地之性益減；沿地表而分佈，隨環境而發展。土壤表層之養分最豐，故側根之蔓延亦最廣；遞下而蔓延之度漸減。故自根羣之全體狀態觀之，略成一倒圓錐形。根羣在土壤中伸長之深度，因土壤下層之性質而不同；凡表土淺而地下水高之處，分佈之度亦淺；表土深而地下水低之處，分佈之度恆深。

根之先端具有根帽，所以保護生長點，而便根在土中之伸長也。根帽常隨內部之伸長而脫落；以營其新陳代謝之作用。稍上爲平滑部，即細胞盛行分裂之部；而司根之伸長者也。平滑部之上，其多數之細毛；謂之根毛。司養分之溶解，及水溶液之吸收；實卽養分吸收之器官也。根毛之壽命甚短，隨生長之度而自然脫落；更於接近先端之部分，着生新根毛。

根之作用凡二；一爲固定土地，支持植物；二爲吸收水分養分。根羣在上中分佈之面積廣，則土壤接着之面積亦廣；而其固定力與吸收力亦隨之而大。是以根部作用之能力，視根羣發達之程度爲比例；而根羣發達之程度，又隨環境而影響。如土壤之性質，水分、養分、供給之情形；爲根羣發達關係最深之三要素。以土壤言之；土壤堅緻者，根部伸長時抵抗之力亦大；從而根之分歧伸長，較爲困難。反之、如土壤膨軟，則抵抗力少，根羣自易蔓延伸長；此就理學的性質方面言之也。更就生理的方面言之；土壤中含有空氣之多寡，與根之伸長，及其他生理之作用；關係亦巨。土壤膨軟，則空氣之含量多，而氦氣之供給，自然充分；根部得暢行呼吸之作用，而發育良好。反之，如土壤過於堅密，則氦氣供給，不克充分；根之作用自欠活潑。此土壤膨軟與否，與根部發育關係之大概也。但土壤過於膨軟，則空氣之流通雖佳，而水分養分之供給，不無限制；故膨軟過度，亦不適當。次就水分言之；土壤中水分含有之狀態，與根部之生長關係特巨、根具向水之特性，恆向水分存在之部分，蔓延伸長；是以水分潤澤之處，根之發育亦最盛。但此所謂潤澤者，亦自有其度；如溼潤過度，則生育機能，爲之緩慢，甚者竟至完全停止。故根部在土壤中分佈之範圍，往往以地下水面爲限。因水分過多，則氱氣缺乏，根部不能進行呼吸作用，從而生活之機能，爲之阻礙也。更就養分言之；根有趨向養分存在處伸長之特性；是以肥沃之土壤，養分豐富，則根之生長分歧亦最盛，而形成富於細根之根羣。地味磽瘠，養分缺乏之土壤，根部爲趨求養分而蔓延開展；其伸長之距離，概較前者爲廣。但細根之分歧少，根羣全體之發育量，因遠遜前者。卽肥沃之土壤，根部蔓延之區域雖狹，而實質之分量，反爲較多也。雖然、養分適當豐富，固適根部之發育；而濃度過厚，則又有妨根部之吸收。蓋根部所能攝取之養分，以千分之五以下之濃度爲限；（卽水千分中所含之養分，僅在五以下也。）逾此濃度，則根毛卽不能吸收。故肥料之施用，一時過多；則土壤中養分之濃度驟增，反之影響於根部之生育也。

據上所述；根之發育，以土壤膨軟，水分適度，養分豐富之際；最爲良好。故土壤之適於根部發育者，首推壤土。砂土、則性質膨軟，而養分水分易於缺乏。粘土、則水分雖富，而性質堅緻，空氣之流通不良。更就人工之耕鋤言之，深耕易耨之土壤，性質膨軟，所含養分，以風化分解而攝取便利；根之發育，自較良好。疎於治地者，反之。此外、根之分歧狀况，因土壤表層、下層、而不同；表層方面，水分之供給雖少而養分豐富，空氣之流通佳良。下層方面接近地下水層；雖水分較多，而養分之供給不豐，空氣之流通不良；故分佈不盛。更就二者之作用言之；土壤表層，養分多而水分少；故根部之分佈該部者，所攝取之養分，較爲濃厚。土壤下層，水分多而養分少；故根羣之分佈該部者，所攝取之養分，較爲稀薄。養分之供給較多，則樹液濃厚，而發育健碩。水分之供給豐富，則樹液稀薄，而枝葉徒茂。是以爲防止樹勢之過旺計，往往斷傷深根，以減發育之勢力，而免生長之過度也。

根部發育與環境之關係，既如前述；環境適當，則根之發育良好，吸收力強；植物體內養分、水分、供給之量多；而生長之勢力旺。但吾人栽培蘋果，目的在生產果實，而非望樹幹之成長；樹勢盛者，產果未必豐。故單就果樹發育方面之良好，幷非栽培者希望之目的；斯因栽培上所必須注意者也。

第二節　幹枝芽

幹、爲植物體之中軸，由此抽伸枝條，着葉生長，開花結果；實植物全體之骨骼也。幹之着生方向，與根正相反對，由地面向上垂直生長；園藝學上謂之中央主枝；或稱主幹。側面分歧，而爲側主枝；更分歧而爲側枝；交柯相集，形成樹冠。

枝梢上着生葉之部位，恆稍形隆起，是爲節；節與節之間，謂之節間。節部隆起之程度，及節間距離之長短，因蘋果品種之特性而不一。故於品種鑑識之際；枝梢形態，甚爲重要。蘋果枝梢上葉所着生之順序，爲互生，五列式。卽第六葉之位置，與第一葉之位置，在一植線上；與中間數芽，交互排列，成二個螺旋形之周轉。卽各葉相互間之角度，成一百四十四度者也。

蘋果之枝梢，自其生長之狀態觀之，可大別爲二類：甲爲發育枝、卽僅發育枝葉，而未着生結實器官者也，乙爲結果枝、卽枝梢之開花結實者也。發育枝中有發育過旺，節間特長，組織不充，水液甚豐之枝梢，謂之徒長枝。結果枝因性質狀態之不同，可別爲長果枝、及短果枝、二種。蘋果結實之枝梢，主爲短果枝；但因品種之特性，亦有易於着生長果枝者。

芽爲尙未伸長之枝稍；其生長點由小葉保護被覆，而呈潛伏休止之狀態者也。芽之種類不一；自其位置言之，有定芽、不定芽、之別；定芽者、着生於一定之部位，或於枝梢之頂端；或於枝梢之葉腋。

不定芽者、不着生於一定之位置，由環境之刺激而突然發生。普通多着生於樹幹之下部，或枝幹分歧之處；大抵由於脩剪之過劇；或樹勢之過旺；或上部之衰弱而發生。此種不定芽所伸長之枝稍：發育過旺，而組織不充；故以徒長枝爲多。定芽之位於枝梢頂端者，謂之頂芽。其着生於葉脈間者，謂之腋芽，或稱側芽。側芽雖有當年內發育而伸長副梢者，但係極少數；普通概於翌春，生長新梢。亦有位

TF 頂部花芽
AF 腋部花芽
AL 腋部葉芽
T. 頂芽
A. 腋芽
F. 花芽
L. 葉芽

於基部勢力微弱，無生長之機會，而呈潛伏之狀態者；謂之潛芽，或稱隱芽。蘋果之隱芽，如施以適當之刺激；與以生長之機會；亦能再行萌發而成新梢。此修剪技術上，時所應用者也。

更自芽之性質言之，可分爲葉芽花芽二種，葉芽、亦稱枝芽，因芽之內部，僅有葉而無花器；且伸長後卽爲葉枝也。葉芽形態較小，而先端尖銳。花芽、亦稱果芽因其內孕花器，且花當萌發開展之際；花器與新稍齊舒也。花芽較葉芽，形概豐圓而肥大；故易於區別。

以上所述，爲蘋果枝、條、及芽、性狀之大概；至其內部之構造，以及組織之機能；本篇限於篇幅，未能一一詳述。茲將枝幹成長之現象，以及栽培上須知之要項，略述如次。

(一)品種與成長力之關係　蘋果之品種不同，成長力之強弱各異；成長力強，則樹勢之發育旺盛，從而栽植之距離宜廣。成長力弱，則發育之勢力亦弱；從而栽種之距離可密。如北探（northern spy）花皮（Gravenstein）等之品種，成長勢力之旺盛者也。黃明（yellow transparent）、瓦冪南（Wagener）等之品種，成長勢力之較弱者也。吾人當修剪之際，宜相蘋果品種之特性，成長勢力之強弱；而施以適當之手段。

(三)枝條之位置與成長力之關係　一般植物，恆於枝幹頂端之部位，樹液循環之作用最旺；故成長之勢力亦最盛；遞下而成長之勢力遞減。是以蘋果枝條放任自然之際，頂端之芽勢力最旺；遞下脈芽，勢力漸弱。由此萌發之新梢，其生長勢力之強弱；亦各視其原有勢力之強弱爲比例。但同一枝條上所着生之芽，如位於上部之芽遇損傷時，則其勢力着衰，反視下部之芽爲弱；其所萌發之新梢亦然。此所以整枝脩剪之際，常應用此項方法；以調節各芽勢力之強弱，而維持新梢生長之平衡也。枝條在自然狀態之下，因生長勢力集中上部，故下部之芽，發育不良；往往因勢力過弱，而變成潛芽；遂致枝條基部空虛。是以栽培上，常施脩剪以矯正之；俾免樹勢亢進，而促潛芽發育。

(四)環境與成長之關係　環境要素之與成長力關係最要者，爲溫度。溫度不足，則成長之作用不起；溫度過高，則成長之作用停止；必在適當之範圍，斯營活動之機能。次於溫度而最感重要者，爲日光。蘋果由葉部受日光之光合作用，而進行其同化之機能；造成炭水化物，供給於體內，而營生活之機能。無日光，則光合作用不能進行；而成長機能，亦莫由進展也。溫度日光而外，水分養分之供給，亦成長上必須之要素。蓋枝幹之成長，由於細胞之增殖，及其分殖後之肥大；而此細胞之增殖及肥大，膨壓爲必要之條件。膨壓之主因，由於細胞內水分之充實，斯枝幹之成長，所以有賴乎水分之供給也。枝幹之水分，賴根部所供給，由葉及枝稍部蒸發而減少。土壤中水分供給之狀態，及空中蒸發之程度，與枝條之發育，至有關係。土壤溼潤，或空氣潮溼，則枝梢發育旺茂，而組織不充實。土地高亢，或大氣乾燥，則枝梢生長之勢力抑制，而組織堅碩。更就養分方面言之；養分亦由根部所攝取而上昇於各部。養分豐富，成長之機能自旺。但同是養分，亦因各元素之性質，而影響於成長之作用各異；氤質豐饒，則成長之機能愈進，而枝梢之繁茂益甚。此成長與環境諸要素關係之大較也。

第三節　葉

蘋果之葉；由葉片、葉柄、托葉、三部而成，故爲完全葉。葉於植物之機能，頗似胃之於動物。根部所吸收之水分，及葉所攝取之炭酸氣；藉日光之力，而營光合作用；生成炭水化物，以供給植物體之營養。葉之發育繁茂，則光合作用之機能盛，而炭水化物之生成多。葉之發育不良，則光合作用之機能衰，而炭水化物之生成少。是以樹勢發育之强弱，與葉部生長之旺衰，爲比例。但葉之光合作用，須賴日光之力；日光透射，苟不充分；則光合作用之進行，亦受影響。故蘋果栽植，必須適度之距離；而繁密枝梢，應施相當之脩剪。

第二圖　蘋果之葉　L. 葉片　P. 葉柄　S. 托葉

光合作用而外，葉更司蒸發之作用。根部所吸收之水分，常由葉部而蒸發於空中；（枝幹表面，亦略具蒸發之作用；但其機能不旺。主要之作用，仍司之於葉部。」此作用之強弱，視環境之情形而不一；概視大氣之狀態。如天氣乾燥，則蒸發量多；氣溫昇高或風勢強烈時，蒸發亦盛。設蒸發作用，過於劇旺，而根部所供給之水分，不足以應付需要時，則葉呈凋萎之現象。此過於乾燥之地，夏季所以有灌水之必要也。（樹齡較大之蘋果，如移植時期過遲；則根部水分吸收之機能未充，而葉部蒸發之分量依舊供給需要，不相平衡，易致凋萎。宜脩剪枝稍，以減蒸發之面積；同時灌水覆草，而資調節。）

第四節　花

蘋果爲最高等之種子植物，其花之構造；由花梗、花托、萼、花冠、小蕊、大蕊而成。自植物學上觀之；花梗、及花托、爲花之附屬器官。萼與花冠，爲花之保護器官；亦稱花被。小蕊、及大蕊爲花之緊要器官。

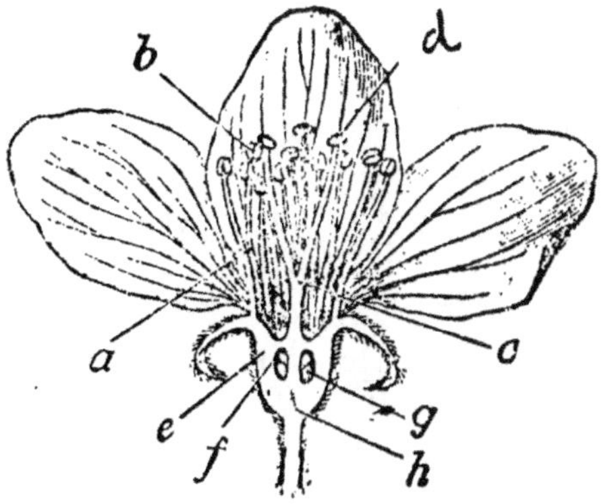

第三圖

蘋果之花

a. 蕊花絲
b. 小蕊之葯
c. 大蕊花柱
d. 大蕊柱頭
e. 萼筒
f. 子室
g. 胚珠
h. 花托
i. 花梗

試將蘋果之花縱斷之，如第三圖圖中小蕊之數甚多，均着生於萼筒之周邊。由花絲及葯二部而成，花絲爲細長之部分；葯爲先端膨大，內藏花粉之部分；花粉成熟，葯卽開裂。大蕊、位於中央，由柱頭、花柱、及子房、三部而成；柱頭凡五。花柱上端分離爲五，（圖中所繪祇三本）下端合爲一本；子房位於萼筒內，與組織相着生；卽植物學上所謂大蕊下位，或下生子房，是也。子房內之子室，凡五；每個子室普通概藏胚珠二個；胚珠經花粉受精之作用，而生種子；子室卽成果實之心室。子房壁、萼片、及花托、發達而成果實。是故吾人普通所稱蘋果之果實；其果心部、係子房所發達；而果肉部、則萼及花托所發達而成者也。

本章第二節所述蘋果之芽，自性質上分之，爲葉芽、花芽、二種。蘋果之花器，均於上年度分化形成，藏於花芽內；經過冬季休眠時期，至翌春萌芽時，隨生育之開始，而花器同時生長萌舒。故吾人所覩蘋果之花，開於春季；而實際上此花早於去年形成；（蘋果花芽形成分化之時期，因各地之氣候而不一；據各國學者之研究，自六月下旬至八月上旬，因各地之風土而異。）不過吾人肉眼之觀察，僅能瞭解花芽外部之形狀；不能明察花器內容之構造耳。試於蘋果生育期終了之際，採取花芽縱斷之，用顯微鏡觀察。則何者爲花，何者爲葉，何者爲大小蕊，均不難一一明瞭之也。

據植物學上之研究，花爲葉之變態；故花芽之形成，實不外乎葉芽之分化。但此可成葉芽之芽，何以不成普通之葉芽，而形成花芽？此分化之作用何在？此影響於分化作用之要素又何在？斯不可不特爲注意者也。考花芽分化作用之要素，可大別爲二；甲爲內部的要素；乙爲外界的要素；所謂內部之要素者，不外植物内部之特質；即自其遺傳之特性。如植物因其種類之不同，而花芽分化作用進行之遲速，及其形成之多寡，各有不同。同是蘋果因品種之互殊，而其花芽分化之情形，亦復各異。雖果樹着生花芽之樹齡，以及每年着生之多寡；隨環境而不無變遷，第在同一正常環境生育之下，常因蘋果品種之不同，而其着花樹齡之遲早，以及花芽着生之多寡，相差甚著。此於生產之多寡，栽培之經濟，關係甚鉅；當於品種項内另行說明之。至所謂外界的要素者，如日光、溫度、水分、養分、等，均於花芽之分化作用上，有重要之關係；玆述其相關理由之概要，以及栽培上所應注意之事項於次。

（一）日光　日光與花芽分化之關係，頗爲重要；試於夏季，將同一蘋果樹，甲部透曝日光，乙部密遮蔭蔽；則甲部豐着花芽，而乙部僅生葉芽。更就園内栽培之蘋果，察其花芽着生之狀態；大多分佈於樹冠外部，陽光透射之處；而樹冠内部，日光不及之所，則着生甚少。夏秋之季天氣晴爽日照之時期長，則花芽之着生自多。天氣陰雨，日照不足，則花芽之分化自少。此日光有裨於花芽分化之明證也。是以蘋果栽培之際，宜植以適當之距離，擇陽光透射之位置；幷施相當之修剪，以圖日光之普照。

(二)温度　各種植物，對於花芽之分化，各具適當之温度；過與不及，均有妨花芽之分化。蘋果爲原產清涼氣候之果樹；遞向温暖之地，則枝葉之繁茂愈甚，而花芽之着生遞減。如以之栽培於熱帶地方，則花芽全不分化，毫無着生；此因温度過高不適花芽之分化；發育之機能過旺，而生殖機能，受其相關作用之影響也。蘋果因高温之際，花芽之分化不良，故不適於温暖地方之栽培。但温度爲花芽分化四要素之一，如其他三要素日光、水分、養分；均與花芽以適當分化之機會，則其着生，尚可得相當佳良之成績。蓋日照良好，水分節制，養分適度，則蘋果發育之機能，受相當之限制，足以促生殖機能之成熟。是以氣候乾燥，排水便利之處，蘋果生育期中平均之温度稍高，而栽培方面，仍能奏優良之成績也。

(三)水分　所謂水分者，指空氣中水溼、及土壤中水分、而言；此二項均足影響於花芽之分化。水分多量存在時，蘋果之枝葉繁茂，而花芽之着生少。故夏季溼潤，降雨頻繁，則蘋果之花芽着生少，而來春之開花自少。反之、如夏季晴燥，則花芽之形成多，而來年之開花結實，自然佳良。土壤之溼潤者，蘋果之發育茂，而花芽之着生少：排水暢利者，反之。是以蘋果栽培，宜擇乾燥之氣候，排水佳良之地點。

(四)養分　土壤中存在之養分，與花芽分化上之關係，略如水分。養分過豐則枝葉之繁茂盛而花芽之分化少。是以土質過於肥沃之處，栽植蘋果，往往樹勢旺茂，樹形偉大，而花芽之着生甚少；反之、土壤瘠薄，則蘋果之發育矮小，而花芽之着生頗豐；此吾人所屢覩之現象也。更自肥料各要素，與花芽分化之關係言之，氭質過多，足以促營養器官之發達，而妨花芽之生成；燐鉀豐施，足以抑制營養器官之過茂，而促花芽之着生。是以蘋果生長過茂之際，宜節減氭肥，而多施燐鉀，以促花芽之着生。

以上所述，爲花芽分化，與環境要素關係之大概。簡言之、則蘋果成長之機能，與花芽形成之機能；在某程度以內，爲反比例。卽成長之機能，如果與以抑制，足以促花芽分化機能之進行；亦卽生長作用與結實作用，略呈相關之現象也。更據最近果樹園藝學者之研究，花芽分化，與植物體內氭質及炭水化物含量之比例，大有關係。二者比例之狀態，及其所呈之現象，略如次述；

(1)氭質相當而炭水化物不足時，則不但花芽之着生不良，枝條之發育亦弱。　(2)炭水化物適量而氰質過豐時，則生長之作用旺；而花芽之着生不良。（3）氰質供給，略爲節減，炭水化物與氰質之比例較高之際；則生長作用雖較緩弱；而花芽着生，則頗良好。（4）氰質過少，則炭水化物雖多，而生長作用，與花芽分化之成績，均屬不良。

據上述定理之結論，果樹體內所存在之氰質，比炭水化物某程度多量時，則枝葉旺而花芽之着生不良。炭水化合物之存在，較氰質某程度多量時，則枝葉之生長雖較緩弱，而花芽之着生，却甚良好。又如炭水化物，或氰質之任何一方面，在某程度以下減少時，則雖他方面之含量豐富，而枝葉之生長，花芽之着生，均極微弱。

第五節　果實

蘋果果實，由子房、萼、及花托、成長肥大而成，植物學上謂之假果或稱副果，謂其供食用部分之果肉，係萼、及花托、之所肥大成長，而非如眞果之單由子房部發育成熟也。此種果實，子房着生於膨大之花萼及花托中；外部果肉豐厚，內藏種子，故又謂之仁果。

試將蘋果之果實解剖之，如第四圖；圖中甲爲橫斷面，乙、丙、爲縱斷面。其各部之名稱，如圖所示；

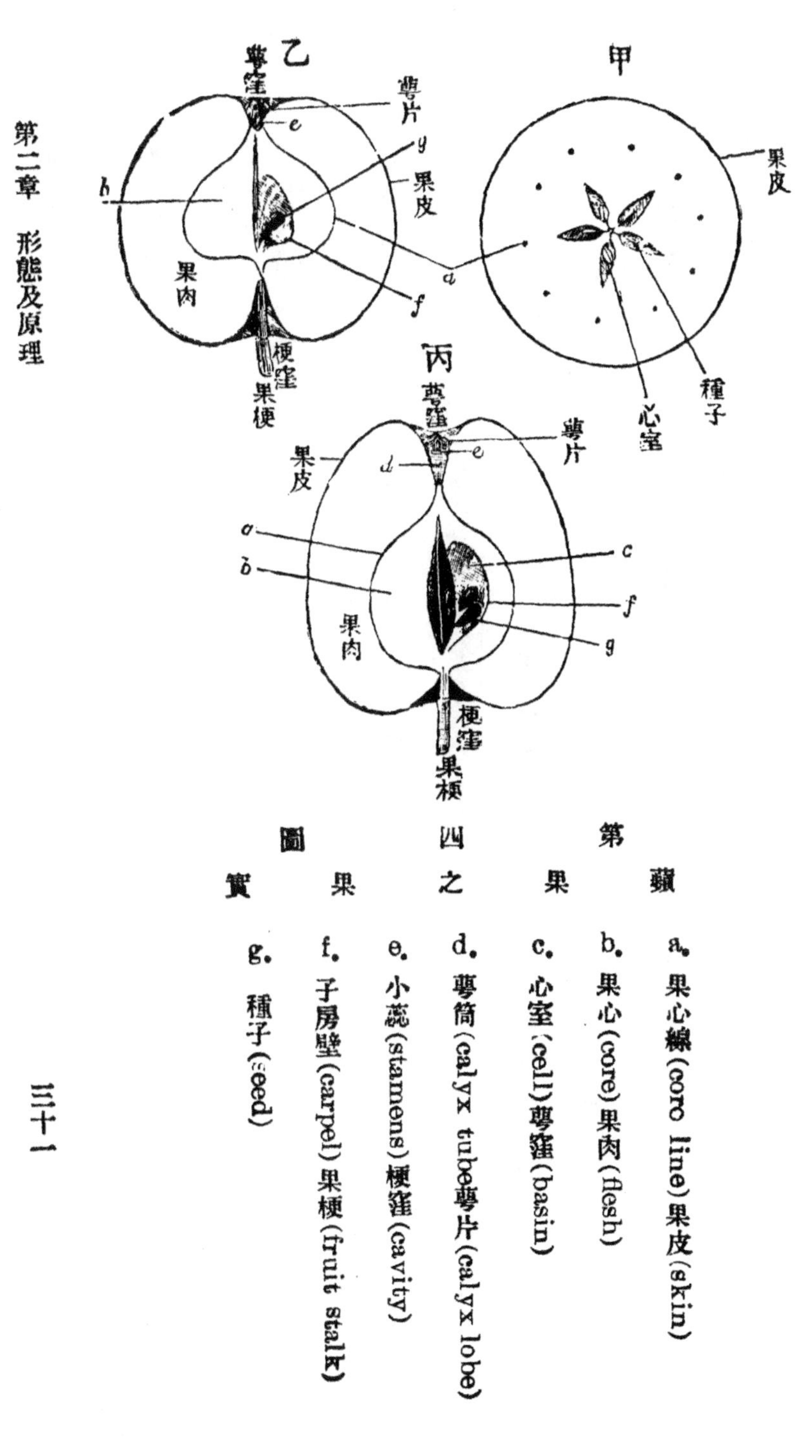

第四圖 蘋果之果實

a. 果心線 (core line) 果皮 (skin)

b. 果心 (core) 果肉 (flesh)

c. 心室 (cell) 萼窪 (basin)

d. 萼筒 (calyx tube) 萼片 (calyx lobe)

e. 小蕊 (stamens) 梗窪 (cavity)

f. 子房壁 (carpel) 果梗 (fruit stalk)

g. 種子 (seed)

第二章　風土

第一節　氣候

蘋果栽培之適當氣候，因品種之特性，左右之環境，而不無稍殊；一般適應於清涼乾燥之氣候。我國以山東、山西、河南、河北、陝西、甘肅、新疆、奉天諸省爲種植最適之地。日本以青森、北海道爲栽培主要之處。美國以紐約、華盛頓、賓夕爾法尼亞（Pennsylvania）、維基尼阿（Virginia）、密執安（Michigan）、加利福尼亞（California）奧勒岡（Oregon）、俄亥俄（Ohio）、緬因（Maine）、密蘇里（Missouri）、；諸省爲生產最盛之區。

蘋果既適於清涼之氣候，冬季休眠期中，低温抵抗之力甚強；其最低之限度，雖因樹齡、環境，而不一；據試驗之結果，可達華氏零下之四十度。惟自生理方面言之，如春季芽已萌動，而氣温降至華氏二十度以下，即受損傷。開花期內、氣温至少在華氏二十八度以上；如逾此限度，或即在此限度內，而每日温度之急變，在二十度以上時，則結實方面受損甚鉅。自栽培之分佈言之，一般冬季十二月、一月、二月、之平均温度，逾二十度以下或四十度以上者，均不甚適當。夏季生育期中六月、七月、八月、之平均温度，如不及五十度則發育不良；但如超過七十九度以上，（以上温度均以華氏爲標準）則產品低劣，二者均不適於營利之栽培。據美國蕭（J. K. Shaw）氏之研究，謂温度與果實發育之形狀有關。如同一班大衞（Ben davis）之品種，在温度較低時，形長而微小；與栽植於適温之處者，易於鑑別。更據氏之研究，將美國普通栽培之蘋果示其夏季生育中適當之平均温度如次，以供參考。（以下温度均以攝氏爲標準）適於攝氏平均温度十一度者；屋登堡（Oldenburg）、十二度者；亞歷山大（Alexander）、俾士麥（Bismarck）、碧蘋（blue pearmain）、查理穆夫（charla moff）、雪蘋（Fameuse）、黃明（yellow transparent）、紅明星（red astrachan）、十三度者；包文（Baldwin）、早黃（early harvest）、花皮（Gravenstein）、麥金斗（McIntosh）、北探（northern spy）、托門甘（tolman sweet）、湯金王（Tompkins king）、富麗（Wealthy）、十四度者；早莓（early strawberry）、赫排司東（Hubbardston）、母蘋（Mother）、包探（Porter）、威廉（Williams）、十五度者；甘美（Delicious），瓊乃盛（Jonathan）、大衛王（King David）、瓦琴南（Wagener）、十六度者；協商（Cooper market）、陶明納（Dominie）、嬌美（maiden blush）、奧脫雷（Ortley）、司密液（Smith cider）、黃鈴花（yellow bellflower）、十七度者；濁黃（grimes golden）印稱拉姆（Ingram）、賴爾斯（Ralls）、司透門（Stayman）、十八度者；醴液（wine sap）、班大衛（Ben davis）、十九度者；忒立（Terry）、

第二節　土質

蘋果對於土壤，適應之範圍較廣，一般土質，概能栽培；故世界著名栽培之地方，土質亦殊不一。如美國新英格蘭（New England）、及紐約東部地方，多花崗岩之土壤。紐約西部、及奧紮克（Ozark）地方，則多石灰岩土壤。太平洋西北部、呼得河（Hood River）地方，則以安山岩土壤爲多。大概與品種之分佈上，有密切之關係；卽品種不同，而所適之土壤亦異也。例如包文宜表層輕鬆之細砂質壤土，而心土爲普通或粘質之壤土；自土壤之色澤言，宜暗褐色者，因此種土壤，所生

產之果實，色澤恆較豔麗也。其栽種於粘質壤土者，成熟遲而色澤暗；但貯藏之力異常發達耳。洛特島適粘質壤土，但腐植質之含量宜較包文種豐富。北探適表層膨軟之重土，而下層爲輕鬆之壤土者。湯金王適保水力強之重土，而不適輕鬆土。麥金斗宜包文同樣之土壤，而稍粘重者。花皮、適湯金王同樣之土性。黃牛敦、適有機質豐富，而表土深之重粘土壤。瓊乃盛、適表層砂質壤土、而下層含礫排水佳良之土壤。司透門、適表層輕粘質之壤土、而下層爲粘壤者。醴液、適壤土或粘質壤土。班大衛、土宜，略如包文。

第三節　地勢

蘋果風土之適應，概如上述；但地勢之選定，亦有必須注意者。一般以山麓緩傾斜地，爲最適當；因日光透射，着色豔麗，品質亦較優良，空氣流通，病蟲害之發生較少。但平坦之地，管理容易，勞費節約，果樹之發育旺而收量多，果形亦較豐大，是固各有利弊也。惟是平坦之處，地價較昂，故比較上在可能範圍之內，以利用緩傾斜地爲得策。至傾斜之方向，以氣候關係，因地不無殊宜。普通西南向者，氣溫較高，而溫度之變遷不劇；且霜害較少，最爲適宜。東向之地，易罹霜害。南向之地，日中溫度急昇；高低之差頗甚。北向者、溫度概低，成熟亦遲，且日光不足，着色較遜。但易罹晚霜之地，北向傾斜者，開花期遲，罹害較輕，是亦不無可取之點。以上所述，爲溫度、日光、及霜害之關係；此外風之方向、及其侵襲爲害之時期，及程度，亦宜注意。要以綜合各點，而擇取最妥善之位置，是爲至要。

傾斜之地開闢蘋果園時，所最感不便者，爲肥料之運搬，藥液之灑佈，及旱魃時灌水之問題。此種困難之問題，全在水之保留，及供給二點。應付之法，或利用地下水，或利用園旁之水澗，或置蓄水之池，或用鐵索滑車，以便汲引。是宜斟酌地方之情形，及材料供給之便利，而審定之可也。

第四章 品種

第一節 蘋果及林檎

蘋果爲薔薇科（Rosaceæ）仁果亞科（Pomoideæ）林檎屬（Malus）之植物。據美國植物學泰斗李特（Alfred Rehder）氏之記載，本屬植物約二十五種，此種植物，或爲重要之果樹，或爲灌賞之樹木，分佈甚廣。吾人現今栽培之蘋果，主爲普通蘋果種（Malus pumila），及酸蘋果種（Malus prunifolia）之一部，所改良而成。此外則爲交雜種，卽 Malus pumila 與 M. prunifolia 及 M. baccata, M. spectabilis 等，所交雜而成之品種也。baccata 原產我國北方，謂之林檎（crab apple）。茲將 pumila, prunifolia 及 baccata 三種，性態之大概，述之如次。

（一）Malus pumila 樹高在十五公尺，(每公尺合我國三尺一寸二分半)以內，幹短，樹冠形圓。

芽附絨毛，新梢上具軟毛，葉形橢圓或短橢圓，亦有卵形者；長四、五——一○公分（c. m.），闊三——五、五；葉端尖銳或楔形，葉緣呈鈍鋸齒狀。嫩葉兩面均着生軟毛；及漸長，葉面平滑，僅背面附毛；葉柄稍粗，上附軟毛，長約一、五——三公分。花白色而微紅；花梗長約一——二、五公分；上被軟毛；小蕊通常亦具微毛，迄於中部。果實微圓，徑約二公分，兩端梗部及蕚部，均低陷而成窪。

(二) Malus prunifolia　樹較矮小，新梢着生軟毛。葉卵形或橢圓形，長約五——一○公分，先端尖銳，基部概鈍圓；葉緣銳鋸齒，葉脈之下具有軟毛，末端平滑，葉柄細長，約一、五——五公分。花白色，徑約三公分，花梗之長約二——三、五公分，此花梗部或平滑或具軟毛，與蕚部同。果微圓或卵形，徑約二公分，色黃或紅，梗窪較深，蕚窪甚淺。

(三) Malus baccata　樹高在十四公尺以內，樹姿圓形。新梢平滑而稍細；葉橢圓、或卵圓，亦有呈長卵圓形者；先端尖銳，基部或尖銳或呈圓形；長約三——八公分。葉緣係細鋸齒狀，葉平滑，但嫩葉時代亦有微具軟毛者，葉柄者約二——五公分。花之直徑約三——三、五公分，色白，蕚部無毛，蕚片細長，花梗細長一、五——四公分。大蕊花柱，概視小蕊爲長，基部稍具軟毛。實小微圓，徑約八——一〇公釐，(m.m.)色黃或紅；熟時蕚落。

第二節 品種及蘋果各部之解釋

蘋果爲自古栽培之植物。因人爲淘汰之演進，栽培改良之結果，品種繁夥，不勝枚舉。一八五一年，英國好格博士（Robert Hogg）所著英國果樹學（British Pomology）一書所載蘋果凡九百四十二種。一八七二年唐寧（A. J. Downing）所著美國之果品及果樹（Fruits and Fruit Trees of American）一書所載蘋果，凡一八五六種。就中一〇九九種，爲美國之品種，五八五種，爲他國之品種；一七二種，爲來歷不明者。一九〇五年，美國農部殖產局所發表之報告謂蘋果之品種，爲六八五六種。一九二五年，海掘列克（U. P. Hekrick）所著果樹分類學（Systematic Pomology）所載蘋果品種，謂美國學者所記載，約在二五〇〇種以上，歐洲方面之所記述，或且倍之。惟實際種苗商所販賣者，不過二百種左右耳。紐約農事試驗場皮區（S. A. Beach）氏嘗於一九〇五年著紐約之蘋果(ApplesofNew York)一書，將蘋果品種六百七十三種，林檎二十九種，記其名稱，載其性狀，辨其異同，考其結果，精密調查，繪爲圖譜；洵品種記載之專書，亦蘋果空前之巨著。惟是此等多數之品種，栽培或限於一隅，品質或未必優良，實際上栽培較盛，應用較溥者，亦僅百餘種左右。即以栽培最發達之美國而言，其分佈最廣之品種，早熟及中熟者，僅十八種，晚熟種僅四十一種，以視紐約農場試驗徵集之品種，猶不及十之一。其栽培最廣，認爲營利之品種者，不過二三十種而已。

蘋果品種之繁夥，既如上述，欲事鑑別，必須調查其個性，將各部特徵，逐項記載；此所謂特徵者，即各品種所有各部不同之特點也。同一品種，各個體之特徵，未必盡同，宜綜合多數個體，比較而詳核之，擇其多數具備之特徵，爲該種記載之標準。此特徵之性質及其形態，可大別爲三部，即營養器官、果實、及生理作用、是也。茲將蘋果品種記載上各部特徵之名詞，解釋如次。

（甲）　營養器官

（一）樹形　蘋果因品種之不同，而其枝條成長之方向、及姿勢、各異；例如花旗伏蘋（American summer pearmain）枝條概向上直立，而瓊乃盛（Jonathan）、則斜生或橫生是也。記載樹形之姿勢，大致可分爲四；(1)直立、謂多數枝條，與垂直線成四十五度以下之角度者也。(2)斜生、謂多數枝條與垂直線成四十五度以上之角度者也。(3)橫生、謂多數之枝條，伸長之方向，略近水平者也。(4)垂生、謂多數之枝條，具下垂之性者也。

(二)新梢　一年生之新梢，因品種而特徵各異。有細而長者，有粗而短者，有纖弱者，有壯健者。其色澤亦復不一，(但色澤因光線關係，往往同品種者，亦時有不同，宜特爲注意；)此外新梢上皮眼之多寡，及其形狀之大小，亦因品種而各異。新梢之先端部，常附絨毛；此絨毛之多寡，亦因品種而不一。

(三)結果枝　蘋果結果枝着生之狀態，亦因品種而不一；有易於着生長果枝者，有易於着生短果枝者。

(四)芽　蘋果枝條上所着生之芽，其大小形狀，常因品種而不一。同是頂芽，有形甚尖銳者；有形呈鈍圓者。同是腋芽，其着生枝上之狀態，有緊貼於枝梢者，有特爲隆起者，其所成之角度，亦因品種之不同，而著爲相異。

(五)葉　葉形之大小，葉色之濃淡，以及葉緣鋸齒之深淺，葉背絨毛之有無多寡，不僅因品種而各異，即在同一樹上，往往因着生枝條之勢力，而不無微殊。普通記載之際，以着生於發育枝之中央部位者爲標準。

（乙） 果實

果實爲吾人栽培之目的物，其特徵，占品種鑑別上最重要之位置；玆將各部之解說，示之如次。

（子）外部之特徵

（一）大小　果實外觀方面，最易令人注目者，爲果實之大小此際如精密調查，宜示其縱徑、橫徑、及其重量、等。簡單者，則僅以大、中、小、等字區別之而已。亦有於大、中、小、之三級中，更各附以大、中、小，之三品如大大、大中、大小、等之名稱者；以較前之僅列三級，似稍精密。惟是果實大小，雖在同一品種，往往因營養狀態之不同，而相差甚著。如幼樹之果，往往大於老樹，肥地所產，往往優於瘠地，是也。故欲鑑定某品種之大小，宜取多數果實而平均之，爲要。此外一樹上所產生之蘋果，有大小甚整齊者，有相差甚不一致者，是亦因品種之特性而不一。

（二）形狀　各品種之形狀不一，文字形容，頗難確肖。自其大概言之，如圓形、或球形者，其縱橫二徑

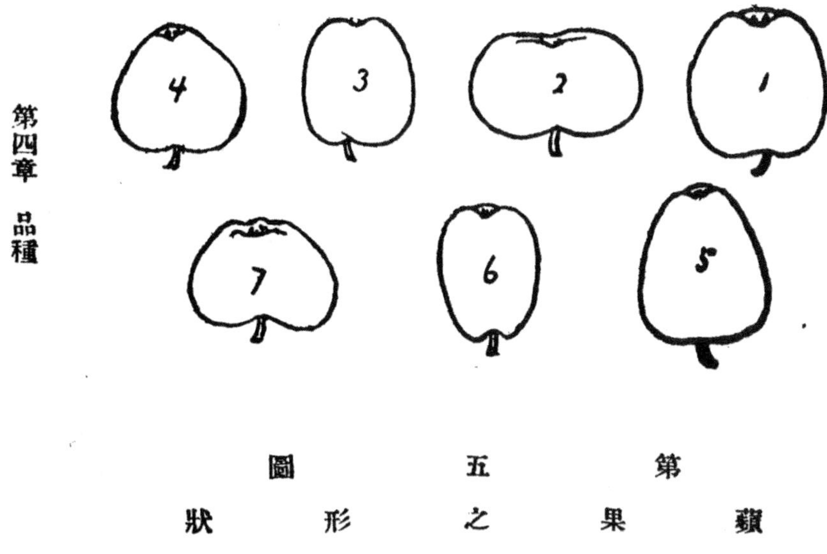

第五圖 蘋果之形狀

大致相等者也；如圖1。扁圓形者，橫徑大於直徑者也；如圖2。橢圓形者，直徑大於橫徑者也；如圖3。圓錐形者，直徑與橫徑大略相同，但底部豐大，而頂部遞尖者也；如圖4。卵形者，形長圓而底部膨大，頂端狹小者也；如圖5。倒卵形者，形長圓而底部狹小，頂部膨大者也；如圖6。正形者果形之左右兩部，具對稱位置者也；如圖中之1、2、3、4、5、6、7、等。偏形者，果形之左右兩部，不相對稱；卽一方偏大，他方偏小者也。如圖3、4、斜形者果實之縱軸，與橫軸不相垂直者也。以上所述各種形狀，概爲縱斷面；如取橫斷面而觀察之，普通雖呈圓形，但亦有長圓、或不正圓形；或凹凸而成稜面者，亦宜附載之。

(三)果梗　果實梗部，謂之果梗。蘋果之品種不同，果梗之長短、粗細、各異；亦有果梗基部肥大，而具肉質者。

(四)梗窪　果梗着生處，果面凹陷之部，謂之梗窪。其深淺廣狹，以及凹陷斜度之緩急，因品種而著異。

(五)蕚窪　蕚着生處，果面凹陷之部，謂之蕚窪。其廣狹、深淺、以及陷入度之緩急，周緣之形狀，亦殊不同。周緣有平滑者，有皺紋者，同是皺紋，有呈波狀者，有呈五稜形者。蕚窪底部，有具軟毛者，有不具者，皆因品種而特徵各異。

(六)蕚片　蕚窪中心殘留蕚片；有相接而密閉者，有相離而開張者，亦有半開張者；其形狀、大小、厚薄，亦各不一。

(七)果面、　(1)色澤、果面最著之要點，爲色澤。色澤分底色、及表色、二部。底色者，果面全部同具之色澤也，或爲黃白色，或爲黃綠色，或爲黃色，或爲橙黃色；凡陽光不直射之處，莫不皆然。表色者，由陽光作用而着生之種種色彩也。普通爲紅、橙、紫、褐、諸色；表色之濃淡，及其表示之狀態，亦各不一。有呈條紋狀者，有呈整塊狀者；雖同是條紋，其闊狹、長短以及綿延斷續之狀態，亦復不一。同是表色，有僅限於日光直射之一部者，有普遍於果面之大部分者；前者以底色爲主色，後者以表色爲主色。（2、斑點 果面分佈之小點，謂之斑點。斑點之形狀，及其分佈之多寡，因品種而著異。有浮佈果面，呈粗糙之狀者，有潛現皮下者。自其形狀言之，有圓形者，有星狀形者，有橢圓形者。其大小多寡，以及分佈之狀態，亦殊不一。有底部多而頂部少者，有頂部密而底部稀者。（3）果粉、蘋果果面普通概被白色之果粉（亦有紫白色者）此果粉之濃淡，以及色澤之深淺，常因品種而各異。（4）銹斑、果面所現之銹斑，因品種而分佈之狀態不同。有大部分佈，幾及全面者，有僅於梗窪之周緣者。

（丑）內部之特徵

（一）果心線 由果梗而入果肉，以迄果頂，所分布之維管束系，謂之果心線。此果心線頂部分佈之狀態，有及於萼筒側壁之部位者，有於萼筒底部相遇而合者。

（二）果心 果心線以內之部分，謂之果心。其形狀、位置以及果體比較之大小，因品種而各異。自形狀言，有扁平者，有圓形者，有心臟形者，有長形者，有紡錘形者。自位置言，有在果實之正中者，有偏於一面者。此外果心與果梗之距離，及其部位之大小，亦殊不一。

(三)心室　蘋果之心室凡五，爲貯藏種子之部分，壁爲革質。心室之形狀，及其長短、廣狹，因品種而互殊。心室向中心部，有開裂者，有閉合者；亦與品種之特徵有關。

(四)萼筒　萼窪之內，萼片之下，謂之萼筒。其形狀及深淺，因品種而不一。淺者呈倒圓錐形，深者呈漏斗狀，其深而底部廣者，爲壺形。

(五)小蕊　蘋果之小蕊，殘留於萼筒內，其附着之狀態，因品種而不一。其位於萼筒之底部者，謂之小蕊下位；中部者，謂之中位；上部者，謂之上位。

(六)種子　心室內所藏之種子，其色澤、及形狀，常因品種而不同。

(七)果肉　(1)色　果肉之色，或白，或淡綠，或黃綠，或黃白，或黃色，因品種而不一。(2)肉質　肉質之軟硬，組織之粗密，纖維之多寡，漿液之豐嗇，亦同品種而不同。(3)香味　風味之甘酸，芳香之濃淡，因品種而各異。自風味言，可大別爲過酸、微酸、甘酸適度、甘等四種。芳香之濃淡，可各就品種之特點而記載之。(4)品質　品質之高下，視香味之濃淡，風味之優劣，肉質之粗細，漿液之多寡，而定。宜集多數人之嘗試而檢別之。

(丙) 生理作用

(一) 樹勢 蘋果生長勢力之盛衰，病蟲害抵抗力之強弱，以及耐寒性之高下，均於栽培上有重要之關係，宜按品種特性而記載之。

(二)生產力 吾人栽培蘋果，以生產果實爲目的。而生產能力之多寡，隔年結實習性之有無，成熟期前落果之多少，結果年齡之遲早，均因品種特性而不一。

(三)熟期 成熟時期因品種而各異，普通概分早、中、晚三期；而以某月某旬表示之。但成熟之時期，不僅因品種之關係，亦隨栽培地方之風土而不一。

(四)開花期 即開花之時期也，通例以早、中、晚三期區別之。

第三節 品種之選擇

蘋果品種繁夥，是以初次栽培者，對於品種選擇，每苦無從着手。以爲某種有某種之特長，某種有某種之可取無所比較，莫知適從。於是貪多務博，兼收幷蓄，管理困難，易於失敗；非營利經營之法也。美國方面蘋果栽培之主旨凡二；一以生產鮮果爲目的者，謂之生食蘋果。一以供製罐頭者，謂之罐頭蘋果。一以供造果酒或果汁者謂之釀造蘋果。我國蘋果用途，主供生食；卽有一部，製果脯或蜜餞者，爲數甚少。故栽培之方針，經營之目標，僅須視市場之需要。但市場之需要，或有變遷，而經營者則不可不預有成竹。爰將蘋果栽培品種選擇所應注意之點，述之如次。

形狀　我國蘋果，除舊有之品種，及近年所栽之外國品種而外，直接自舶來輸入者，亦頗不少。是以常人心理，以蘋果爲高等果品，未能了解眞味。故一般以大形者爲珍奇，但實際上聚餐宴會之時，所需蘋果，却以三四兩大小者，最爲適當；五六兩以上之大果，反覺不甚歡迎。

色澤　蘋果之色澤與市場之銷路，頗有關係。普通消費者之心理，對於果實外觀，頗爲重視，一若以外觀之色澤，定食用之價值者。一般習慣，對於黃色蘋果，不甚引起購者之興趣，而色澤豔麗之紅色蘋果，頗受市場之歡迎。但同一品種之蘋果，往往因風土之關係，而色澤不無差別。同一紅色種之蘋果，如栽植於適當氣候者，固能表示其原有豐豔之色彩。其栽植暖地者，因溫度之過高，而着色不良，其栽植寒冷乾燥之地方者，果面晦暗而乏鮮麗之光澤，斯又因環境而殊其產品之高下矣。

香味　蘋果恆具一種特有之芳香，不獨有關於品質，且與風味、及肉質，同爲蘋果食用價値高下標準之所由判也。香氣之濃淡，因品種之特性，及地方之風土，而不一。風味方面，前節內雖曾別爲四項；簡言之，可區爲三類。一爲酸味甚多或稍多者，二爲甘酸適度者，三爲甘多酸少者；我國社會上之嗜好，以後者及第二者，最爲歡迎；故煙台等處，香蕉蘋果之售價，往往較其他品種爲倍昂也。至肉質方面，以緻密而帶爽脆者爲佳；綿質粗鬆者，令人有嚼蠟無味之感。

熟期　吾人經營蘋果園時，對於早中晚品種之選擇，及其配合之比例，一時不無考慮。但可視需要之情形，爲選擇之標準；宜觀察市況，通諳商情，而定供給之比例。一般早熟、中熟、之品種，自品質之優良，及貯藏之耐久而言，均不及晚熟種；但以供給期早，故有時得善價而沽耳。溫暖地方所栽植之蘋果，晚熟種之品質不甚佳良，反不若早熟中熟者，尙能差強人意。且其成熟時期，較早寒地所產；故在暖地，宜多栽早熟中熟之品種也。同一寒地，所應選擇之晚熟品種；或擇其成熟期長而耐久貯者；或擇其後熟期短，而不耐久貯者；宜斟酌情形而審定之。

貯藏及運輸力　貯藏力之耐久與否，及運輸力之強弱，斯因蘋果之個性而不一。栽培地點與市場距離近者，採收後卽可運售於市場；故於貯藏、運輸二點，可不甚注意。但如距離市場過遠，轉運須時，則經營者對於栽培品種個性之選擇，不可不特爲注意及之也。一般早熟中熟之品種，貯藏之力，每不及晚熟種之耐久。

樹之生產力　品種之個性不同，生產之能力各異。或產量豐饒，或結果稀少，或每年能維持一定分量之生產，或具有隔年結果之習性，或結果之樹齡甚早，或生產之時期甚遲；栽培者在可能之範圍，宜選擇豐產性而生產能力平均者。凡隔年結果現象顯著之品種，不適營利之栽培。

病蟲害之抵抗力　蘋果對於病蟲害抵抗能力之強弱，亦復不一。其抵抗力強者，如北探、冬王、之於綿蟲；雪蘋、麥金斗、之於銹病；賴爾斯之於紅蛛蜘是也。其抵抗力弱者，如司密液之易罹蚜蟲是也。此係現象之特著者；一般品種對於病蟲害抵抗之力，不甚明顯。亦有樹勢強健，而於某種病蟲害抵抗之力頗弱者；此於栽培上無甚妨礙，因其勢力強健，故於病蟲害全部之抵抗力，仍覺不弱；如班大衛是也。個性抵抗力之強弱而外，砧木親和力之如何，栽培上亦頗爲重要。因有時某種病蟲害發生於根部，必須選擇抵抗力特強之砧木以避免之；此際，如該品種與砧木之接合不良，則其抵抗之力，自亦無從利用也。

以上所述各項而外，蘋果品種選擇，與栽培地方風土之關係，亦宜特爲注意。考蘋果原產於清涼乾燥之氣候，故其一般習性，適應於該項之環境。惟是品種之個性不同，而所適之氣候，亦略有差別。如花旗伏蘋比較的適於温暖之地方，賴爾斯既不適於暖地，而温度過低之處，又復着色不良；是宜參酌栽培地方之氣候，而酌定取捨可也。

第四節　主要品種之說明

蘋果品種分類之法，各國學者，頗不一致。如美國華端（Warder）氏，曾依果實之形狀，分爲扁形、圓錐形、球形、及橢圓形之四綱；每綱中更就其形之正否，分爲二目；同目中按果肉之酸否，分爲二科；每科中依果面之狀態，分爲四區。英國好格（Robert Hogg）氏，曾以小蕊着生之部位，分爲上位、中位、下位三綱，每綱中依萼筒之形狀，分爲圓錐形、及漏斗形之二目；同目中依心室之開、閉，而別二科；同科中依萼之開、閉，而分二屬；同屬中更依果之形狀，分爲二種。德國洛克斯（Ed. Lucas）氏，曾試行種種分類之法。其人爲分類之法；依蘋果成熟之時期，分爲夏熟、秋熟、冬熟之三綱；同綱中依果實之形狀，分爲四目；同目中按果實之色澤，別爲三科；同科中更按萼之開閉，分爲三屬。美國卡本多及施德福（Carpenter and Starfford）二氏，曾依蘋果之橫斷面，分爲圓形、及稜形二綱；每綱按果面之色澤，別爲二目；甲爲有條紋者，乙爲本色者；乙目中更分有暈及無暈之二亞目；同目或亞目中，依果肉之色澤，分爲白、黃、紅、綠之四科；同科中更據子房壁之簇着與否，分爲二屬；同屬中更依果實之形狀，而別爲數種。此外如蕭（Shaw）氏，則依葉之形狀而分類。開爾（Keal）則據果實之形狀而別系。以上諸氏所著蘋果品種分類之方法，其依據之標準不同，觀察之焦點各異，繁簡互殊，各有可取。最近海掘列克（U. P. Hedrick）氏，曾依蘋果肉質之甘酸，別爲甜蘋果（sweet apple）及酸蘋果（sour apple）二綱；每綱中按成熟之時期，分爲早熟、中熟、晚熟之三目；同目中依果實之色澤，分黃、紅二科；同科中依果梗之長短，分爲二屬；同屬中更依果肉之色澤，及果實之形狀，而分門別系。若綱在綱，有條不紊。讀者不致茫無頭緒，便可按圖索驥；精密確當，頗切實用。爰採其法，以作本章品種說明之序，第是蘋果之品種繁多，本書之篇幅有限；故擇其比較的最有希望者，介紹於次，以供參考；掛漏之譏，在所不免。又以文字力求簡略，故於果實各部之說明，僅及形態之大概，內部解說，祇能割愛，尙希讀者諒之。

甲　甜蘋果　此類蘋果，品種不多，樹勢概弱，產量亦不甚豐，普通適於家庭果園之栽種。風味甘而不酸，故適吾國社會之嗜好；茲擇樹性強健，栽培較易之品種，數種，說明之如左。

（一）甘枝（sweet bough）本種係美國原產，爲栽培最久品種之一種。樹勢強健，性直立而稍斜生，枝條繁密；枝短而直，粗細中等。頂芽豐大，節間短，枝梢褐色，微雜褐綠色，平滑無毛。皮眼疎朗，形小而圓，不突起；芽大中等，形尖圓無毛。果實中或大，呈短圓錐形，或卵形，底寬而平。果梗粗短，梗窪深廣，蕚窪淺小，蕚片狹長而分離。果皮厚而韌，色黃白，時具微暈，斑點細而繁密。果肉白色，緻密柔軟，味甘美而多漿液，饒香味，八月成熟。本種爲夏蘋果中優良之品種，美國方面栽培甚廣；惟以不耐運輸，僅適都市附近，或家庭果園之栽培。

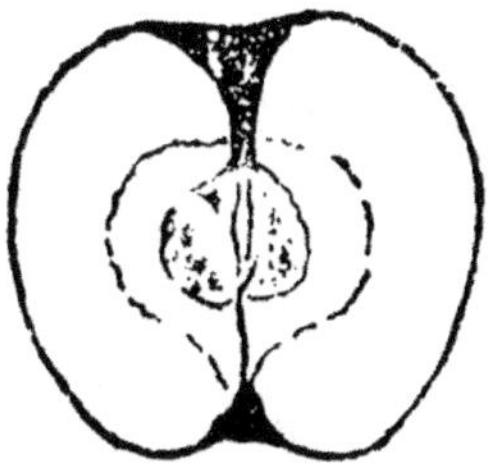

第六圖　甘枝蘋果

特徵　枝短而直頂芽豐大，果色淡黃。

(二)托門甘(Tolman sweet)原產地不甚明瞭，樹性強健，富耐寒性，樹姿初直立，其後漸次開張而微下垂。新梢帶綠褐色，強大而厚被毛茸；枝條概粗而直；節間短或中。皮眼疎朗，圓形或卵形。芽不大，頂部鈍圓。結果期較早，年年豐產，而樹齡甚長。栽植距離宜稍寬，約二丈半左右。果實中等大，圓形或圓錐形，微具稜狀，縫線自梗窪以迄萼窪，甚爲顯明；以之易於鑑別。果面初呈黃綠色，熟則淡黃色，向陽部時具淡赤褐色之微暈。斑點細而晦，呈淡青色或銹色。果梗概形細長，梗窪深廣；周緣概呈綠色而帶銹。萼窪淺狹而稍皺，萼半開；萼筒壺狀或平漏斗狀；小蕊下位。肉白色，質緊而緻密，味甚甘美，酸味絕少；漿液不多，香度中等。本種在美國方面，爲甜蘋果中之主要品種；栽培甚廣。十月採收，性耐貯藏，可

第七圖

托門甘蘋果

至來年一二月

特徵　果面黃色，縫線顯著，味甘而無酸味。

（三）印度（Indian）本種原產美國，輸入日本，與原有品種之個性，不相一致，無酸味，樹性健旺，樹姿幼時直立，其後漸次開張。新梢粗長，節間之長度中等，枝色赤褐，皮眼繁密，色灰黃而顯著。葉長大；結果期較遲，微具隔年結果之習性；栽培距離宜二丈半以上。果實之大中等，長圓形或圓錐形；果面粗糙而具稜模，頂端較狹，底色黃、或黃綠；向陽部具暗赤色，或淡黑褐色之暈；收穫時果面有具白色銹斑者。斑點細，色白而顯明。果梗粗，長度中或短；梗窪深狹，蕚窪淺小，果肉緻密而滓少，漿液不多，味甘而具芳香；十月至十一月收穫，性耐久貯。本種風味頗適國人之嗜好，但外觀稍遜耳。

特徵　果面粗糙，底色黃綠，果肉堅緻，味甜。

以上甜蘋果之品種，僅列三種，甘枝爲早熟種，托門甘、及印度、爲晚熟種。

（乙）　酸蘋果　所謂酸蘋果者，凡風味之甘酸適度，及微酸，或甚酸，之品種均屬之。品種繁夥，不勝枚舉，茲擇尤介紹，依次說明於左。

子　早熟種

（1）　黃蘋果

（四）黃明（yellow transparent）原產俄國，一八七〇年，輸入美國。樹性中健，樹姿直立，漸長而略斜生，樹齡幼時，枝幹之色黃綠；故易與他種區別。枝條粗短，葉大而色淡綠。芽圓，中等大；微被軟毛。結果期甚早，四年乃至十年，即達旺果時期。果實約五兩左右，呈卵圓形，或圓錐形，大小、比較的整齊。皮薄而饒光澤，色黃綠或黃白，斑點多，色綠。果梗長，梗窪狹，周緣帶綠色，有時亦有生銹者。萼窪稍淺而狹，微皺；萼閉，萼片長而廣，小蕊上位。果肉黃白色，質粗多漿，微酸而饒芳香；品質中等，七月至八月成熟。本種富耐寒及抗旱之性，結果齡速而成熟期早；兼適暖地之栽培。但樹齡愈老，果實遞小，成熟時期，不甚整齊；自始至終，有達三四星期者。收量不甚豐，熟後肉質脆軟；不耐運輸，難於致遠。

第八圖　黃明蘋果

特徵　果實黃白色而饒光澤。枝幹之色黃綠，葉大而色淡綠；熟期早。

（五）早黃（early harvest）原產美國，樹性中健，生長力不甚旺；樹形較矮而稍開張，栽植距離，不妨稍密；二丈內足矣。新梢色暗褐，易彎曲，微被軟毛；節間短，皮眼形圓而疎。芽大中等，形鈍圓，與枝條開離，軟毛甚微。性豐產，無隔年結果之弊。果大中等，每個約四兩左右；形扁圓，亦有近於圓形者。果梗稍粗而長，梗窪淺廣，度不一；周緣具銹。萼小而閉，萼片長，萼窪淺廣，而稍皺。果皮薄，饒光澤，色黃綠而鮮明；向陽部稍具赤褐色之微暈。斑點繁密，大小不一，潛而不浮。萼筒短，小蕊中位。果肉色白，質脆，富漿液，而饒芳香，始熟微酸，稍置漸甘。七八月間成熟，未屆完熟亦可擷食。本種品質尚佳，而色澤較遜，市場不甚歡迎，不適營利栽培之用。

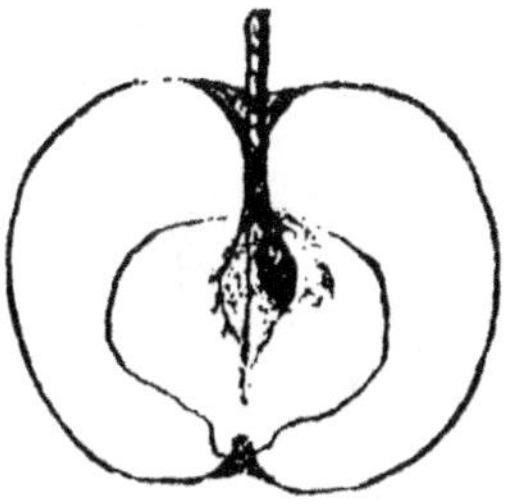

第九圖　早黃蘋果

特徵　果實黃綠色而饒光澤；未屆完熟亦可擷食。

（2）紅蘋果

（六）六月紅（Red June）本種爲美國北卡羅林納（North Carolina）省原產，美國南部，栽培頗盛。樹性中健，枝間稍粗而多彎曲；樹形直立，遞次開張，病蟲害抵抗之力甚強。新梢微具毛茸，色暗赤；節間之長度中等；皮眼細而疎，形長圓，不隆起。結果期早，爲豐產之品種；但成熟期長，須二三次陸續採收。果實較小，形欠整齊，呈卵圓或長圓狀。果面隆起，兩側大小，時不一致。果梗概細長，易落果。梗窪銳陷，稍淺而狹，或具條溝，及微銹。萼大，萼片狹長；萼窪淺狹，周緣波狀，萼筒短廣，而爲圓錐形；小蕊中位。果皮柔薄，底色淡黃，表色深紅，斑點細密。果肉色純白，間具赤斑；味甘微酸，多漿液，八九月間成熟。本種雖強健豐產，而果實形小，且不整齊；又多落果；

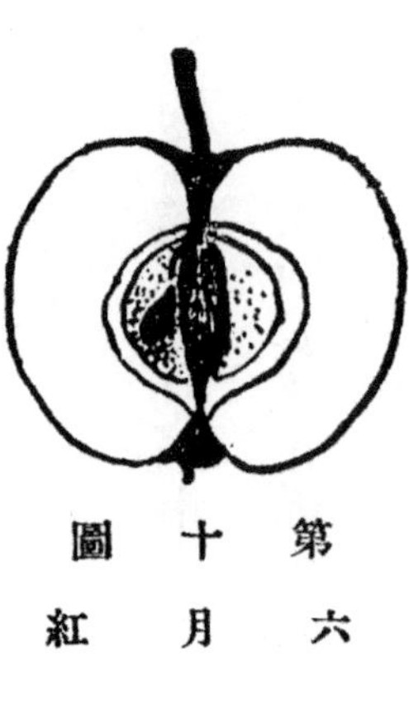

第十六圖　紅月

故不適於營利栽培之用。

特徵　果面濃紅色，梗窪狹小，果形卵圓而帶稜狀；成熟期長。

（七）紅明星（red astrachan）本種係俄國原產，一八一六年由瑞典輸入英國；一八三五年更由英國而輸入美國。樹性強健，適寒暖兩地，富耐寒性；枝條略斜生，樹姿半開張。枝幹色澤，幼樹時代呈紫褐色；樹齡遞老，則呈暗褐色。新梢發育旺盛，節間長，外皮平滑，不若其他品種之呈鱗片狀而易剝離。皮眼甚多，形細而長圓，微隆起。芽大中等，肥鈍而具毛茸。葉較大，稍長，葉端尖，鋸齒深；葉綠稍卷曲。樹齡四五年開始結實，至十二三年，爲旺果期；稍具隔年結實之性。樹齡長久，栽植距離，宜二丈半以上。果實約五兩左右，大小不甚整齊；形圓或微扁，亦有頂端狹而呈圓錐形者；亦有兩側不同大，而形微偏者。果面底色黄綠，上具濃紅或暗赤色之條紋；熟時佈滿全面，益以淡紫白色之果粉，狀頗美麗。斑點密而大，呈灰褐色。果梗短或中，上附苞葉二枚；梗窪深廣。蕚窪淺狹；蕚大，蕚筒漏斗狀；小蕊中位。果肉白色而緻密，果皮之下，時具紅點；多漿液而饒酸味，其未熟者，酸味益甚；因此市場上不甚歡迎。貯藏運輸之力均弱，七八月間成熟。本種據蘇杭等處栽培之結果，成績不佳；但奉天方面，異常優良云。

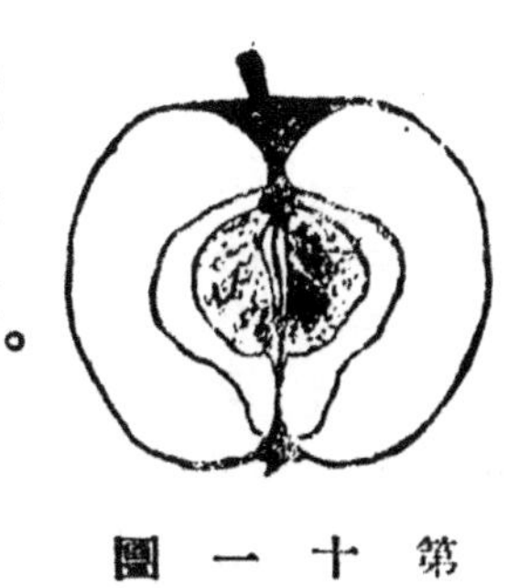
第十一圖　紅明星蘋果

特徵　果色深紅豔麗，果梗上具苞葉。梗窪周緣具綠銹及紅斑；樹皮平滑，而色暗褐。

(八)早莓（early strawberry）本種原產美國之紐約省。樹性強健；樹齡幼時，枝條稍帶直立性，及漸長大，次第開張。樹姿較矮，栽植距離，約一丈七八尺左右足矣。結果齡早，性豐產，耐寒力強；適於栽植北方諸省。果實中或小，圓形或圓錐形，有時稍帶稜模。果梗細長；梗窪深廣，時具銹紋；蕚窪淺狹，周緣具皺，萼小，普通閉合；萼片狹長，萼筒短而廣，呈圓錐形；小蕊中位。果皮稍粗而厚，皮色橙紅，上具深紅色之條紋，形頗美麗。成熟時表面被有蠟質物，斑點疎朗，形細而灰色。果肉淡黃，時具紅條；肉質粗糙，多漿液，微酸，八月上中旬成熟。本種品質佳良，色澤豔麗，但果形大小，市場販賣之際，顧客不甚歡迎耳。

特徵　形圓而小，果面深紅色，果肉中具紅條。

（九）威廉（Williams）氏本種爲美國馬薩諸薩（Massachusetts）省、羅克斯堡（Roxbury）地方之原產，東部市場，如波士頓（Boston）等處，甚爲歡迎。樹形稍小，發育略遲；惟病蟲害抵抗之力甚強。枝條短，稍粗而略彎曲，頂芽豐大，樹姿開張，節間短，樹皮稍青而色暗褐。芽大中等，形鈍圓，微具軟毛；皮眼細而甚密，形橢圓而突起。結實年齡早，如管理得法，可每年繼續豐產。栽植距離，以二丈半左右爲適。果實中大，每個約四兩左右，形橢圓或卵圓，但頂部均呈圓錐狀；橫斷面爲稜形。果梗長而稍粗，梗窪淺廣，微具條溝，色呈銹綠。萼大中等，概閉合；萼片長，萼窪淺廣；周緣時或具皺；萼筒狹長，小蕊上位。果皮厚而微柔，底色黃綠，上具鮮紅及紫紅色之條紋；至頂部而色漸淡。斑點細密，呈灰褐色，不甚顯著。果肉稍帶黃綠色，完熟時呈淡赭色；肉質粗疏，饒漿液，而具芳香；惟過熟時，漿液不豐耳。風味甘酸適度，品質良好。本種色澤豔麗，風味適口，但乏運輸貯藏之力；成熟時期，不整齊，宜陸續採取。惟以熟期較早（八月）故有早應市面之利。

特徵　果面鮮紫紅色，形長圓而具稜面；萼筒特長。

（十）屋登堡（Oldenburg）本種原產俄國，一八一五年傳入英國，一八三四年輸入法國，一八三五年始入美國。樹性中健，樹姿，幼時稍斜生，漸次長大，呈圓頂形；枝條稍長而細曲，節間長。樹皮暗褐色，稍被毛茸；皮眼疏朗，形中或小而長圓，不隆起。芽大中等，肥大而不尖銳，稍具毛茸。耐寒性強；樹齡幼時，發育旺盛，漸大漸緩；具隔年結實之性，栽培管理，宜特爲注意。果實中或大，形圓或扁圓，大小整齊。果梗短或中，較細；梗窪深廣，略具綠色銹斑；萼大中等，普通閉合；萼片廣而尖銳；萼窪稍深廣，呈漏斗形；萼筒稍長而廣；小蕊中位。果皮較厚，平滑柔軟；底色黃綠，或黃白；上部幾全被深赤色之條紋，及鮮紅色之暈斑。斑點細，色淡；甚疏朗。果肉微黃，肉質緻密而多漿液，酸味稍強，適烹調之用；八九月

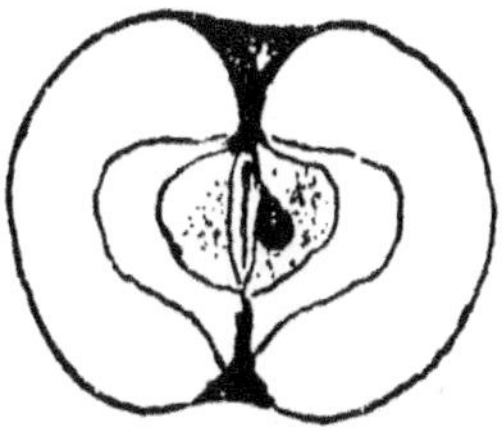

第十二圖　屋登堡蘋果

間成熟。本種樹形矮小，適果園內間栽之用，樹齡稍短促，病害抵抗之力亦弱。產量雖豐，而具隔年結實之性；色澤雖豔，而酸味甚强；未能謂爲完美之品種也。

特徵　果面具深赤色之條紋，及鮮紅色之暈斑；此條紋及暈斑之形，不甚規則。

(丑)　中熟種

(1)　黃蘋果

(十一)包探（Porter）原產美國馬薩諸塞（Massachusetts）省之瑟盤納（Sherburne）地方；一八〇〇年，由薩繆爾包探（Rev. Samuel Porter）氏園中所發見，故有此名。本種除生食而外，兼適烹調及罐詰之用。樹性强健，枝條斜生，樹姿開張，新梢褐色而細長；節間短。樹齡漸老，枝條有下垂之性；栽植距離，宜二丈半以上。結果力中等，有隔年結實之性。果大中等，平均五兩左右，呈長圓錐形；果面多稜，頂端稍平，底部較廣。果梗中或短，梗窪銳陷，深而稍狹。蕚閉或半開；蕚片短而較狹；蕚窪寬，深淺不一，周緣具隆起之小點五個，以此易與其他品種區別。蕚筒深廣；小蕊中位或下位。果面鮮黃色，向陽部具淡紅褐色之暈；及紅色之細點。斑點小，色灰白，潛而不浮；果皮薄而平滑。肉色黃白，質緻密，味甘微酸；具芳香而饒漿液，品質優良，九月成熟。本種果皮甚薄，不耐運輸貯藏；難於致遠。

特徵　枝條細，果實長圓錐形，蔕窪周緣，具五個小突起。

（2）　紅蘋果

（十二）花旗伏蘋（American summer pearmain）原產美國，樹性中旺，枝條直立而繁密；樹姿圓形，或圓錐形。葉小而厚，色呈濃綠，花色較淡，蕾為白色。結果齡早，四五年後，即開始結果，年年豐產；惟樹勢易於早衰耳。栽植距離，以二丈左右為適。果實之大中等，約重五兩左右，形圓或橢圓；果面平滑，底色黃綠，上具紅褐色之條紋，及銹綠色之斑點，（斑點之在紅條部者，為灰白色。）色頗美麗。果梗細長，落果不多；但有時因受精不良，種子不發達時；則落果頗著。梗窪淺狹；果梗基部，往往膨大而為肉疣狀。蕚窪銳陷而廣，蕚閉或半開。果肉黃白色，緻密而質脆，試將果皮削去後，曝空氣中，氯化較遲，故不易變色。漿液甚富，味甘微酸，品質優良，八月至九月成熟。本種結果齡早，而年年豐產；且品質亦甚優良，故適營利栽培之用。溫暖地方，亦得優良之結果。

特徵　樹姿密生直立。果形橢圓，底色黃綠；梗窪具贅肉，果肉不易氯化。

（十三）富麗（Wealthy）原產美國之明尼蘇達（Minnesota）省，由彼得傑狄翁（Peter M. Gideon）氏所育成之品種也。樹形較小，但頗強健，病蟲害之抵抗力強，富耐寒性，故適寒冷地方之栽培。樹齡幼時，樹姿直立，自後漸次開張；遞老則微帶下垂性。新梢暗褐色，細長而稍彎曲；節間長，皮眼甚多，形中小而長圓，不隆起。芽大中等，形鈍圓，上被軟毛。結實年齡早，且性甚豐產；栽植距離，以二丈左右爲適。果實之大，僅及中等，每個約四五兩；樹齡漸老，產果遞小，宜注意肥培，及摘果爲要。果實豐圓，稍帶圓錐形；上部微狹，果面平滑，底色黃綠，上具鮮紅條紋，形頗美觀。斑點雖密，細而不顯。果梗細長，度中等；梗窪深廣，萼窪深而稍狹；萼閉或半開；萼片闊，萼筒圓錐形，小蕊中位。果肉白色，時具赤點；肉質緻密，酸味稍強。九十月成熟，可貯藏至十一二月。本種色澤豐豔，品質優良，產量豐富，又耐寒冷，故爲佳良之品種。但果形不大，樹老愈小，稍爲缺點耳。以充園內中間間隙之栽培，頗爲適當。

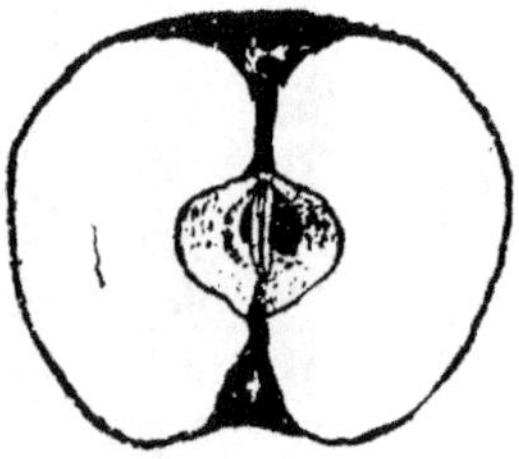

第十三圖　富麗蘋果

特徵　果形豐圓，條紋紅麗而顯美。

（十四）母蘋（Mother）原產美國馬薩諸薩省之胡瑞士他（Worcester, Massachisetts）地方。樹形中小，發育較遲，但比較的強健。樹姿半開張，枝條長而彎曲，節間甚長；枝梢褐色而稍青，先端微具軟毛；皮眼多，形卵圓而隆起。芽大中等，形鈍圓而且軟毛。結果之年齡稍遲，且有隔年結實之性；抵抗病蟲害之能力較弱，普通以之高接（top-grafting）於北探等強健之品種，以圖樹勢之健旺。果實中大，呈短圓錐形或短卵形；稍帶稜狀。果面粗糙，底色黃，上具深紅色之條紋。斑點細密，潛而不浮。果梗粗長；梗窪淺廣，微銹，時或具皺。萼窪淺狹，萼小而閉，萼片之大中等，形銳而狹；萼筒稍長，漏斗形，小蕊上位。果肉黃白色，甘酸適口，而饒芳香。十月收穫，耐貯藏。

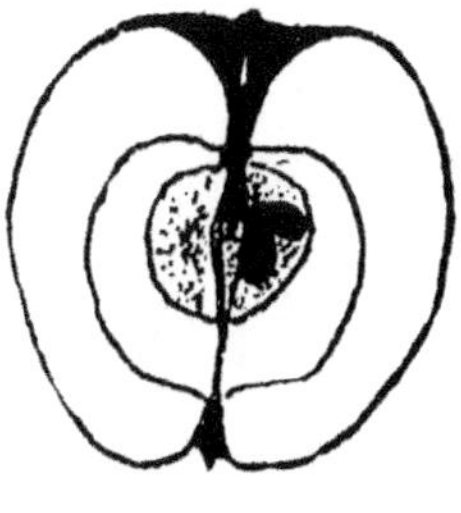

第十四圖　母蘋

特徵　果面粗糙，色深紅而不鮮豔。

（十五）雪蘋（Fameuse, Snow）原產加拿大。樹性強健，樹姿略形直立，枝條密生，長而稍粗；新梢暗赤褐色，粗而彎曲，節間短。枝色深褐而稍赤；皮眼疎朗，圓形或卵圓形，微隆起。芽大中等，形稍扁平，而具軟毛。葉厚，形較細長，易與其他品種區別。結果齡遲，但頗豐產；栽培距離，以二丈半左右為適。果形中小，每個僅三四兩，形圓或扁圓或稍帶圓錐形。果梗細，長短不一；梗窪稍深略廣，微皺，間具銹斑；普通概平滑而呈紅色或綠色。萼小而閉，萼窪深度中等，周緣多小皺，面萼筒狹而呈漏斗形，小蕊中位，或下位。果面平滑，呈濃紅色，稍深而暗；頂部條紋甚清楚，頗美麗，斑點色淡而疎朗，果皮平滑而薄。肉色潔白如雪，故有雪蘋之稱；間具紅色條紋，愈彰美麗，肉質柔軟多漿液，微酸或甘酸適度；品質中上，十月收穫，性耐貯藏。本種色濃豔麗，而果形太小，温暖地方栽培之成績，不甚佳良。

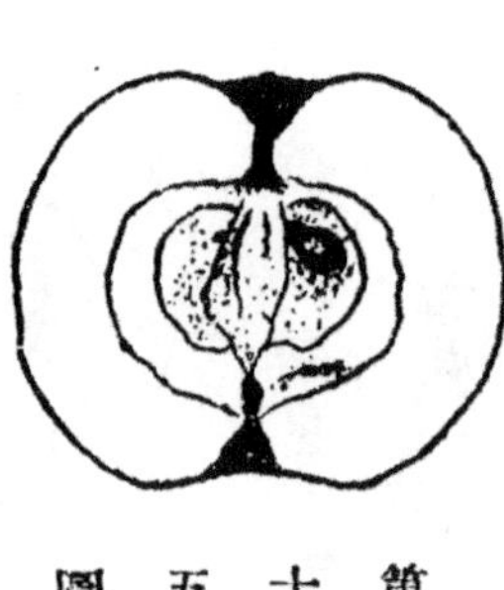
第十五圖　雪蘋

特徵　果形圓，果面具紅色條紋；肉質潔白如雪。葉長而厚。

(十六)麥金斗（McIntosh）本種係上加拿大（Ontario, Canada）丹達司（Dundas County）地方之原產；一八七〇年由麥金斗（Allan McIntosh）氏所繁殖而推廣者也。樹性強健，樹姿開張，新梢直而細長；皮眼繁密，形卵圓，或長圓，稍形隆起；故甚顯明。節間長或中；枝色赤褐，微被軟毛；芽小，或中，略被軟毛，着生部凹陷，而不隆起；葉色淡綠，易與其他品種區別。結果齡早，豐產，而有每年繼續結果之性；栽培距離宜二丈半以上。果實之大中等，平均每個約四兩半左右，形圓或扁圓；稍帶稜狀。果皮柔薄而平滑，易與果肉分離。皮色淡黃，上被鮮紅色之深暈，紫赤色之條紋，及淡紫色之果粉。斑點甚細，色黃或白。果梗短，基部時具肉疣；梗窪廣而銳陷，周緣具條溝。萼窪淺狹，稍具毛茸；萼小，閉或半開；萼片銳狹；萼筒短，圓錐形，或漏斗形；小蕊中位，或下位。果肉純白色，有時稍帶紅紋；肉質緻密，甘酸適度，多漿液，饒芳香。九月收穫，不耐久貯。（產寒地者可藏至一月）本種樹性豐產，品質優良；但抵抗疱病之力較弱耳。過於乾燥之地，不甚相宜。

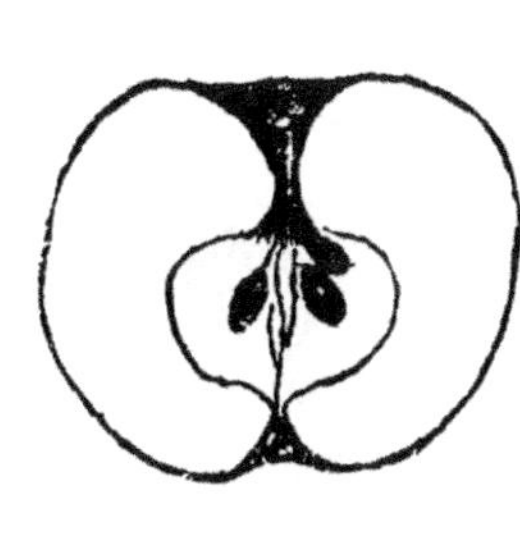

第十六圖　麥金斗蘋果

特徵　枝長而直，葉色淡綠；皮色濃紅，果肉純白。

（十七）亞歷山大（Alexander）本種係蘇俄原產，一八一七年輸入英國。樹性強健，樹姿半開張，樹齡漸老，枝條有下垂之性。枝梢綠褐色，短而彎曲，頂芽豐大，節間稍長；新梢先端略被軟毛。皮眼疎朗，中等，大形卵圓而隆起。芽大中等，豐圓而略被毛茸。結果齡早，生產力中等，但無隔年結果之習性。果形異常豐大，有時每個逾十兩以上；故有磅蘋果之稱。呈短圓錐形。果梗粗而強，梗窪深而廣大，周緣多皺，具銹。萼窪深窄，周緣平滑；萼開，萼片之大中等，稍銳狹；萼筒長短不一，呈漏斗形或圓錐形；小蕊中位，或下位。果皮堅厚而平滑，時被蠟質物；底色黃綠或淡黃，向陽部則橙黃；上被鮮紅色之條紋及斷斑；色頗壯麗。斑點疎細而隱晦。肉色白而微黃，質粗而脆，饒漿液，酸味甚重，品質中下；不適生食，僅適烹調。九月成熟，貯藏之乃甚弱。本種易罹腐爛病，栽培不甚廣；惟以果形偉大，色彩壯麗，適於裝飾及陳列。供諸果鋪頗啓顧客之注意；陳之會場，足引觀者之動盼；其生食用之價值，固甚少也。

特徵　果形龐大，呈短圓錐形；具美麗之紅色條紋。

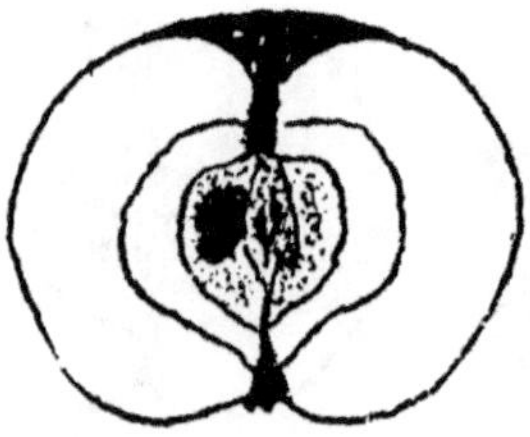

第十七圖　花皮蘋果

（十八）花皮（Graventein）本種係德國原產。樹形偉大，半開張性；枝條較粗而略彎曲；節間長。新梢褐色，微暗綠；先端多軟毛。皮眼細而疎朗，形長圓。芽大中等，形尖圓，具毛茸。葉大，花亦大。生產力旺盛；栽培距離宜二丈半以上。果實中或大，每個平均五兩左右；形圓，亦有因蔕窪擴大而呈扁圓形者；或果面具有縱溝，而呈不規則形者。果梗粗短；梗窪深廣，周緣略具凹凸及不規則之銹斑。蕚開或閉，蕚片闊大而先端尖，蕚窪深淺廣狹不甚規則，普通概稍深廣；蕚筒大，漏斗形或圓錐形，小蕊中位；果皮柔薄而稍粗，底色黃綠或橙黃；上被鮮紅及暗赤色之斷條；形頗美麗。斑點色綠，形小。

肉色微黃，緻密脆軟，多漿液，濃香味，甘酸適度。九月成熟，熟期參差，甚不整齊，宜分數次採收之。本種形狀豐大，色澤美麗，收量豐裕，品質優良；但結果齡稍遲，易罹病害，落果較多，且具隔年結果之性。須風土適宜，肥培注意，方可得優美之成績。

（寅）晚熟種

（1）黃蘋果

（十九）黃鈴花（yellow bellflower）本種為美國新約瑟（New Jersey）省之原產，由顧克（Coxe）氏所介紹者也。樹性強健，幼樹時代，樹姿係半開張性；結果時代，則多下垂而形錯亂。新梢細長，節間長，樹皮赤褐而稍淡綠；皮眼不甚顯明，形長圓而稍大。芽大，微尖；葉較狹長，結果齡遲，不甚豐產；栽培距離，宜三丈左右。果實中大，每個五六兩，大小不甚整齊，呈長圓錐形，橫斷面為稜狀；頂端狹，左右不相稱，常一側扁大。皮色淡黃而饒光澤，向陽部則具赤褐色之暈，紅黃相間，色澤甚為美麗。斑點細密，色灰白或銹綠；頂部附近，分佈尤密。果梗長而稍細；梗窪深，廣狹不定，時具贅肉，周緣時呈波狀，而被褐銹。萼窪小，稍深而斜，皺曲顯明；萼閉，萼片狹，具軟毛；萼筒為長漏斗形，小

第十八圖
黃鈴花蘋果

蕊中位或底位。果肉黃白色而緻密，採收當時，風味甚酸，但貯藏後，酸味漸減，甘味遞增；饒芳香，十月收穫。本種樹齡甚長，生長甚健，但易罹疤病，果實酸味太重，生食方面，不甚適宜。性好溫暖乾燥之氣候，需排水良好之土質，美國加利福尼亞省栽培甚廣。

特徵 皮色淡黃，而具赤暈，頂部多皺曲。

(二十)奧脫雷(Ortley)本種恐係前種黃鈴花之變種，或由種子播種後，幼植物之性質變異，致與母本品種，發生相似而微異之個性，考二者不同之點，在奧脫雷方面色澤較淡，酸味較少，收穫之量亦視黃鈴花爲遜。其他相似之點甚多。本種亦由顧克氏所發表介紹；美國太平洋沿岸，栽植較廣。樹性中健，樹姿幼時直立，漸長則枝條之細長者下垂，而樹形開張；新梢暗褐色，多毛茸，直而細長。葉色濃綠，細長似柳，易與其他品種區別。皮眼疎朗而形小；芽稍尖圓，多毛茸；枝條性脆，易於折斷。結果齡早，隔年結果之習性甚少。栽植距離，以二丈半爲適。果實中或大，每個約五六兩；橢圓形，或短圓錐形，而具稜面。果皮光滑，色黃綠，向陽處具淡紅微暈；斑點細，色白，潛而不浮。果梗細長，梗窪稍深廣，周緣多綠銹，時具淺溝。蕚窪淺狹而形小，有時具皺；蕚閉或半開；蕚片長而尖，蕚筒漏斗形或圓筒形；小蕊中位。果肉色淡黃而微白，質緻密，多漿液，饒香味，甘酸適度；十月採收，性耐貯藏。本種爲黃蘋果中之良品，溫暖地方，亦獲良好之成績，但皮薄易損，不耐運輸，貯藏中如遇某種菌類之寄生，則易變色而乾縮耳。

（二十一）金甜（Golden delicious）本種爲新近提倡推廣之品種，不獨爲黃蘋果之翹楚；且有凌駕其他紅蘋果之概。原產美國西維基尼阿省，由繆林斯（A. H. Mullins）園中所發見，迄今僅三十餘年耳。樹性強健而豐產。果大，高約三英寸半；寬約三英寸又四分之一；爲長圓錐形，大小整齊，橫斷面呈稜狀。果梗之長約一英寸半，彎曲而細；梗窪深廣平滑，時具皺曲。萼大而閉，萼窪狹而銳陷，具皺曲。皮薄而柔，呈金黃色；斑點細密，不甚顯明；頂部具銹斑及潛點。萼筒長闊，漏斗形。呈肉質緻密柔軟而多漿液，甘酸適度，香味甚濃，品質優良，適生食而兼烹調之用。本種樹性強健而豐產，且品質佳良；故為有望之品種。

特徵　長圓錐形，果面金黃色，頂部具銹斑，及潛點。

第十九圖　黃牛頓蘋果

(二十二)黃牛頓（Yellow Newtown）本種為美國原產。樹性中健，發育遲緩，樹姿略形開張。枝條細長而稍下垂，新梢暗灰褐色，先端軟毛甚密；節間之長度中等。結果齡較遲，不甚豐產；栽植距離，以二丈半左右為適。果實之大中等，形圓或扁圓，稍具稜形，皮色黃綠，採收後漸呈黃色；底部及陽面，則呈淡紅褐色。斑點銹綠色，頂部繁密，潛而不浮。果面略為粗糙，底部具灰白色之銹斑。果梗短，梗窪深廣；萼窪深廣之度中等，周緣具皺萼閉或半開萼片小；萼筒長，呈漏斗狀，或圓錐形；小蕊中位。果肉色白而微帶黃綠，肉質細密，多漿液，饒芳香甘酸適度，品質優良。本種風土適應之力不廣，生產力及外觀，均甚平常；惟性耐貯藏，品質優良，以製果酒尤為清芬。

特徵　果面粗糙，皮色黃綠，梗窪多銹。

（2）　紅蘋果

（二十三）賴爾斯（Ralls）本種爲美國維基尼阿省、恩漢斯脫（Amherst）州之原產。樹性強健，幼樹生長之力甚旺；但發育之停止甚速。樹姿半開張，達盛果期時，枝條稍下垂；枝粗而短，節間短，皮色暗褐；皮眼繁密；芽小形尖；葉大中等，反面毛茸甚少。結果齡早，樹齡壯時，能每年繼續豐產；及漸老衰，則隔年結實之象漸著。栽植距離，以二丈乃至二丈半爲適。果實中小，每個僅三四兩，大小整齊，概呈鈍圓錐形；果面底色黃綠，上具紅色之條紋及繼續之條帶；底部則全被紅色，條紋糢糊；斑點細密，銹色或灰白色。果梗粗短；梗窪深廣，色暗褐或紫褐。萼窪稍深而淺，周緣頗平滑；萼半開，萼筒圓錐形；小蕊上位。果肉色白微黃，肉質緻密，纖維稍粗；漿液中等，酸味少而甘味多。十月後採收，性耐貯藏，可

第二十圖 賴爾斯蘋果

保留至翌年六七月不潰。本種在美國方面，以果形太小，不甚歡迎；但日本朝鮮及我國奉天等處，成績甚佳。適清涼之氣候，開花時期，較其他品種爲遲；故晚霜之影響甚少。

特徵 鈍圓錐形而豐滿，新梢粗短，呈三叉式；果瘤肥大。

(二十四)包文（Baldwin）原產美國馬薩諸塞省。樹勢甚健，樹形偉大，樹姿直立或斜生；枝粗葉廣。果大，呈短圓錐形，或短橢圓形；大小整齊。果梗中或長；梗窪銳陷而深廣，周緣具銹；萼小，萼片銳長；萼窪峭陷，廣狹不定，周緣具皺。皮韌而平滑，底色淡黃，向陽處微紅，幷具鮮紅顯明之條紋。斑點灰色，不甚顯明，頗緊密，頂部周近分佈尤多；但不若底部之清晰。蕚筒圓錐形，短而廣；小蕊下位。果肉色黃，緻密爽脆，但稍粗耳；多漿液，微酸具爽快之香味；品質中上。本種爲美國東部一帶栽培最普通之品種，風土適應之力甚廣，果形整齊，外觀美麗，耐貯藏而適運輸，樹齡長久，產量豐富。惟不耐嚴寒，易罹疤病（apple scab），幷具隔年結果之習

第二十一圖 包文蘋果

性，爲其缺點耳。

特徵 果實短圓錐形。皮色淡黃，具紅暈及鮮明條紋。肉黃。

（二十五）瓊乃盛（Jonathan）本種爲美國紐約烏拉斯脫州（Ulster County）斐列伯列客（Philip Rick）氏園中之原產。樹性強健，樹姿開張，枝條開展而多下垂；旺實時期，下垂之性益著；從而樹冠形狀錯亂而不整齊。枝條繁密，新梢細長，直而易折；樹皮灰褐色，概被毛茸，如肥料不足，營養不良時，則枝帶赤色。皮眼形圓或長圓，大小不整齊；節間短，常簇生短果枝；芽大，頂部鈍圓，上被毛茸；葉較細，背多毛茸而色淡綠。結實年齡早，普通栽種後經四五年即可結果；性甚豐產，隔年結實

之象不著。栽植距離，以二丈半左右爲適。果實之大中等，平均每個四兩左右；形圓或卵圓，微具稜狀，大小整齊。果面色黃，向陽部則呈鮮紅色，如久留樹上，則呈暗紅色；頂端具淡紅條紋，葉蔭處則現黃綠色；深淺相間，狀頗美麗。果梗概細長；梗窪深而狹小，周緣多銼；萼窪稍深狹，周緣微皺；斑點小，不甚顯明；萼小而閉；萼筒小，呈漏斗狀；小蕊中位或下位。果肉黃白色，緻密多漿，甘酸適度，特饒芳香，品質絕佳。普通十月採收，性耐久貯，可藏至翌年五六月。本種爲世界各國栽培最著名之品種，具各種優良之特點。所認爲美中不足者，果面易生黑點，樹身易罹腐爛病，及樹膠病耳。（又本種宜稍肥沃之土壤。）

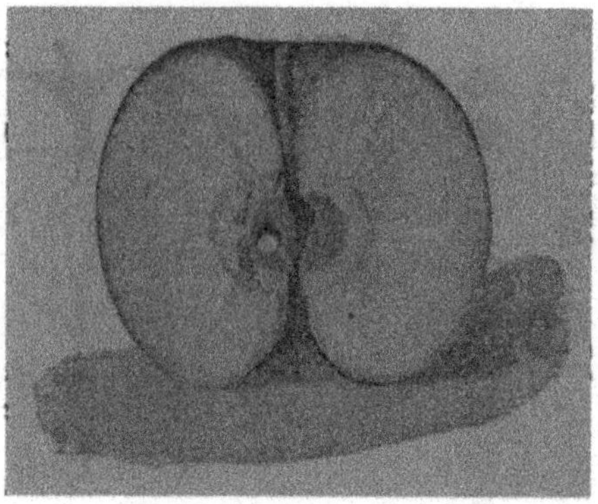

第二十二圖　瓊乃盛蘋果

特徵　果面鮮紅色，葉背多毛茸；枝條開展而下垂。

（二十八）瓦琴南　（Wagener）　原產美國紐約省。樹性較矮，惟幼苗時代樹姿直立，樹齡漸大，樹姿亦漸開張而矮化。新梢赤褐色，結果齡早，豐產而無隔年結果之性，但樹齡易於短促耳。栽植距離，以一丈半乃至二丈爲適。

果實之大中等，每個約四兩，形扁圓而具稜面；皮色淡黃，上具鮮紅色之條紋及斷帶；形頗美麗。斑點甚多，銹綠色或白色。果梗細，長短不一；梗窪比較的深廣而銳陷，周緣具稜槽及銹斑；蕚窪之深廣中等；蕚閉或半開，蕚片短小，蕚筒狹長，漏斗形；小蕊中位。果肉白色而微黃，肉質緻密，多漿液，具芳香，但微酸耳。十月上中旬成熟。本種結果齡早，每年豐產，外觀豔麗，品質中上，但樹齡短促，并易罹腐爛病耳。

特徵　枝條似梨，樹形開張而矮化，果具稜槽。

第二十三圖　班大衛蘋果

（二十七）班大衛（Ben davis）本種爲美國南部之原產。樹性健旺，枝條直立，漸老而枝形開展下垂，新梢褐色而饒光澤，枝細長；節間長，皮眼疎朗，形圓而色黃褐，頗明晰。葉大稍長而厚，結果齡甚早，風土之適應較廣。果實大，每個約六兩左右；橢圓形或長圓錐形，底部稍高起。果梗略形細長，梗窪深狹而銳陷，周緣具銹；蕚窪概深而銳陷；蕚閉或半開。果皮粗糙，熟則分泌多量之蠟質物，底色黃綠，上具鮮紅及深紅色之條紋斷帶；向陽面則條紋糢糊，全被紅色；梗窪附近色澤益深，底部多凹凸。（斑大衛抵抗波爾多液之力甚弱，有時常因藥害而生銹斑。）斑點細白，不甚顯明。蕚筒短，呈圓錐形；小蕊中位。果肉色白微黃，質堅多滓，漿液甚少；品質中下，十月採收。本種強健豐產，色澤美麗，果形整齊，具栽培上各種之優點，尤耐運輸貯藏；可以久置不潰。惜品質不良，風味過遜，僅適鄉僻地方之栽種。

特徵　果面具紅色闊條，底圓而多凹凸，結果部多果瘤。

第二十四圖　司密液蘋果

（二十八）司密液（Smith cider）本種爲美國賓夕爾凡尼省、盤克州（Bucks County, Pennsylvania,）之原產。樹性強健，但易罹蚜蟲之害；枝條多屈曲而相交錯，故樹冠姿形，甚爲錯亂。新梢褐色而細長，節間短，樹幹有盤旋狀生長之特性，栽植後五六年開始結果，至十三四年，爲旺果時代。性豐產，栽植距離，以二丈半爲適。果實中大，每個約五兩左右，圓形或長圓錐形，頂端概狹。果面平滑而饒光澤，皮色淡黃，上具淡赤色之條紋，幾滿佈全面。果粉濃，斑點顯明，其接近蕚窪之部位；斑點潛隱。果梗細，長度中等；梗窪深狹；蕚窪極淺有時幾不甚顯著；蕚半開。果肉白色，肉質緻密，漿液雖富，酸味較強，風味淡泊，品質中下，十月採收。本種果實大小不整齊，品質低劣，且易罹蚜蟲之害，故營利栽培，不甚適當。

特徵　果面光滑而具淡赤色之條紋；白色之斑點；蕚窪淺平，枝條曲屈。

（二十九）甘美（Delicious）本種爲美國衣阿華省、披魯（Peru, Iowa）地方之原產，爲較新之品種。樹性強健，發育旺盛，樹姿開張，新梢長粗細中等。節間短，枝條比較的密生而下垂；皮色灰褐或黑褐；皮眼顯明，葉頗細長，結果齡早而豐產。果實中大，圓形或短圓錐形，稜角顯明，頂部甚狹。皮色淡黃，其上被以濃色紅暈，幾及全面，並具暗紅色之條斑。斑點細，色灰白而顯明，蕚閉或半開；蕚片狹長而尖銳，蕚筒長，呈廣漏斗形。果肉微黃，肉質緻密，饒漿液而富甘味；饒芳香，酸味甚少，頗適國人之嗜好。十月採收，性耐久貯。

特徵　樹姿開張，枝條下垂，葉細長，果具稜面，蕚窪之周緣具溝。

（三十）湯金王（Tompkins king）原產美國新澤稷省之瓦倫州（Warren County, New Jersey）樹性中健，樹姿半開張；新梢長大，枝條發育較近水平。節間稍長，樹皮帶綠褐色；皮眼長圓形，而顯明。芽肥大，頂鈍圓。結果齡遲，栽植後須經七八年。樹形偉大，栽植距離，宜三丈以上。果實大，平均七八兩，形圓微扁，亦有呈圓錐形而具稜面者。皮色黃，上具橙紅色及鮮紅色之條紋；斑點繁密，銹色或灰白色，甚顯著；外觀美麗。果梗粗，長度中等；梗窪稍廣而微淺，時具贅肉，周緣波狀而多銹。萼大，開閉不定；萼窪較狹，深淺不一；萼筒中或小，圓錐形或漏斗形；小蕊中位。果肉黃白色，質稍粗，爽脆而多汁液，饒香味，甘酸適度；品質佳良。十月採收，（煙台等處九月卽可收穫）適於貯藏。

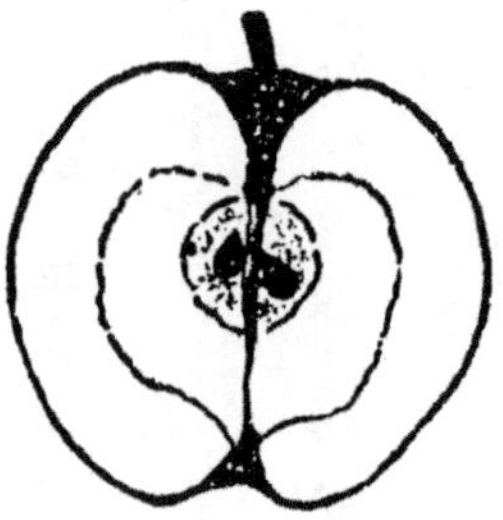

第二十五圖　湯金王蘋果

特徵　果形豐大，條紋橙黃色，枝條粗而長。

（三十一）赫排司東（Hubbardston）原產美國馬薩諸塞省之赫排司東（Hubbardston, Maschusetts)故有是名。樹性強健偉大，枝條稍繁密，惟遇風土不適宜時；發育較遜而形稍矮化。新梢較長，略帶灰綠色，枝粗中庸，節間之長度中等；葉小而微卷，結實齡早，每年豐產，栽植距離，以二丈乃至二丈半爲適。果實中大，每個約六兩左右，短卵圓形，或短圓錐形；底部稍圓，微具稜模。皮色黃，上被鮮紅、或深紅、及暗赤褐色、之暈，及條紋；斑點繁密，向陽部者，色蒼白而尤顯著；果面平滑，上具果粉。果梗短，梗窪深狹，周緣具銹，萼窪狹，周緣具皺，或環狀排列之銹斑；萼半開，萼筒廣，呈圓錐形，小蕊中位。果肉白色而微黃，質細密而緊緻，柔而爽，甘酸適度，富漿液，饒芳香，十月採收。本種以豐產而香味之佳良見勝，但風土之適應不廣，宜東北一帶。

特徵　果面色黃而具紅斑，底部圓，葉小而微卷。

(三十二)醴液（wine sap）本種栽培甚古，原產地點不明。樹性強健，樹姿開張，新梢粗，節間短，色暗赤而多毛茸。皮眼多在節之下部；葉小而瘦薄。結果齡早，性豐產，栽植距離，以二丈半左右爲適。果實之大中等，圓形或短圓錐形，微具稜面。果皮平滑而色黃，上被濃紅色及暗紫紅色之條紋，及斷帶；色澤稍晦，不甚鮮豔。斑點色白細而疎朗，其在底部者，特爲顯明。果梗稍短而細；梗窪深狹，具皺附銹；

萼窪淺狹微斜，皺紋顯明而凹凸。萼大而閉，萼片狹長，萼筒圓錐形，或漏斗形；小蕊上位。果肉色黃，維管束部，常呈紅點。肉質緻密，纖維較粗，多漿液，甘酸適度；但稍具苦味耳。十月採收，性耐貯藏。本種爲美國大西洋東南部，及太平洋西北部之代表品種；分佈甚廣，不擇風土，與黃牛頓種，同爲輸出大宗。惟據日本東北地方栽培之結果，謂易罹蚜蟲之害，常致葉部卷縮云。

特徵　頂端狹，底部平，果面色澤濃紅，而微晦；葉細。

(三十三)北探（northern spy）本種爲美國紐約安剔鼇阿州東光園（Eastern Bloomfield, Ontario County）之原產，亦美國著名品種之一也。樹性強健，樹姿甚直立，不易開張，惟果實豐產時，稍形開展耳。新梢較細長，色褐而微淡綠，毛茸甚厚，皮眼細，形圓而顯明；節間較長，芽小而微圓，著生部凹陷，而緊貼枝上。葉淡綠，而微歪。結果齡遲，須七八年以後，具隔年結實之性，故不能謂爲豐產。栽植距離，宜二丈半以上。果實大，每個六兩左右，呈長圓錐形，而底部平；果面具肋紋，而呈稜形。果皮柔薄，底色黃綠，上具鮮紅、或濃紅色之條紋，被以白色之果粉，而呈淡紫色。果梗中度，梗窪頗深廣，周緣附放射狀之綠色銹斑；萼窪狹而銳陷；斑點細，不甚明瞭；萼閉，形小或中；萼片短闊，先端鈍；萼筒大，呈長圓錐形；小蕊下位。果肉色白微黃，質脆而硬，漿液頗多；甘味亦富。十月採收，可貯藏至三四月。本種結實期遲，而不甚豐產；且具隔年結果之性；故不適營利栽培之用。但抵抗綿蟲之力絕強，故為蘋果之安全砧木。

特徵　果形長圓錐狀，上被鮮紅條紋；樹姿直立，葉之著生微歪。綿蟲之抵抗力特強。

以上所述，乃外國蘋果中最有希望，而比較的適宜於中國之風土者。茲更將中國蘋果、及中國林檎之品種，略加說明於次；以供參考。（篇中記載未能一一精確，擬待後日之補正。）

（甲）中國蘋果

分佈於北方諸省。河北之宣化、昌黎，山東之曹縣，尤為著名。本種在植物學上，同為 Malus pamila，與普通之西洋蘋果同。大概中古時代自亞洲西部輸入後，未能如歐美之積極改良，致較世界名種，不無遜色；惟其特獨之點，亦有深足令人注意者；樹性強健，枝條帶直立性，樹姿亦較直立，節間長。果形中大；每個約四兩左右；圓形或短圓錐形；果面微具凹凸，呈淡黃綠色，陽面具鮮紅色暈，有時佈滿全面，上附紫白色之果粉。斑點灰褐色而疎朗。果梗稍短，粗細中等；梗窪深淺及闊度均中等，周緣略具皺紋。蒂閉，蒂窪淺廣。果肉色白，向陽部微紅，肉質較粗，採收之初，尙爽脆，味甘而淡，酸味甚少；漿液不多；不耐久貯，稍置卽易於酥軟；令人有嚼蠟無味之感。品質中等，八九月間成熟，性頗豐產。本種酸味甚少，未屆成熟，卽可採收擷食。

（乙）林檎

本種在植物學上，屬（Malus baccata）原產我國北部，品種甚夥。玆擇其重要者，略述數種，說明如次。

（一）打扇紅　產煙台等處，樹性強健，樹姿比較的直立而開張。果實形小，每個約一兩左右；形扁圓而微呈圓錐狀。果面深紅或暗紅色，斑點細而疎朗，色淡褐，不甚顯明。果梗稍短，梗窪廣，深度中等。蒂閉，蒂窪淺廣。果肉色白而微紅，質緻密，多漿液，味甘微酸，品質佳良；八九月間成熟。本種外觀美麗，風味良好，爲林檎中優良之品種。

（二）沙果　分佈甚廣，華北各省，莫不生產。生食而外，兼充蘋果砧木之用。樹性甚強健，枝條直立而稍斜生；色暗褐而微綠。果實每個一兩半右左，形圓，兩端平如截削狀。果面平滑，呈淡黄綠色，上被鮮紅之暈。外觀美麗。斑點淡褐色，中等大。果梗細長色綠；梗窪廣，深度中等，萼大而閉，萼窪淺廣。果肉色白，質緻密，味酸微甘而澀。品質中等，性甚豐產，風土適應之力亦廣。

(三)檳子　本種產河北等處。樹性強健，果大，每個約二三兩，形圓或長圓，微呈圓錐狀，而具稜面。果皮平滑，呈紫紅色，斑點細，褐色，不甚顯明；上被紫白色之果粉。果梗細長而色綠，梗窪深而稍廣，萼大，閉或半開，肉質緻密，漿液不多，味稍甘而酸澀，品質中下。九月採收，本種頗似沙果，而果形豐大。

(四)花紅　分佈甚廣，但同一名稱之下，頗多不同之品種。樹性強健，枝條細長，而直立。果小，形圓，具稜面，皮色黃綠，上具鮮紅色之暈。斑點細，灰褐色，不顯明，果粉淡。果梗細長，色淡綠；梗窪深廣，周緣具銹。萼大而閉，萼部特出外方，故無萼窪。肉色黃白，肉質緻密，漿液不多，味甘酸而微澀，品質中等，本種果形太小，食用之價值甚少。

(五)大海棠　產煙台等處，樹性強健，樹姿直立，枝呈茶褐色，果形中小，每個約一兩許，形扁圓，微具稜角，常呈偏大之形狀。皮色淡黃，上具深紅之暈。斑點灰白色，頗顯明，果粉濃，紫白色。果梗粗長，而微斜；著生部肥大而成肉梗；色紅。梗窪廣而稍深。萼大而閉，萼窪淺廣。果肉緻密，色白而微紅；味甘微酸，多漿液，品質中上。九月收穫，較耐貯藏。

第五章　繁殖

第一節　蘋果之砧木

蘋果繁殖，必須嫁接；嫁接之際，必須砧木。茲將砧木種類，及其性質之概要，述之如次。

（一）蘋果（Malus pumila）　取蘋果種子播種而育成之砧木，謂之蘋果砧；或稱同砧。歐美諸國，使用甚廣；就中生產最多者爲法國；次爲德、比、英、俄。美國方面所用之蘋果砧木，概由法國輸入；卽所謂法國林檎是也。但此非林檎種子，而爲蘋果種子所播種而育成之砧木；故宜稱之爲蘋果砧木，較爲適當。近來美國新西蘭等處，製造蘋果汁時，產生多量之種子；此種副產品之種子，謂之維芒脫林檎（Vermont crab）種子；以供砧木養成之需。但此種砧木，嫁接之成績不良，故應用不廣。一般缺點，生長勢力不能整齊，而嫁接後之苗木，常有發育過旺之勢。

（二）林檎（Malus baccata）　林檎產中國北部、東三省、內蒙古、及西伯利亞等處。我國食用林檎之屬於此種者甚夥；如沙果、大鮮果、賓子、等皆屬之；而沙果在北方，栽培尤夥；故種子之採集亦易。近來東三省方面有採收此種種子，以供育成蘋果砧木之用而販賣者；但多係日人所經營耳。我國蘋果嫁接，向多採用此種砧木；因繁殖容易，樹性強健，且材料之收集，亦頗便利也。不寧惟是，林檎對於氣候寒冷之抵抗力甚強，故北方諸省冬季嚴寒之處，此種砧木，最爲適當。另據英國哈東 (R. G Hatton) 氏之研究，謂林檎中具各種不同之系統；其生長之勢力，殊不一致。此種砧木，嫁接後及於接木之勢力；按其強弱，得區別爲八系。第一系勢力最強，與蘋果砧略相伯仲；第八系勢力最弱，略如柏剌大斯 (Paradise) 云。

(三)三葉海棠 (Malus sieboldii) 產日本等處，係灌木性；略具針刺，葉卵形或橢圓形，而具毛茸；葉三裂而中部更裂爲三，故有三葉海棠之稱。其砧木上之利弊，大概可分爲數點言之。

(一)此種植物，繁殖極易，得以扦插法而養成砧木。(二)抵抗乾燥之力較弱，故以此嫁接之蘋果，不適於乾燥之瘠地。(三)嫁接之親和力，不及圓葉海棠。(四)此種植物，有數種不同之系統，就中有令蘋果之結果作用不良者。(五)無抵抗綿蟲之力。

根據以上各點之結論，缺點多而利點少，不能認爲優良之砧木；近來各處已漸少採用矣。

(四)圓葉海棠 (Malus prunifolia) 產我國北方諸省，枝梢紫褐色而無毛，葉似林檎，但其背面沿葉脈部，略具毛茸。其砧木上之價值如次。

(1)用扦插法易於繁殖。(2)與蘋果接着良好。(3)比較的耐乾燥。(4)徵使樹性矮化，有豐產之效。(5)對於綿蟲有強度之抵抗力，普通可用之爲安全砧木。

以上各條件中，(4)(5)兩項，尤爲重要。蓋營利果園栽培之目的，希望產生果實之豐富，以及病蟲害抵抗力之強健；此種砧木具二者之特長，故爲良好之砧木也。據日本東北地方栽培之經驗，謂該處當蘋果園着手栽培之初，對於砧木種類之選擇，向不注意。嗣後發見每在同一地方同一品種；往往甲園豐產而乙園歉收，顧兩者風土之環境，初無少異。後經識者詳細研究，完全爲砧木不同之關係；故近來蘋果繁殖所用之砧木，多賞用此種植物矣。至若綿蟲 (woolly aphis) 一物，爲蘋果著名之害蟲，此蟲猖獗，有全園不可收拾之恐。歐美各國，對於此點，恆傾其全力而研究應付之法；選擇抵抗力特強之植物，以充砧木，謂之安全砧木 (resistant stock)。如蘋果中之北探夏谷冬王諸品種，均具特有之抵抗力。但此等品種，繁殖不便。播種培苗，則抵抗之特性易於退化；分株扦插，應用又較困難；均不若圓葉海棠之便利而適應用。

（五）柏剌大斯（英名 Paradise）學名（Malus pumila, var. parecox 或 Malus communis, Var. pumila）柏剌大斯爲蘋果同一種屬之植物，原產歐洲南部，東部；及亞洲之一部；現今所採用之砧木，由此等野生種所改良者也。自其砧木之性質言之，樹性矮小，係淺根性；再生之力強大，易於嫁接，更適特殊之風土。至就蘋果繁殖方面之利弊言之，其利點爲（1）能使嫁接之蘋果樹矮小，故有矮性砧木之稱。（2）温暖多濕之地，普通砧木，結實困難；惟採此種砧木，能得比較優良之結果。（3）繁殖比較的容易。（4）結果期早。至其缺點爲（1）此種砧木係淺根性，故對於機械的損害之抵抗力甚弱。（2）樹齡短縮。

柏剌大斯中，有多數不同之品種；據英國鮑侃（Borker）及哈東（Hatton）氏之研究，曾將各地徵集之材料，調查個性之區別，分爲九種不同之系統，其樹性之強弱，亦各不同。

第二節　砧木與接穗之關係

蘋果繁殖之際，因所選砧木之種類不同，而發育結果之影響亦異。茲將砧木與接穗之關係述之如次。

（一）砧木與接穗生育上之關係　蘋果繁殖，如採用柏剌大斯，爲矮性砧木者；與嫁接於蘋果砧，林檎砧，三葉海棠及圓葉海棠之砧木比較，則生育遲緩而樹姿矮小。此砧木所及於接穗之生長的勢力，與砧木自身原有之強弱爲比例。卽砧木之生長旺盛者，則嫁接後之蘋果生長勢力亦必旺盛；砧木之樹姿矮小者，嫁接後之蘋果生長亦隨之矮化也。以上所述，僅就砧木及於接本之生長勢力而言，反之，蘋果因各品種生長勢力之強弱，而其嫁接砧木發育之勢力，亦有旺衰。據美國貝力（L. H. Bailey）氏之研究，如醴液及北探兩種蘋果，採用同樣之砧木繁殖時；數年之後，醴液之根分佈甚淺，北探之根入土甚深。是因北探之勢力旺盛；故砧木受其影響，而發育之勢力亦較旺盛也。

（二）生產力方面之影響　砧木之種類不同，嫁接後生產之能力亦異。如三葉海棠所嫁接之蘋果，生產能力概形薄弱；圓葉海棠所嫁接者，產量恆較豐富。柏剌大斯所嫁接之蘋果，樹形稍較矮小，而果實概較豐大，風味亦較他種砧木所產爲優良也。

（三）風土適應力之強弱　圓葉海棠，抵抗乾燥之力，較三葉海棠爲強。西伯利亞林檎，耐寒之力，較圓葉海棠爲強。栽培者，可適應地方之風土，而採用適當之砧木。

（四）砧木與果實之影響　蘋果成熟之時期，因砧木之不同，而殊其遲早。如同一瓊乃盛之蘋果，嫁接於柏剌大斯者；與嫁接於圓葉海棠者比較，可早熟五日以上，且色澤豔麗，品質優良。麥金斗蘋果，嫁接於屋登堡蘋果者，（即以屋登堡爲砧木）較之嫁接於自身者，約早熟二星期，且色澤遙爲美麗。更據美國高德男 (Gardner) 氏之研究；謂砧木種類之不同，與蘋果貯藏之力，亦有關係。如金碧冰 (golden pippin) 蘋果，嫁接於林檎砧木時，較之嫁接於蘋果砧者，貯藏之力爲強。

（五）砧木與親和力之關係　同一砧木，同嫁接之品種不同，而接活之難易不一；斯蓋因接木與砧木親和力強弱之關係。據美國海掘列克 (Hedrick) 氏之研究，謂麥金斗瓊乃盛伊索伯斯亞歷山大富麗倬士麥等之蘋果，易於嫁接於矮性砧木。而包文洛特島 (Rhode Island) 羅馬麗

(Rome beauty) 北探班大衛等，則不易接合於矮性砧木。又據法國勒魯（E. Leroux）氏之研究，曾取二百餘種之蘋果，調查砧木接本二者木質之軟硬；以及嫁接之難易。其結果如下；（1）砧木與接穗硬度愈相近，則其嫁接亦愈易。（2）軟質性之接穗，雖有時可接合於硬質性之砧木；而硬質性之接穗，究難接合於軟質性之砧木。

第三節　繁殖法

（一）砧木之養成　上述各種之砧木，其應用最廣者，爲圓葉海棠。繁殖之法，或用枝插法，或用根插法；枝插法，詳見拙著「果樹園經營法」繁殖章內，茲不復贅。根插法者，將圓葉海棠之根株，切斷扦插，而繁殖之方法也。暖地於二三月間，北地則俟開凍後行之；扦插材料，選直徑三分乃至一二分者，以寸許之長度而切斷之。上下位置，慎勿顛倒，然後以之扦插苗圃，頂端微露地表，以便發芽生長；此法繁殖，扦活較易。至三葉海棠之繁殖，雖亦可應用扦插法，但普通多選優良母本而行播種繁殖。因扦插繁殖之三葉海棠，往往根部易於蔓延病害；不若播種而育成之苗株，較爲強健也。柏刺大斯（Paradise）砧木之養成，概用分株法；因柏剌大斯不易扦活，故須用堆土法而行分株繁殖也。至蘋果砧之養成，普通概用播種繁殖法；卽將蘋果種子，播種而育成砧木之法也。惟據美國蕭氏之實驗，謂蘋果因品種之不同，而發根之難易不一；枝條之發根容易者，亦得以扦插法而行繁殖；如甘枝、麥金斗、猥河、北探、等品種是也。

（二）嫁接之方法　蘋果嫁接，歐美多採芽接法；我國、及日本、則均用接木法。芽接法、於夏季施行。（詳見果樹園經營法繁殖章內，茲不復贅。）接木法則概在春分前後；亦以地方之氣候而稍殊；南中雖較略早，北方不妨稍遲；一以樹液循環活動之開始爲標凖。接木之方法，因各地之習慣，而不一律；普通應用最廣者，爲切接法；茲將該法述之於次。

行切接法時，選擇組織堅硬，發育中旺之枝條；除去先端成長未充，及基部芽之發育不良部分，然後切斷之，以充接穗。接穗之長以二三寸而具壯芽二三枚者爲度。此項接穗，先於頂端芽部稍上處，向反對方向斜削，同時於頂芽同向側面，下部平削寸許；更於反對方向之側面，斜削二三分，如圖A；削就後啣諸口內，以防乾燥。乃於砧木方面，就地上二三寸處切斷，用利刃削平斷面。乃就發育良好而

第二十六圖 切接法

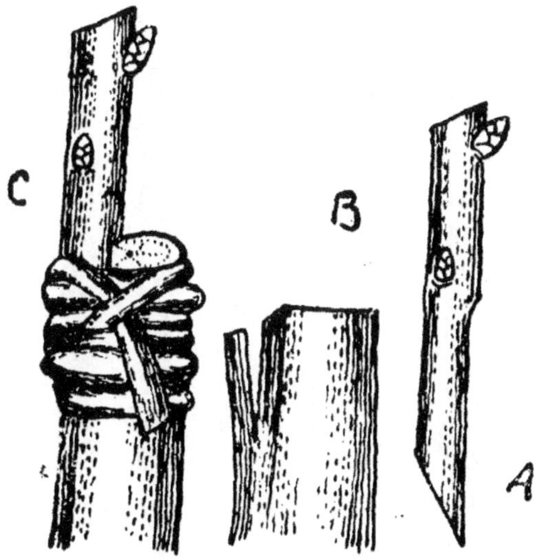

A. 接木
B. 砧木
C. 接後之結縛

平坦之一邊，於韌皮部及木質部之間，將利刃垂直切下一寸許。然後以削就之接穗插入，令接穗與砧木二者之生長層，彼此互相密合；（此際如接穗與砧木，接合傷面大小相同時；則兩側之生長層，得互相接合。但實際上砧木之縱削面，每較接穗之縱削面爲廣；二者之傷面，大小常不一致；故祇須生長層之一面，得相互密着足矣。）更將砧木部所切開之外側皮片，緊貼接穗；而用揉熟稻草、或麻布、藺草之屬結縛之，如圖C所示。結縛既畢，更將苗株兩旁培土壅蓋，僅留接穗頂端一芽，微露地表。如砧木之接合部，距離地面過高時；則培土不便，宜於接合部之外，裹以竹箬，內填細土；或於接合部塗以接蠟，俾防局部之乾燥，而免雨水之侵入，亦無不可。

第六章　開園及栽種

第一節　防風

無防風設備之蘋果園，往往強風吹襲，枝幹折傷，落果遍地，損失不貲；此吾人所屢見之現象也。風災損失，舉其要者略如下列（1）嚴冰積雪之處，所吹寒風，輒因温度過低，易於傷芽。（2）漠北所吹燥風，因所含濕氣過於缺乏，常使園內過於乾燥，芽、及花所含之水分，易爲燥風所奪，而受損傷。（3）嚴冬之際，朔風勁厲，每將園內積雪落葉，吹散飛失；地表之保護物既失，易於凍結過深，而損樹勢。（4）颶風吹襲，有折斷枝幹之恐；成熟時期，落果尤多。（5）開花期中，因強風而花粉損失，致誤受精之作用，往往開花多而結實少。（6）無強風之處，多小鳥繁殖，有捕食害蟲之效；風害過強，則棲息自少；故自然利用之機會亦較少。（7）強風之際，脩剪困難，且切口乾燥，枝端易於枯死。

無防風之設備，則多上列之損失；但防風設置完備之際，亦不無相當之損害。如傾斜地之下部，設備防風森林則寒冷氣流，爲之停滯，園內易於寒冷。又因空氣之流通過緩，而霜害酷烈；或病蟲害發生較易。但此係防風設備方法之不適當，決非防風之不應設置，及防風之爲害果園也。

從事防風設備之際，宜視察園內之地勢，及強風之方向；俾於適當處所，栽植遮風樹木。普通西北方向吹襲之風，最易損傷園內果樹；故防風樹木宜栽植此等處所，以障屏藩。防風林之效力，因樹木之種類，生長之高低，而奏效不一。普通僅及三百尺左右，故大面積之蘋果園，宜栽植數道之防風林也。供防風而栽植之樹木，普通爲松、杉、檜、柏等之常綠森林樹木；但胡桃、榛、栗等之落葉果樹，亦可應用。要以適應地方之風土，發育良好，而枝條不致叢密；對於園內果樹，不致傳播病蟲害者，是爲至要。（如檜柏爲蘋果赤銹病之媒介，易於傳播病菌；不宜以之充防風林。）

第二節　整地

蘋果當闢園之先，宜預爲整地。整地之法，因各處情形而不同，有就山地荒田而開墾者；有就園圃熟地而栽植者；有就舊有果園，伐除更新而培種者。闢園之情形既殊，整地之方法自異。園圃熟地之闢種蘋果者，手續最爲簡單。祇須耡平園地，整齊區劃，然後佈置栽植線，掘穴培苗足矣。舊有果園之更新栽種者，普通更分二種；其一、將原有蘋果舊樹，完全伐除，重行整地，栽植新苗。其二、將舊有蘋果樹之中間，掘穴栽種，俟苗漸長大；然後將舊有果樹再行伐除。二者相較，後法採用較廣；因於經濟收入，影響較少也。山林開墾之地，整地宜精，并宜先栽荳科植物一二年，俾事改良土壤；然後栽植果苗，較爲妥善。否則新墾土地，果苗生長不良，發育亦欠整齊也。考蘋果根羣分佈之狀況，概分二部；側根富分歧性，多分佈於地面表層，土壤膨軟之處；主司無機鹽分攝取之用。直根則深入下層，司支持樹體，及吸收水分之用。整地精密，表土膨軟，則側根之分歧發達；而蘋果之發育結果，自然良好；無徒長之流弊，呈整齊之樹姿。此蘋果闢園栽植之前，治地工作，所以必須充分注意，力求精密也。

第三節　栽種

栽種之距離　蘋果栽種之距離，因地方之風土，品種之個性，砧木之種類，經營之方法，而不能一致。普通林檎砧、或海棠砧、之苗木，在平坦地方，栽植距離，宜二丈半以上。（如瓊乃盛、賴爾斯、花旗伏蘋、等之品種，以二丈半爲適度；但如湯金玉、班大衞、黄鈴花、司秘液、等宜開展至三丈）我國北方蘋果栽培繁盛之地，如昌黎、煙台、等處種植距離，普通僅一丈乃至一丈五尺左右，不無失之過密。往往樹冠頂部發育雖旺，而中部以下，枝梢空虛，結實之面積既狹，生產之分量自少。且空氣既欠流通，日光亦難透射，病菌害蟲發生滋易，非經濟栽培之策也。奉天、等處，方蘋果栽植之初時，距離亦甚狹；略如昌黎、煙台、等處。近來感於過狹之不利，故新闢之蘋果園，其栽種距離，均已開展增廣。至若美國方面蘋果栽植之距離，一般概較寬廣；但因風土之關係，而亦不無差別。如東部諸省，普通自三十英尺，乃至四十英尺。西部地方，概自二十五英尺，乃至二十八英尺。考西部諸省，栽植較密之理由，因氣候乾燥，發育抑制之故。東部則氣候較殊；紐約、等省，栽植距離之在三四十英尺以下者；往往易於失敗。如包文、阿肯色、等樹性開張，發育旺盛之品種；必須四十英尺以上。但如黄明等之品種，發育不甚旺盛者，祇須三十英尺足矣。

栽種之方式　普通概分四種；卽長方形、正方形、三角形、及梅花形、是也。長方形者；果苗栽種之際，前後左右，均相互垂直，惟行間距離較株間距離，爲廣耳。正方形者；前後左右之栽植線，亦相互成直角，而株距與行距相等，故地積較長方形爲經濟，應用亦最廣。以上二法，耕耘管理，均甚便利，且中間栽植副作物時，亦甚適當。正三角形者；樹之栽植，成等邊三形或菱形者也。此法樹之前後左右，均成直線，惟不相垂直，土地利用，較正方形爲經濟，可多栽樹數十五%。梅花形者；於正方形之中央，更植樹一株，此法概應用於間植栽培中間所植之一樹，普通爲小果樹，或結果期早之矮性砧木也。茲將面積與株數，計算之公式示之如次；

長方形……面積÷（株距×行距）＝本數　正方形……面積÷（株距）^{2}＝本數

正三角形…面積÷（株距^2×0.866）＝本數　梅花形……正方形之株數×1.777＝本數

栽植之時期　蘋果苗木栽種之時期，因地方之氣候而不無稍異。一般以秋季栽種爲佳，卽晚秋落葉後，新根未發前，所謂第一休眠期者是也。栽植期較早，則根荄與土壤，得於嚴冬之前，互相密切；根之切斷面，亦得早日癒合。其勢力之恢復，新根之發生，自可較早。如栽種過遲，則新根已經萌發，移植不無損傷；勢力恢復，亦較困難。但地方酷冷之處，表土凍結，氣候嚴寒；苗木枝梢、及芽，不無因之易受損傷。又如冬季乾燥，朔風勁厲之處；或苗木尙未完全落葉，先行掘取，均非所宜。反不如稍緩栽種，俟諸來春之爲愈也。（温暖地方，以秋季栽植爲佳，因冬令無嚴寒，不致凍傷樹苗也。）以上所述，爲栽種時期與地方氣候之關係。更自栽植果苗之樹齡言之；一二年生之幼苗，如移植得當，處理適宜，則無論秋栽、或春植，日後之成績無甚差異。至若八九年生以上之壯樹，則根羣較大，勢力之恢復不易，移植栽種，自以秋季爲佳。如必須延至春季，亦宜特爲注意保護，毋令根部乾燥，是爲至要。（一般秋季栽植之苗木，對於乾燥、及凍害二點，宜注意保護。至春季栽種之苗木，如時期過遲，苗已萌發，則生育勢力易於衰弱，宜注意調節地上部水分之需要，及地下部水分之供給，保持平衡。除適度灌水外，并宜將苗之四周地表部，敷以充分腐熟之堆肥，或斷藁、草芥，俾減蒸發而資調節。）

苗木之樹齡　栽植蘋果所採苗木，究取一二年生之幼苗？抑採三四年生之壯苗？二者優劣利弊，驟難施以定論。如苗圃管理精密周到；則可預爲購買一年生之苗木，注意培植，秋冬移栽。如是培養一二年，則果苗發育迅速，樹姿整齊；以之定植，結實期早。但苗圃肥沃而果園磽瘠時，苗木發育衰弱；易生根癭病 (crown gall)；且枝條易於損傷，綿蟲亦易寄生。爲速成計，固以此法爲利；而爲安全計，仍以一二年生之苗木定植園內，較爲妥善。因發育強健，枝梢堅碩，整枝脩剪，亦較便利也。苗木栽植之際，根羣發育狀況，宜施以檢查。凡直根過於發達，而鬚根太少之苗木，最好能擯棄不用。否則亦宜施以適當之脩剪，俾促鬚根之發達，而免樹勢之徒長因直根發達者，生育易致過旺也。

栽植之方法　先於果園邊界，沿道路或籬圍處，定第一行基線。次於兩端取直角方向，垂直二線；更將此二線聯絡之，以完成基線。此基線與邊界之距離，至少應具株間距離之半。（例如株間距離二丈者，則基線至邊界至少應保留一丈之距離，餘類推。）基線既設，乃定行列；行列既定，便可按照距離，用石灰粉、卽定栽植點，插以鐵籤、或竹枝、以定栽植位置；然後開掘栽植穴。穴之大小，宜按照樹之大小而定；通常栽植一二年生果樹時，直徑三尺、深二尺、已無不可。穴內投以堆肥六七斤，米糠半斤，草木灰少許，先與栽土混合，然後種植。種植之際，爲保留栽植位置之正確計，宜用定植規。(planting board) 規之構造，爲長六尺、寬五寸、厚寸許之木板，兩端有孔，可插鐵籤，中央具凹孔，足以容苗，構造甚爲簡單。苗栽植時，手握苗株，將栽土徐徐覆入，以足蹈之，使根土互相密着。栽植深度，以接口與地面略平爲度。但山地傾斜之處，土砂易於流失，致根部易於乾燥，故宜較平地深植，以圖根部之充分保護。或雖在平地，而土壤乾燥，強風易襲之處，亦宜稍爲深植。要宜視土壤之性質，氣候之狀態，果園之地勢，斟酌而定適當之深度。如遇土質輕鬆，易於乾燥之處，除栽植稍深而外，更宜敷以堆肥、或以木屑與土之混合物，溼潤而敷諸地表；或頻灌以水，而資潤澤。至若風強之地，栽植後，更宜於苗株之旁，插縛支柱，以免動搖而致倒伏。又如野鼠、兎類易於嚙傷果苗之處，宜用杉葉、刺柏、或竹枝、等插縛苗木四周，以資保護。此外栽植之果苗，未種固宜修剪根部，已種又需修剪地上部，俾調節雙方，維持相稱之勢力，是爲至要。

凡舊有之蘋果園，伐掘老樹，而從事更新時，新苗栽植之位置，務宜避除舊樹根羣分佈之區域。否則、亦宜將老根殘株，搜掘盡淨；并將園土深耕，撒佈石灰，或施用含氰石灰（nitro-lime, calcium cyanamide, $CaCN_2$）、及堆肥、等與土壤充分混和；休閒一年，或栽植荳科植物，鋤入土中，以充綠肥，或栽種普通作物二三年；俾圖地力之恢復。否則苗木栽植後，往往發育不良，吾人於此，必須預爲注意。

第七章　脩剪及整枝

第一節　蘋果結果之習性

蘋果新梢上之腋芽，普通概爲葉芽；如第二年營養之狀態適宜，則適度發育而成果枝；第三年開花結實。此由葉芽以迄開花結實，所經之普通程序也。雖然、葉芽營養之狀態，常因環境及其着生之部位而有不同；或發育之勢力旺盛，伸長而成葉枝；或營養之狀態不良，花芽未能充分形成而爲中間芽。斯營養之過與不及，皆由氫質與炭水化物之比例率不適當，從而影響於花芽之分化也。更由花芽之着生狀態言之，普通概現於短枝之頂端，謂之短果枝。亦有於長枝之先端，及其腋芽部位者，謂之長果枝。蘋果結果枝着生分佈之狀態，常因品種之個性而不同。一般長果枝所着生之果實，當其發育長大之際，常使枝條下垂，往往易受風害而致落果。

花芽當萌發之際，鱗片卽漸次分離而脫落；嫩葉花梗同時發育開舒。嫩葉着生於基部，花序着生於上方花序之花數，因花芽成熟分化之程度，及品種之個性而微有不同；大概二三枚乃至七八枚。其開花之順序，由上部而遞及基部；此等多數之花，并非完全結實。或因受精作用之不完全，或因外界之障害而不能結實。即結實矣，或因養分供給之不敷，或因生存競爭之演進；以及其他病蟲害之關係，而中途落果。實際上完全成熟者，不過一二枚，（林檎有着生三四枚者）斯固自然的生存競爭之妙緒。假令花序上所着生之花，一一完全結實則營養不敷，樹勢衰弱，果實因養分之不足而難於充分肥大。故着生果實太多之際，當適度摘果，而事調節，并圖果實發育之肥大。

花序基部葉腋之腋芽，常隨果實之生長而發育；其營養適當者，亦有於當年內形成花芽。但此係少數，普通則當年內概形成葉芽，或中間芽；至明年而抽伸短枝，着生花芽，第三年重行開花結實。是故，由局部之觀察，以一果枝爲單位而立論，常有隔年結實之現象。但豐產之種類，常於其他枝上之腋芽，發育而成結果枝。故自全樹果枝之數量計之，仍無甚相差也。且豐產品種，如能注意摘果，適當肥培，不難於同一果枝，繼續着生花芽。

第二節　修剪

修剪爲蘋果栽培上一種重要之操作，手續繁複，應用之際，宜臨時變化，并非千篇一律。本編以篇幅關係，未能一一詳陳縷舉，僅舒概要，述之如次。

蘋果修剪自時期上言之，可分爲冬季修剪及夏季修剪。自施行之方法言之，可大別爲摘梢及疎枝之二種。此等操作之強弱，必須充分注意，始能配合適當而達修剪之目的。此強弱之程度，雖難以一定之文字表示，但就大體言之，芽（摘梢時）或枝（疎枝時）之剪除在百分之三十以內者，謂之輕度修剪，其在百分之三十以上六十以下者，謂之強度修剪。輕度修剪足以促花芽及中間芽之着生，而其充實之度不良。強度之修剪足以促枝梢之發育，及殘留花芽或中間芽之充實。二者宜參酌樹性、環境及其生育之狀況，而採適當之手段。

蘋果之修剪，因其生育時期之關係，可大別爲四期。一爲樹形構成時代，二爲樹勢轉移時代，三爲結實時代，四爲多產時代。

(一)樹形構成時代　自栽植後至四年乃迄六年間，爲營養發育之時代，宜注意枝條之配置，及其勢力之充實。

(二)樹勢轉移時代　樹形構成時代而後，卽爲樹勢轉移時代；大抵栽植後經五年乃至八年間。卽由營養發育而轉移至結實生產之時代也。此際脩剪最須注意，不宜濫事摘梢，宜採疎枝方法，凡樹冠上部之新梢，均宜適度行之。如樹冠繁密過度，則二年生及三年生之枝條亦宜適當疎去之；至向內着生之壞枝，均須相當脩剪。

(三)結實時代　爲圖結果枝之維持，及其發達，以圖生產增加之時代也。大抵栽植後第七年乃至十二年之間，此際果樹旣生產結實，同時尙須繼續構成樹形，故宜每年施以規則之脩剪。

(四)豐產時代　爲果實旺產時期，亦卽經濟的收獲之時代也。蓋蘋果脩剪至第三期結實時代爲止；則樹形樹冠已完全形成，脩剪手續無甚困難。僅須注意空氣之流通，日光之透射，而施以適度之疎枝。凡發育旺盛，足以擾亂樹勢之平衡者，宜適度強剪；其枝齡過老，勢力衰弱者，亦宜設法更新之。

第三節　整枝

蘋果整枝之方法，因各地之情形而不同，我國北方諸省，概採自然式；歐洲方面，多採尖塔形及圓柱形，美國方面，又復稍異。茲述其概要於左；

（一）尖塔形一名圓錐形　此項整枝方法，主幹僅一本，由底部以迄頂端，引成階級式之幅射狀主枝若干段，每段主枝之長度，由下向上遞減；樹冠全體，呈尖塔形。各段階級之距離，自七八寸乃至一尺，每段主枝之數凡五本。其樹幹之高度，與最下第一級主枝擴張之度，爲比例者也。引成之法如下；

第一年引成法　第一年所施引成之手術，卽專就第一段主枝之引成，及主幹延長所施之方法也。法選發育良好之一年生苗木，於地上一尺乃至一尺五寸處，選一定芽；由此定芽，向上共數六芽，更於此六芽之上，再留三四芽；而將上部剪除之。如第二十七圖甲示未剪之苗木，乙示已經修剪者。甲圖自a至b凡六芽，c爲剪定處；a b間之六芽，以b芽繼續樹幹之生長，更將其餘五芽，引誘之，以爲第一段主枝。此五芽中如下部之芽發育不良，則宜於芽之上部，施以刻傷，俾促發育。至ｂｃ部分，僅供新梢結縛之用；故ｂ上數芽，均須除去。如是由ａ迄ｂ之六芽，各萠發而伸新枝；ｂ芽延伸直上，爲乙圖之ａ，俟生長達一尺許時，結縛於殘枝之先端（ａｃ部）俾姿勢之垂直。其他新梢五本，向各方依同樣之角度而引誘，且注意生長勢力之平均；如某枝過於強盛，則可適用摘心或其他方法以矯正之。如延長主幹發育過旺，而下部各枝生長不良時，亦可用同樣方法，以調節之。

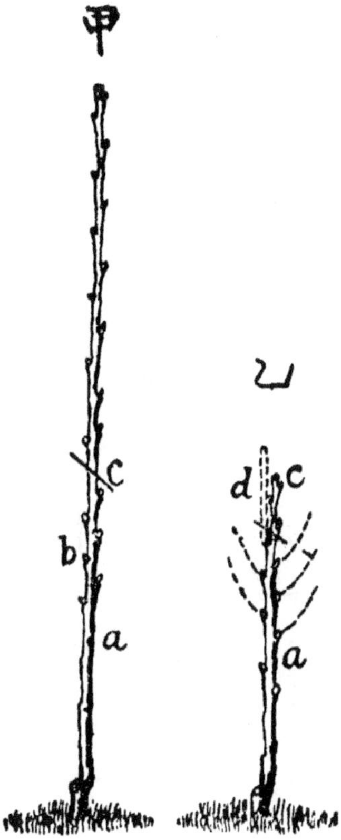

第二十七圖

尖塔形第一年整枝法

第二年引成法　以上處理適當之苗木，至第一年秋季，其大體之發育，如第二十八圖甲。第二年度脩剪之方法：一、爲形成第二段主枝，卽主幹之延長部ｂ；二、爲引誘去年生長之第一段主枝。

第二段主枝形成之法，自第一段主枝之最上部，距七八寸乃至一尺處；於延長之主幹上，選一定芽。（圖中a）由定芽之上，數芽六個，（圖中b）其上更稍留新枝結縛之處，（圖中c）而剪定之；與第一年之施術方法同。所宜注意者，本年度修剪之切口，應與去年度成反對之方向，以期主幹之眞直耳。

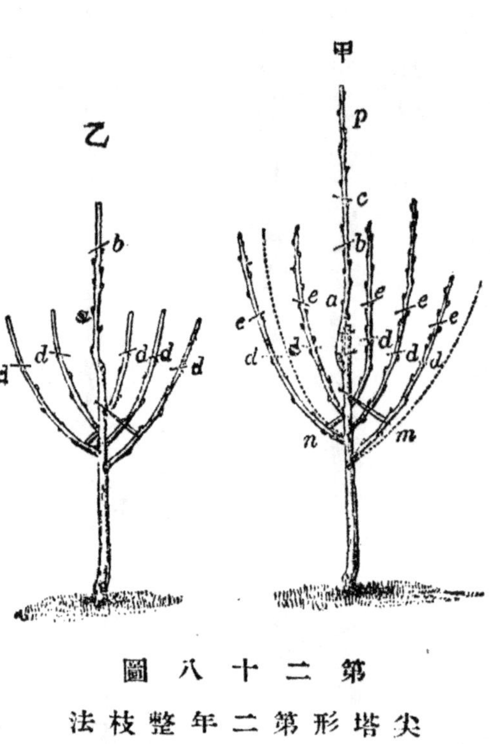

第二十八圖

尖塔形第二年整枝法

第一段主枝之修剪，宜注意各主枝間勢力之平衡，及主幹發育之強弱。如主幹方面，對於自身生長及第二段主枝之發育，均具充分之勢力；則第一段主枝之修剪，不妨稍長。如勢力不甚充分，則修剪宜稍短；所以促第二段主枝及主幹之發育也。此外對於側枝（着生於主枝之枝梢）亦須注意；要宜根據以上諸項之情形，而定適當修剪之程度。至剪芽所採之部位，宜擇向外生長者；（圖中×）其上更留枝少許，除去芽部，以供新梢伸長後繫縛之需。同時各主枝脩剪之際，宜留意各主枝之姿勢。如方向不正者，均宜矯正之。矯正之法，用鉛絲或繩，引上或垂下以調節之。圖中×爲鐵片，由此嵌置而使枝條向外開展者也；×爲細繩，將枝向上略吊，因該枝過於下垂也。

以上脩剪之結果，如第二十八圖乙；春季萌發生長時，b芽延伸而爲主幹，b芽以下之五芽，（至a爲止）發生新梢而爲第二段主枝；其處理之方法，一如去年所施於第一段主枝者。一方面維持各主枝間發育之平均，一方面注意延伸主幹生長之良好。a以下所發生之新梢，無須保留，均宜剪除；至第一段之五本主枝，各自a芽處延伸生長，同時a芽之下，發生多數之側枝。此延伸之主枝，宜注意勢力之平衡及姿勢之矯正。其下所發生之側枝，爲將來結果之用，亦宜相當脩剪之。

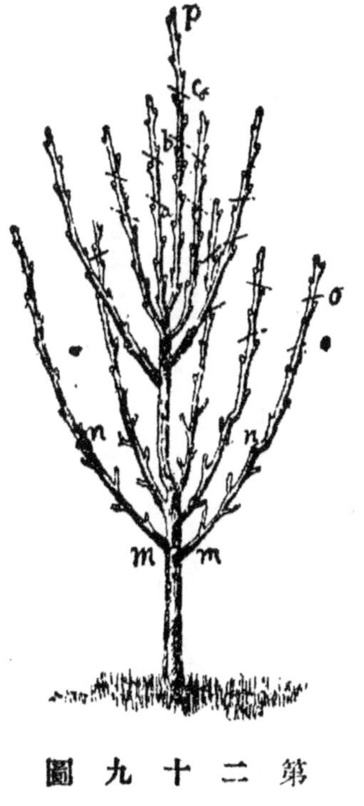

第二十九圖
尖塔形第三年整枝法

第三年之引成法　第二年所形成之樹勢，略如第二十九圖。第三年春季，於主幹延長枝d上，自a至b，選定六芽，其上略留殘梢，於c處脩剪。至去年生之第二段主枝，及前年生之第一段主枝，各於適當部位脩剪之。如圖中o，表示剪芽保留之位置；（仍當向外，）o示殘留枝梢之部，以供新梢伸長結縛之處；橫線所以示剪定之位置也。其二年生之部分，（圖中m n）去年已生側枝，此側枝之着生花芽者，則保留一二枚而脩剪之；其尚無花芽着生者，則另施脩剪以促成之。

第三年春，脩剪終了時之樹姿，如第三十圖所示。（圖中所示係剪芽存在之位置，實際上尚須酌留殘梢，以供新枝結縛。）如斯b芽生長延伸而爲主幹，a b間之五芽，則萌發新梢而成第三段主枝。至第二段主枝及第一段主枝各自剪芽部，繼續延伸成長；其下所着生之側枝，處理

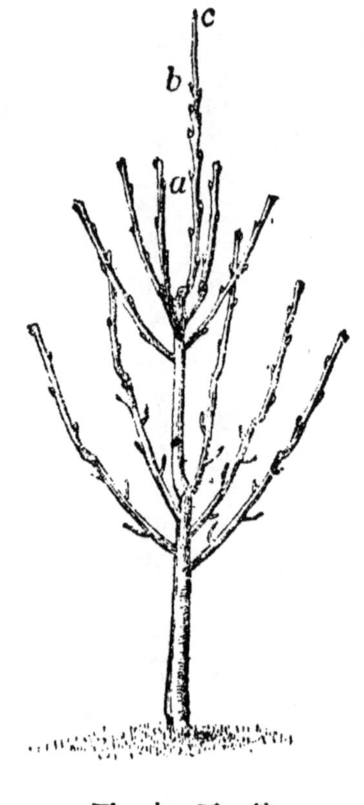

第三十圖

尖塔形第三年春脩剪後之樹姿

第三十一圖

尖塔形第三年終了時之樹姿

第三十二圖

尖塔形第四年春脩剪後之樹姿

之方法，一如前項所述。如斯第三年度終了時，卽可形成主枝三段；如第三十一圖所示。

第四年以後之形成法　第三年終了時，所形成之樹姿，如第三十一圖所示，可於橫線處脩剪之；（圖中下層之橫線，示剪芽之部位，上層之橫線，示脩剪之部位，兩線中間之芽，均除去之，以便新梢生長後之結縛。）其脩剪之結果，如第三十二圖。（圖中主枝，僅示剪芽之部位，殘梢之部位，從略。）如是第四年度生長終了時，即可形成如第三十三圖之樹姿。其處理之方法，及修剪之手術，一如前法。即每年維持主幹之延長，及形成一段之主枝；其已成之主枝，則相當修剪，保持勢力之均衡，側枝部分未着生果枝者，亦宜修剪，以促花芽之着生。花芽太多，則酌量芟除，而適度保留之。

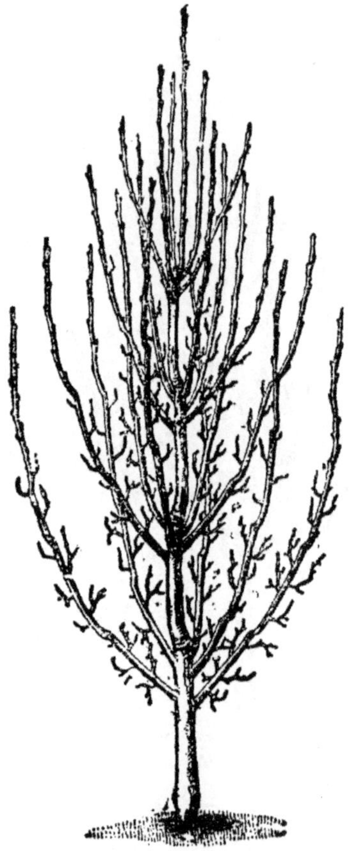

第三十三圖

尖塔形第四年終了時之樹姿

如是主幹每年繼續延長，幷形成主枝一段；至主枝已達相當高度之際，即爲整枝手續終了之時。惟是事實上每年能繼續形成一段之主枝，殊屬不易；蓋有時或因主幹勢力之薄弱，而不能延長；或因既成主枝發育之不良，而次段主枝之形成必須延緩。蓋主幹之勢力薄弱，則萌發之主枝，亦發育不良，故宜將主幹剪短，（即自下層主枝之最上部五六寸處）以促其發育，而俾新主枝之形成也。如主幹部勢力旺盛，得以形成新主枝，而下段之主枝生長不良時；如將上段之新主枝形成，則生長勢力必致更弱；因樹之發育勢力恆集中於上部也。故宜採用同種方法，以矯正之，即將主幹剪短，藉促下層主枝之發育，是即展期一年，以形成次段之主枝也。

(二)圓柱形整枝　圓柱形整枝，與尖塔形整枝略相類似，惟其主枝之數，及其各段相互間之距離，均無一定。主枝與主幹所成之角度較小，故其栽植之距離較尖塔形爲狹。行此整枝法時，將苗木於二尺半高處剪定，頂端一芽，宜選接合面同一方向者。春季各腋芽發生多數之新梢，頂端一枝，垂直引誘，以繼續幹身之生長。自此以下，迄地上一尺乃至一尺二寸以上之部，所生新枝，保留之，以充主枝；今與主幹成三十度之角度，開展而伸張之。其以下萌蘖之部分，則完全除去之。夏季生長中，宜注意各主枝發育之均勢，而施以適當之摘心。

第二年，中央主幹保留一尺五寸左右而脩剪，其他主枝，則留一尺五寸乃至二尺而脩剪。但其脩剪部之剪芽，須選向外生長者，與尖塔形整枝同。如斯中央主幹之頂芽，垂直生長，繼續延長而爲主幹。

其下所發生之新梢，則取三十度左右之角度而開展之，以充第二期主枝；其引成之法，一如第一期主枝。至第一期主枝所發生之新梢，頂端一芽，繼續生長，此外側枝，則適宜摘梢，以促花芽之着生。但頂芽直下之一二芽，往往勢力過旺，有凌駕頂芽生長之勢；宜短剪或全除之，俾助主枝頂芽之生長。自後每年按照同樣方法，反覆舉行，即可完成全樹之樹形。所須注意者，圓柱形整枝，往往因枝葉繁密，而樹冠鬱閉；致妨花芽之生成。此際宜限制主枝之數，幷宜將主枝相互間，相當開離，同時注意夏季修剪，力避樹冠鬱閉，以免空氣之流通，兼圖日光之透射。

以上二種整枝之方法，爲歐洲方面所最普通應用者。茲更將美國方面蘋果栽培所採整枝方式，述其概要，舉其利弊，如次。

(三)自然形　此種整枝法，以紐約新英格蘭，及西部中部等之老蘋果園爲最多。此項整枝之法，即採喬木式而僅略施修剪而已。樹齡漸老，則結果部漸向樹冠外方，此際修剪之法，因地方風土，而不無稍異。溼潤之處，則將交叉羣集之枝條，及其他生長之不規則者，剪短之，以維持各枝間勢力之平衡。中部及西部氣候乾燥之處，栽植後數年間，恆注意主幹發育生長之肥大；而將主幹上所着生之枝條，酌量短剪之。此項整枝法之利弊如次。

利點　整枝之方法簡單，易於着手。

缺點　（1）主枝過多，結果枝羣集，而易折傷。（2）枝幹着生之部，易於折裂。（3）主枝發育，如不能充實強健，則不勝結實枝梢之重量。（4）過於密閉，果實之着色不良。（5）結果枝之着生部位不同，所產果實，不易整齊。（6）整枝之方法雖簡，而脩剪之事功較繁。

（四）中立主幹式　此項整枝法，主行於大西洋太平洋沿岸，及加拿大英屬哥侖比亞等處。西北地方則應用甚少。此法以主幹一本，為樹幹之延長枝；故全體樹形，略如圓錐形。枝條之配置良好，樹勢之發育強健；惟樹冠過低，稍欠開展，普通適用於矮性之砧木。其利弊之點如次。

利點　（1）樹勢強健，枝幹接合部之開裂少。（2）整枝之方法簡單，無需熟練。（3）瓊乃盛等枝條比較的下垂之品種，適用此種整枝。

弊點　（1）樹冠過低，不甚開展。

（五）中空或盃狀式　此法主應用於加利福尼亞省奧勒岡省等處，由樹幹部直接分歧，引誘主枝三五本。此項整枝之方法，因各地之風土，而不無稍異。普通取一年生之苗木，於定植當時，在二〇—二六英寸處剪定，翌春即發生三五本之新梢，以充永久主枝，於一定高度處修剪。如遇徒長枝發生，擾亂樹形，或凌駕主枝之發育時，則注意修剪之。即樹冠之中部空虛，均向外側開展，從而所形成之樹冠，爲低形者也。此法遇樹勢不旺，風土乾燥之處，固可應用；但遇樹勢強盛之際，則主枝宜酌量分歧，以增樹冠之高度。即將第一次分歧之主枝，剪除長度百分之五十乃至六十，令每主枝分歧爲二本，或更令分歧而爲四本。此分歧之次數，可按樹勢之強弱而定。此分歧之主枝修剪時，約剪去全長百分之四十；惟其發育在一尺左右時，可不必施以修剪。如此於二三年內，既達一定高度時，即爲整枝手續完成之際。此法利弊之點如次。

利點　(1)日光透射，空氣流通。(2)樹冠矮而枝條開張，樹勢易於平衡。(3)樹形之引成，及維持均易。

弊點　(1)樹冠之勢力不旺，往往枝條緊密。(2)結果之際，宜採用支柱以吊引之。(3)如主枝發生缺陷，則樹形失其平衡，不易補濟。(4)結果枝之分量限制。

（六）二重式　此法主行於紐約及西維基尼亞等處，樹幹上所着生之主枝，分上下二段，距離二三英尺；每段之主枝三四本，共計主枝六本乃至八本。形成之法，先將一年生苗木定植時，於距離地面二四——三六英寸高處剪定。春季發生新梢四五本，頂端一枝，垂直上昇，以繼續主幹之生長。其他新梢三四本，以充第一段主枝，其距地面之高約二○——三○英寸以上，宜適當分配，以維持發育勢力之平均。（除所需主枝外，其他萌發之新梢，宜除去之。）冬季脩剪時，中央垂直伸長之主幹，於十六——十八英寸處脩剪；此外主枝，則留十四——十六英寸而剪定之。翌年春，中央主幹，仍繼續向上伸長，以圖發育之健碩；主幹所發生之枝梢，除短枝外，均剪除之。第一段之主枝，各於先端發生新梢數本，擇其勢力相同者，留左右二本，分歧而爲主枝。冬季脩剪時，此項分歧之主枝，各留十八——二○英寸爲剪定之。中央之主幹，則更留十六——十八英寸而脩剪之。如是則中央主幹之剪定點，與第一段主枝最高枝之着生點，相距爲二英尺半乃至三英尺。第四年春（即栽植後第三年）第一段之主枝，仍延伸成長，而中央主幹部，更發生新梢，引誘之以便形成第二段主枝。冬季脩剪時，第一段主枝之先端，宜適度短剪，至第二段新主枝引成之法，可仿第一段。此項整枝方法，利弊之點如次。

利點　（1）樹勢強健。（2）樹之重量由主幹爲之支持，較中空法爲利。（3）結果面積大。（4）光線之透入良好。（5）樹冠不高易於管理。

弊點　（1）主枝數多，樹枝往往羣集。（2）上下段之勢力，常因一方之旺衰而失樹勢之均衡；是以強弱之調節，須賴脩剪之適當。

（七）折衷法　此爲中立主幹式與中空式所採折衷之方法也。美國西北一帶，應用甚廣。法將一年生之苗木於三〇——三六英寸處脩剪。令生四——七本之主枝；以適當之間隔，按螺旋狀之排列。但此全部之主枝，一年之內，勢難完全形成。故第一年祗能引成二三本，其全部整枝手續之終了，必須三四年。整枝方法進行中，最須注意者各主枝之排列，務須按照自然葉序。各枝互依不同之方向，彼此與以適當之距離；此適當之距離，宜以日後樹長大時不相妨礙爲度，故以一尺左右爲適。如僅距二三寸，則當時似尚適當；及漸長大，有彼此過密之感。中央主幹之長，以最高主枝之着生部爲度；其間發育，須歷三四年，必先令其發育充碩，俾着生主枝之健旺。故脩剪之度，不妨稍長；卽冬季脩剪之際，將生長之長度剪去百分之五十乃至六十，保留百分之四十乃至五十。至全部主枝完成爲度，始不再延長此項整枝方法，利弊之點如次。

利點　（1）形成組織堅碩之樹冠。（2）主枝卽有缺損，亦可設法補充。（3）可使生產力偉大。（4）空氣流通日光透射。（5）樹冠低而開張，耕耘及其他工作便利。

弊點　（1）樹型之形成不易，須熟練之技術。（2）各主枝之生長勢力不能平均，往往上部枝條發育旺盛；下部枝條生長之勢力爲之壓倒。（3）中央主幹修剪之際，如長短失度，易致各枝發育不平均之弊。

以上所述四至七之各種整枝方法，除地方風土之關係而外，常因品種之個性，而各有適否。如瓦琴南枝條直立，則不適宜於中空法。北探、湯金王、則不適宜於中立主幹法。因樹勢旺盛，樹形之抑制極感困難也。黃牛頓最適宜於中空式。（重土栽植之際，尤爲適當，輕土則生長勢力有微弱之感，）其他一般之品種，則折衷法，最爲適當。

第八章　果園之管理

第一節　土壤之管理

近來美國果樹栽培方面，對於土壤管理之方法，甚爲注意。圖園內地力之維持，謀果實品質之改進，以及收穫份量之加增；常應用種種科學的方法，以耕耘土地而補充含氫有機物。此管理之方法，因地方之氣候耕耘之情形，而略有不同。蓋土壤管理，與肥料問題，有聯帶之關係；故宜斟酌地方情形而變通之，固不可執一以求也。茲將美國最近所採蘋果園土壤管理之方法，述其梗概，以供參考。

（一）純耕耘法　此法採用種種之耕耘用具，每年於園內施行十數次耕耘之法也。其先概應用於草生之蘋果園內，邇後西部之營利果園，亦多採用。惟當時應用此法者，僅事耕紜，不施肥料，故地力之耗減殊甚。一九〇五年，奧勒岡省呼得河地方，漸次發現本法之缺點。卽園內蘋果，葉色較淡，枝條之生長不良，收量減少，果形遞小。於是施行灌溉之法，栽培綠肥作物，更施智利硝石；二三年後，地力樹勢，逐漸恢復。由是始知純耕耘法，確有使地力衰耗之缺點。但腐植質豐饒之地，氫質肥料含量甚富；應用此法，不致地力銳減。或雖非腐植質土，而多施腐植質之肥料，亦可補救斯法之缺點。卽應用純耕耘法時，每畝施以二十擔左右之堆肥或廐肥，以預防地力之耗減是也（應用純耕耘法者，普通不施灌溉，但栽植護土作物時，則須灌溉之。因純耕耘法，更施灌溉，則養分似愈易匱乏之也）

(二)耕耘護土作物法　此爲美國營利果園栽培最普通之方法，應用甚溥。行此法時，自春季至七八月間，施行純耕耘法；自後卽播種護土作物。此護土作物，至翌年春季，鋤入土內，以充肥料。卽由耕耘法以調節土壤之水分，及促進有效作用之進行；更利用護土作物，以保護土壤之乾燥，以及供給養分，而免地力之耗匱也。

(三)草皮覆蓋法　此法果園全部，草皮滋蔓；或年年割取；或任其榮枯，自然腐爛；或放羊飼豚，以充牧場。施肥之際，僅於果樹根周附近，略爲施用，或稍溉液肥，亦有於根之附近，略施耕耘者。此法美國東部，及歐洲各國，仍多採用，是牧場而兼果林栽培者。惟其栽培方法，不免失之粗疎；與耕耘法，互相比較，成績着遜。（見本叢書果樹園經營法果園之管理章內）言其缺點收量之減少，一也。樹勢之衰弱，生育之遲緩，二也。病蟲害防除困難，鼠類易於潛伏，三也。一般之管理困難，四也。土壤內空氣之流通不易，五也。雨水易於停瀦，六也。因此種種，不利甚多。且土壤之性質不良，根部之發育不旺，樹齡易於早衰。自果園經營方面全體之性質言之，不能謂爲經濟。惟亦有例外者，如傾斜峻急之地，因耕耘而易於流失土砂時，施用此法，確有防止土壤流失之效。是以維基尼阿等處傾斜地之蘋果園，仍多採用此法。

（四）半草皮覆蓋法　此係（二）與（三）之折衷辦法。凡園內有不能耕耘之傾斜地時，多應用之。此法如所栽蘋果爲幼樹，則其樹列間爲草皮；如蘋果樹齡漸大，則於樹列間保留四尺乃至六尺之草皮帶。此草皮帶與傾斜之方向成直角，以防止土砂之流失。草皮之管理，或隨時刈取，或任其腐爛，或以充飼料，與第三項同。隙地之管理，則自春迄夏用純耕耘法；七八月後，播以被覆作物之種子；翌春耕入土內，與第二法同。此法於保護表土之外，同時在耕耘園內栽植護土作物之利。惟果園傾斜之處，常因丘垤而生不規則之凹凸耳。

（五）人工被覆法　於果樹幹身附近，樹冠範圍之內，敷以野草藁稈之類；故亦稱敷藁法。大概多應用於幼樹，既可保持水分，又可抑制雜草之生育，但亦有因地方之氣候，採用此法而反致受寒害者。

（六）間栽法　此法在美國西北一帶頗爲盛行。其所採用之護土作物，普通以紫苜蓿爲最多；次爲赤苜蓿、白苜蓿、野豌豆等之荳科植物；以宿根性者爲多，早春或仲夏下種，每年刈取青草二三次，以充飼料；經二三年，然後耕入土中者也。與東部諸省所施行之方法，稍有不同。因東部諸省所採之間栽護土作物，不限荳科植物，七八月間下種，經冬迄春，即行鋤入園內者也。

第二節　施肥

蘋果爲長期生長之植物，每年由土壤中攝取種種之養分，以營其生育結實之機能。如土壤肥沃，養分豐富，供給之量，可敷需要；則栽植後數年間，養分既無不足之虞，肥料自無施用之必要。惟是土壤中之含量有限，果樹之攝取孔多；以有限之供給，究難應無窮之需要。於是因養分之不足，而呈發育不良之現象。供其匱乏之藉，圖挽回樹勢，此施肥之所以必要也。

蘋果既長期生長於園內，其肥料攝取之情形，自與普通作物各異。根部分佈之面積，以及蔓延之深度，均較普通作物爲大。至其每年由土壤中所攝取之養分，究爲若干？不乏研究之價值。惟因攝取狀況，計算方法，非如普通作物性質之單純；故試驗調查，略較繁複。必須計算其枝、葉、根、幹、逐年發育生長之份量，以及落葉腐敗時所還元於土壤之肥料的成分。據司透華特（Stewart）氏之研究，曾將強健豐產之蘋果、及小麥，於同面積一英畝（一英畝合華畝六·五八六四四畝）內，其一年中養分吸收之分量，比較如次。

各要素之分量＼每年生產之重量	蘋果				小麥	
	枝	葉	果	總計	種粒	總計（連程）
	三五〇〇磅	三五〇〇磅	二四五〇〇磅	三一五〇〇磅	一五〇〇磅	四二〇〇
氮（N）	一一·三	二五·六	一六·二	五三·一	三〇·〇	四三·七
燐酸（P_2O_5）	三·六	五·三	六·四	一五·三	一〇·〇	一五·八

鉀 (K_2O)	六·六	一五·九	四一·五	六四·〇	九·八	二六·八
石灰 (CaO	二九·一	二九·五	三一·〇	六一·六	〇·八四	八·〇
鎂 (MgO)	四·四	八·九	三·四	一六·七	三·〇	六·一
鐵 (Fe_2O_3)	〇·五	一·五	〇·八	二·八	——	——

更據馮史拉克（Van Slyke）氏之研究，一英畝面積之蘋果，其所攝取養分之量如次：

一英畝栽植之蘋果數	氰	燐酸	鉀	石灰	鎂
三十五株	五一·五磅	一四·〇	五五·〇	五七·〇	三三〇

據以上二氏試驗之結果，蘋果每年由土壤中所攝取之養分，爲數甚鉅；雖數字不無微殊，而結果略相一致。

司透華特曾綜合歐美諸學者研究之結果，將蘋果之枝、葉、及果實、中存在要素之分量，及其乾物百分率之比例;平均如次。

部分	乾物	氫(N)	燐酸(P_2O_5)	鉀(K_2O)	石灰(CaO)	鎂(MgO)	鐵(Fe_2O_3)
枝	五二·二五	·六二	·二〇	·三六	一·六	·二四	·〇三
葉	三四·四五	二·二五	·四四	一·三四	二·四八	·七五	·一二五
果	一五·三九	·四三	·一七	一·一〇	·〇八	·〇九	·〇二

據以上試驗之平均結果,蘋果生育中,需用種種之要素,且其吸收之量甚大;故宜注意施給,以免匱缺。此六項要素中其需要最多,而土壤中最易缺乏者爲氫、燐酸、鉀之三種。據華蘭史(T. Wallace)氏之試驗,曾將考克斯橙蘋(Cox's orange pippin)之品種,行精密之盆栽試驗,茲述其結果之概要如次。

氫質缺乏時,與無肥料呈同樣之現象,萌葉既遲,開花亦緩;花勢弱而花數少,葉數亦少,葉小色黃綠而略帶赤色落葉早。新梢發育，漸次衰弱，樹皮色褐而淡。果實着色濃厚，肉質硬。根之發育不良，細根瘠瘦。

燐酸缺乏時，出葉及開花之期遲，花少而弱，新梢之發育衰弱，落葉早；與無肥料及氫質缺乏時，所呈之現象同。其葉之着生，以僅及於枝條之先端，幷呈一種特有之色澤。（紫銅暗綠色）果實之肉質柔軟而風味不良。

鉀缺乏時，葉較完全肥料者，數少而形小；色澤濃綠，有向表面卷折之現象，易於日焦。且根之發育弱而細根少。

據以上試驗之結果，三要素之任何一種缺乏時，果樹生育上，發生重大之影響；而以氫質一項，尤感重要。

肥料施用之分量　肥料施用之際，欲希分量之精密適當，需根據果樹須要之分量，以及土壤含有之分量而精密研究之。問題既甚複雜，手續自亦較繁；不但此也，肥料施用，與風土、樹齡、樹性、砧木、等，均有密切之關係。故理論上所認爲精密確當之分量配合，殊感困難；茲舉實例數則於此，以供栽培者之借鏡。

(一)美國賓夕爾法尼亞農事試驗場、所栽結果齡之蘋果園，普通每一英畝所施肥料之分量如下。

氰　三十磅　所用之肥料爲智利硝石一百磅，血粉一百五十磅。或硫酸亞莫尼亞一百五十磅。

燐酸　五十磅　所用之肥料爲燐酸石灰三百五十磅。或骨粉二百磅。或燐礦滓三百磅。

鉀　二○——五○磅　所用之肥料，爲鉀鹽五○——一百磅。或粗製硫酸鉀一百——二百磅。

(二)美國紐約西部普通所施蘋果園之肥料，每一英畝施用廐肥十噸乃至二十五噸。

(三)日本農林省園藝試驗場、蘋果施肥之標準，其樹齡十三年生者，每地一畝六分之面積內，施用廐肥二十一擔二十五斤，鰊粕（鰊魚乾）九斤，過燐酸石灰八十五斤，木灰一百七十七斤。

(四)日本青森縣農事試驗場，每地一畝六分，栽植蘋果三十株。其結果時代施肥之標準，爲堆肥十一擔二十五斤，米糠一百九十四斤，過燐酸石灰五十六斤。

(五)盛果期時代，每樹一株，施以堆肥六十二斤乃至一百二十五斤，人糞尿三十一斤乃至六十二斤，鰛乾二十五兩乃至五十兩，木灰二斤半乃至五斤，卽可維持相當之生產。

以上所述肥料施用之種類及其分量各栽培家配合之方法不一大抵以堆肥廐肥爲本位，更將土壤中缺乏之成分特別給與之。肥料之種類不一，按成分之含量而定。至人造肥料方面普通僅可作爲補充肥料，不宜單獨施用，須與堆肥、廐肥、人糞尿等同時施用之。

施肥之時期及其方法　蘋果施肥之時期，通常分爲三次。第一次爲冬季落葉後，第二次爲春季發芽前，第三次於果實發育中；亦有於果實收穫後再施一次，以謀樹力之恢復者。此指結實時代之蘋果言也；至發育期中之蘋果，未屆結實年齡者，僅須施用一次或二次足矣。第一期施用之肥料，以堆肥、骨粉、麻餅等遲效性之肥料爲適；俾其漸次分解，以便初春開始活動時吸收之需。第二三期之肥料，宜施人糞尿、硫酸錏、過燐酸石灰等速效性者；以謀吸收之迅速。當肥料施用之際，於時期之遲早，及施用之分量，均宜注意。否則反呈不良之現象，故第三期施用之追肥，宜於落花期一二星期後施用之，較爲適當。失之過早，則易於落果；失之過遲，則花芽之着生不良。至第四期所施用之追肥，僅於樹勢衰弱時施用，不宜分量太多；否則發育停止之時期，過於遲延；枝條組織，不能充實，易罹寒害。

肥料施用之方法，閱者可參照本叢刊「果樹園經營法」章內；茲不復贅。惟近來美國方面，多採用全園施肥法。卽將園內先行淺耕，撒佈肥料，然後更將肥料與土壤混合；此法足以使全園土壤，同樣肥沃，根部蔓延自可擴大。但傾斜之地，機械及畜力應用較困難者，實施上易感不便耳。

第三節　摘果

摘果　爲蘋果必要手續之一，自其利益言之；加增果實之大小，改進果實之品質，且使着色良好，形狀整齊，一也。防止枝幹之折裂，二也。減少病蟲害之發生，三也。保持樹勢之強健，四也。使每年結實之狀態，得以規則，隔年結實之弊，得以矯正，五也。採收勞費，得較節省，六也。

摘果利益，既如上述，茲更據美國諸農事試驗場之報告，以證明之；如次。

據班樂（Ballou）氏在俄亥俄（Ohio）之實驗。羅馬麗品種之蘋果，摘果樹與不摘果樹成績之比較如左；

甲號樹　不摘果者，蘋果結實及成熟之數，爲四三七六個。

等級	採收蘋果之數	重量（磅）	容量（英斗）	等級之比例
一等品	一七五六	四八八	九·七六	四八·二二%
二等品	一九五〇	三九〇	七·八	三八·五三%
三等及屑果	六七〇	一三四	二·六八	一三·二四%
總計	四三七六	一〇一二	二〇·二四	

乙號樹　摘果者蘋果結實之數爲四一七八個，摘除之果實爲七七一個。摘果後果實相互之距離爲八英寸。

等級	採收蘋果之數	重量（磅）	容量（英斗）	等級之比例
一等品	二六五六	八三〇	一六·六	八三·二四%

二等品	四四五	九九	一·九八	九·九二%
三等及屑果	三〇六	六八	一·三六	六·八二%
總計	三四〇七	九九七	一九·九四	

更據高雷（Gourley）氏在新罕木什爾（New Hamphire）農事試驗場之試驗，包文品種，摘果成績之比較如下。

樹數	蘋果原有結實數	摘果後保留之個數	一等果%	二等果%	屑果%
一號樹不摘果	四〇五五		一六	七八	四
二號樹摘果	三四五三	二四一五	五八	四〇	一
三號樹摘果	三三五〇	二〇六一	八二	一六	·六

四號樹摘果	三一三〇	一七六〇	七九	一九	一
五號樹摘果	三八九五	二二七七	七一	二六	一
六號樹不摘果	二九三八		四八	四三	七
不摘果樹之平均			三三	六〇	五
摘果樹之平均			七二	二五	—一

據以上試驗之結果，摘果使品質改進形狀整齊之效果，已可概見。

或有對於摘果表示懷疑，謂其足以減少果實之收量者。惟據實驗之結果，摘果與不摘果者，其收穫總量相差絕少。茲綜合各農事試驗場之報告，以證明之；如次。

試驗地點	摘果與不摘果之樹數		每樹平均生產之磅數
科羅拉多(Colorado)	不摘果	二株	八三四磅

	摘果	二株	六一〇	
烏台	不摘果	四株	二五四	
	摘果	四株	二六九	
俄亥俄	不摘果	六株	九二四	
	摘果	九株	九五四	
西維基尼阿	不摘果	三株(幼樹)	一五九磅	
	摘果	十株(幼樹)	一一六	
	不摘果	一株	六六四	
	摘果	一株	六四八	
	不摘果	一株	六七〇	

摘果	一株	六六八
不摘果	一株	五三四
摘果	一株	五二八
總平均	不摘果之樹每株	五七八磅
	摘果之樹每株	五一三磅

摘果之方法及時期　摘果之方法，甚爲簡單；卽用手或摘果鋏，將蘋果之花或幼果芟除過密之部分；但須注意勿令損及果枝耳。摘果之時期，人殊其說；有主施行一次者，有主施行二次或三次者。如舉行一次，宜在落果期後，蓋一般果樹開花後經數十日，幼果卽盛行落果；過此時期，則果實急激發育；且種子之發育盛，而養分吸收之力亦大。故自然落果期經過後，卽爲摘果之適期，失之過早，則保留之數不易確定；頗費斟酌。（因摘果後仍須落果，而落果之數量，難以預定，摘果之程度自感困難。）失之過遲，則養分徒費，摘果之效不著。自具體的方面言之，此際蘋果幼果之發育，直徑約一

英寸左右，（但因品種之關係，有宜於一英寸以上，或不及一英寸時舉行者。）爲舉行摘果之適度。分二次舉行者，第一次於幼果略行發育時行之；第二次於套袋前行之。其分三次舉行者，第一次於花期行之，謂之摘花；第二期於果實發育直徑達四五分時，第三次於果實發育達一寸五六分時行之。摘果之次數多，則法較妥善而勞費稍大；故宜參酌情形而定奪之。至所保留之果實，其相互間之距離，因品種而不一。豐產或果形較小者，保留之數宜多；大形之果實，保留之數宜較少；普通以五英寸至八英寸爲度。

第九章　蘋果之授粉

蘋果栽培，對於授粉問題，必宜特爲注意。否則無論風土如何適宜，栽培如何得當，管理如何精密，仍不能產相當之果實；甚有因栽培時品種配合之不適當，而全不結實者。蘋果同品種之花粉，往往全不受精，或極難受精；此種現象，謂之自花不結實。據美國緬因農事試驗場試驗之結果，如次。

品種名稱	套袋花上任其自然受精者		取同樹上之花粉行人工交配者		取同種異樹之花粉行人工交配者	
	結果	不結果	結果	不結果	結果	不結果
包文	二	一一	三	二二		二
班大衛		六五		二二九		二六

林擒		三		八		
早黃		六		七		
銹金		一五		四六		六
甜罕盤		五		一〇		
麥金斗		一六		一二		
北採		一		三四	一	三
紅明星				四		
洛特島		二		一〇		二

據上述試驗之結果，得悉自花授粉，雖人工交配之方法不同，而不結實之現象，略相一致。

美國約翰高溫（John W. Gowen）曾綜合各方面蘋果自花授粉試驗之成績，研究蘋果各品種自花受精之性質，以及外界氣候之關係，輯爲報告。惟以篇幅過長，不能一一轉錄，僅將主要品種數種，示其結果於次。

品種	試驗地點	試驗者	自花授粉數	結實數	不結實數
包文	緬因	高温	四〇	五	三五
包文	奧勒岡	劉惠士（C.I.Lewis）芬生脫（C.C.Vincent）	二〇〇	一四	一八六
班大衛	奧勒岡	劉惠士 芬生脫	一〇〇	三	九七
班大衛	阿肯色	魏客司（W. H. Wicks）	四七二	一一	四六一
班大衛	緬因	高温	三二〇	—	三二〇
早黃	緬因	高温	一三	—	一三
早黃	特拉華	鮑威爾（G. H. Powel）	四〇八	二四	三八四
瓊乃盛	阿肯色	魏客司	四五二	一七	四三五

瓊乃盛	奧勒岡	劉惠士 芬生脫	二〇〇	—	二〇〇
麥金斗	緬因	高溫	二八	—	二八
賴爾斯	奧勒岡	劉惠士 芬生脫	一〇〇	—	一〇〇
紅明星	緬因	高溫	四		四
紅明星	威爾滿	吳孚 (F. A. Waugh)	一六		一六
洛特島	緬因	高溫	一四		一四
洛特島	奧勒岡	劉惠士 芬生脫	一〇〇	—	一〇〇
洛特島	威爾滿	吳孚	七〇三	—	七〇三
托門甘	威爾滿	吳孚	二二三	—	二二三
托門甘	奧勒岡	劉惠士 芬生脫	一〇〇	—	一〇〇

富麗	威爾滿	吳孚	二八	—	二八
富麗	奧勒岡	劉惠士 芬生脫	五〇	—	五〇
威廉氏	威爾滿	吳孚	六三		六三
威廉氏	特拉華	鮑威爾	一五〇	—	一五〇
醴液	奧勒岡	劉惠士 芬生脫	一〇〇	—	一〇〇
醴液	特拉華	鮑威爾	三〇〇	—	三〇〇
醴液	阿肯色	魏客司	五五〇	二	五四八

據以上試驗報告之結果，蘋果大多數之品種，自花均不結實。

蘋果除上述自花不結實之現象而外，異品種之花粉亦有不受精者，謂之他花不結實。據美國華盛頓農事試驗場馬利斯（C. M. Morris）之試驗，一般蘋果，他花受精之成績如次。（原表篇幅過長删節一部。)

開花之品種	授粉之品種	交配之花數	結實之百分率
花皮	甘美	九九	一六·一六%
花皮	伊索伯斯	五七	無
花皮	雪蘋	八一	八·六四
花皮	瓊乃盛	三四	一七·六五
花皮	麥金斗	九四	四五·七四
花皮	紅明星	二六	七六·九二
花皮	黃明	二五	七二·〇〇
瓊乃盛	包文	二八	無

瓊乃盛	班大衛	九七	八・二五%
瓊乃盛	甘美	一〇三	八・七四
瓊乃盛	花皮	七四	無
瓊乃盛	麥金斗	一〇〇	三・〇
瓊乃盛	麥金斗	一〇七	一四・〇二
瓊乃盛	麥金斗	九一	一四・二九
瓊乃盛	屋登堡	五〇	八・〇
瓊乃盛	洛特島	六四	無
瓊乃盛	羅馬麗	一一〇	一七・二七
瓊乃盛	羅馬麗	一五〇	一六・六七

瓊乃盛	司透門	八五	無
瓊乃盛	湯金王	二四	無
瓊乃盛	瓦琴南	七九	七·五九%
瓊乃盛	富麗	五一	一一·七六
瓊乃盛	醴液	一〇四	無
瓊乃盛	醴液	二四	無
瓊乃盛	黃牛頓	五五	一·八二
瓊乃盛	黃明	二四	四·一七
麥金斗	包文	二六	三八·四六
麥金斗	金甘	一四四	〇·六九

麥金斗	紅明星	二七	五五·五五
麥金斗	司透門	一六八	無
麥金斗	湯金王	三〇七	·九八
麥金斗	黃牛頓	一〇三	一一·六五
羅馬麗	班大衛	一五一	一一·九二%
羅馬麗	甘美	七三	一〇·九二
羅馬麗	瓊乃盛	一五四	五·八四
羅馬麗	麥金斗	二七	三三·三三
羅馬麗	麥金斗	六四	無
羅馬麗	司透門	七七	無

羅馬麗	湯金王	六〇	無
羅馬麗	瓦琴南	一五二	一四·四七
羅馬麗	醴液	九四	無
羅馬麗	醴液	四一	一四·六三
羅馬麗	黃明	二七	三七·〇
瓦琴南	班大衞	一〇五	七·六二
瓦琴南	甘美	九八	四·〇八%
瓦琴南	花皮	六五	二〇·〇〇
瓦琴南	瓊乃盛	九二	三·二六
瓦琴南	瓊乃盛	五七	八·七七

瓦琴南	洛特島	四七	六·九〇
瓦琴南	麥金斗	九四	無
瓦琴南	羅馬麗	一〇〇	二六·〇〇
瓦琴南	羅馬麗	九三	一·〇八
瓦琴南	司透門	九九	無
瓦琴南	湯金王	二五	八·〇
瓦琴南	醴液	一一五	無
瓦琴南	黃牛頓	九六	無

據以上試驗之結果，蘋果異品種間花粉與胚珠親和之力強弱不一，故他花授粉結實之程度，殊不一致，有相互間全不結實者。吾人栽植蘋果之際，為圖花粉受精之美滿，結實成數之安全計，宜擇上

表中花粉授精之結果率大者，配合而混植之。如僅栽二種之品種時，則他花相互間不結實之品種，宜絕對免避之。

第十章 病蟲害

第一節 病害

（一）腐爛病（Valsa mali）腐爛病爲蘋果栽培可怖之病害，五六月間，發現於枝幹部。其初，枝幹之一部膨大而呈腐狀；盛夏之際，該部乾燥而凹陷；秋季表面生疣狀之黑色細點，該部遂致枯死。此病大概多發生於幹部，防除之法如次；（1）春季巡視園內，凡病徵發現之蘋果樹，用利刃削取，塗似柏油。或於昇汞水（千分之一）內，加用甘油而塗抹之。如於外部用黏土及木灰（等分）加水揉練，塗抹創部，而以布或蓆裹之，尤爲妥善。（2）春秋二季，用硫酸銅之一%液，或波爾多液，洗刷枝幹，及創痍部分。

（二）疤病（Venturia inæqualis）疤病，卽普通所謂之"apple scab"也。發生於果實、果梗、花、葉柄、及新梢等。其發生於果實者，表面生圓形或橢圓形之疤斑，成熟期近，則疤斑漸大，或硬化或開裂。其發生於果梗者，該部生黑點而枯死，遂致落果。在葉部者；葉背發生暗黑疤斑，擴大而呈放射狀。發生於新梢者，生黑色之小斑。防除之法；（1）開花前、落花後、及果實豌豆大時、灑佈波爾多一％液各一次（即三次）（2）被害果實及枝葉，搜集而焚却之。（3）保護果實，施行套袋。

（4）氰氣肥料酌量節減，增加燐鉀。（5）謀日光之透射，空氣之流通。

（三）爛果病（Sclerotinia fructigena）爛果病，不僅寄生於果實，枝、葉、及花、亦均發生。其寄生於花部者，先由葉之中肋處發生變色部，由此而及葉柄；更由葉柄而及花梗，遂致枯死；被害部、生灰白色之小顆粒。其發生於幼果者，初生褐色之小斑點，漸次擴大而變黑色，終致枯落，或殘留於枝上。其發生於枝葉者，亦變暗褐色而枯死。防除之法；（1）開花前及五月上旬後，每隔二星期，灑佈波爾多液，（一％者）以三四回爲度。（2）收集被害部而燒却之。

（四）苦腐病（Glomerella cingulata）此病於七八月間，果實發育漸大時發現；其初果面發生褐色圓斑，自後斑點部漸次擴大而凹陷；中部微高，上列黑色之紋狀顆粒。被害甚者，數個病斑相合而致落果；罹害輕者，採收後貯藏中腐敗而傳染。防除之法；（1）發病前灑佈波爾多一％

液。（2）收集燒却被害之果實。

（五）白黴病（Podosphæra oxycanthe）此病發生葉部，初生小圓白色之黴狀斑點；漸次擴大，相合而侵及葉之全面，遂致易於脫落。防除之法（1）四月下旬，五月下旬，及六月中旬各灑波爾多液一次。（2）搜集病葉而燒却之。（3）此病多發生於陰濕之處，宜注意排水。（4）此病因蘋果品種不同，而抵抗之力有強弱。如紅明星花旗伏蘋麥金斗抵抗之力較強；而瓊乃盛賴爾斯司密液奧脫帀則較弱。

（六）赤銹病（Gymnosporangium yamadæ）四五月間，葉部發生淡赤色之斑點數個乃至數十個；其後漸次擴大，背面漸次隆起，簇生灰褐色或灰白色之鬚狀物，長約二分許；七八月間，遂致落葉。九十月間氣溫忽暖，芽部新葉萌發，而該部經冬遂致凋萎。防除之法（1）春季嫩葉發生二三枚時，灑佈波爾多液一次；其後每隔十餘日一次，更灑佈二三次。（2）摘除病葉而燒却之。（3）此病之病菌寄生於檜柏、刺柏等植物；而以之爲中間寄主。故此等植物，最易爲此病蔓延之媒介；果園附近，務宜伐除淨盡。

（七）褐斑病（Marssonia mali）四五月間，葉部發生褐色之小斑點；此病斑漸次增多，斑點亦次第擴大而呈黑色。七八月間，病勢益進，葉變須色而凋落。果實發育既鮮充分；枝條組織，亦難堅碩；且花芽發育，尚欠完充；從而影響於來年之結實。此病因蘋果品種之不同，而罹病之輕重不一。如瓊乃盛、紅明星、班大衞等發生甚易；司密液、花旗、伏蘋則發生較少。賴爾斯則抵抗之力甚強，發生絕少。防除之法：（1）催芽期、開花前、及果實稍大、灑佈藥液。（2）焚除病葉。

第二節　蟲害

（一）圓介殼蟲（San Jose scale, Aspidiotus perniciosus）此種介殼蟲，爲害於蘋果、梨、挑、梅、李、杏、柑橘等種種之果樹；係灰色圓形之介殼蟲。成蟲越冬；至五六月間起，盛行胎生繁殖，自後七、八、及九、十月間發生數次。幼蟲能自由活動，求適合於自身生存之位置；由是攝取樹內汁液而爲害；使樹勢著爲衰弱。其防除之法；（1）冬季用精酸鉀燻蒸。（2）早春用石灰硫黃合劑洗刷。（藥液之濃度爲比重五度）。（3）幼蟲孵化時，用石油乳劑十五倍液灑佈之。

（二）長圓介殼蟲（Mytilaspis pomorum）此種介殼蟲，分佈甚廣，常寄生梨等之果樹而爲害，與前種圓介殼蟲同。成蟲暗褐色而細長，具特異之蠣狀介殼，長約一分許，故易於鑑別；每年發生一次，以卵越冬，仲春孵化。幼蟲色黃白而形橢圓，行動活潑，亦攝取樹液而爲害。防除法與前種同。

（三）蚜蟲（Aphis）此種害蟲，概發生於春、夏，侵入嫩梢、幼葉，卷入潛伏於內，攝取汁液而爲害；極足影響於蘋果生育之勢力；苗木時代，被害尤著。繁殖迅速，傳播極易；亦爲害劇烈之害蟲也。防除之法；（1）早春發生時，用石油乳劑十五倍液，或用除蟲菊浸出之石油乳劑液，可稀釋至四五十倍。（2）用硫酸尼古丁液（3）用煙汁肥皂液灑佈之，亦可。

（四）綿蟲（woolly apple aphis, Eriosoma lanigera）本種亦蚜蟲之一種，歐美各國，所認爲蘋果大敵者也。寄生於蘋果之樹幹、枝條、及根部；成蟲、幼蟲，均攝取樹液而爲害。局部組織，膨起而生腫瘤，樹勢爲之劇衰。成蟲長約五釐；無翅者體色赤褐或黃褐；有翅者黑色，惟其上部均有綿毛；故有綿蟲之稱。幼蟲形較小，色赤褐而被白粉。其發生之次數，因地方之情形而不甚一致；但每年總在數次以上；繁殖迅速，防禦甚感困難。普通所施防除之法；（1）秋冬之際，將寄生於枝幹部者，搔除而潰殺之。（2）樹幹有損傷之部，宜用柏油（tar）塗抹之。（3）夏季用石油乳劑之二十倍液或除蟲菊浸出液所製之石油乳劑之四十倍液灑佈之。（4）冬季、及早春，用石油乳劑之五倍液，洗刷灌佈之；當早春該蟲團集之初，驅除尤宜注意。（5）用硫酸尼古丁液灑佈之。（6）如該蟲寄生於根部時；可用二硫化炭注入根旁。或將氰酸鉀二錢，溶解於水一升中而注入之；亦能奏效。（7）選用安全砧木。（8）苗木當栽種之前，宜用氰酸燻蒸；以事消毒。（9）被害枝幹，剪除燒却。（10）利用益蟲以捕食之，如七星瓢蟲等是也。

（五）果蠹（the apple fruit-miner moth, Argyresthia conjugella）幼蟲侵入果實而為害；被害部果面凹凸肉質硬化，或發育不良而中途落果，或雖能成熟而不堪食用；卽俗所謂之蛀蟲也。每年發生一次；幼蟲初為乳白色，後為赤色。果實下落時，卽由蠹口潛入地中作繭而越冬；翌春化蛾，產卵果面，孵化幼蟲，侵入果實而為蠹。成蟲為小形之蛾，體長約一分半，前翅細長而暗灰色。防除之法；（1）落花後，及果實大如櫻桃時，灑佈砒酸鉛液、或石灰硫黃合劑液一二次。（2）

行套袋法，以保護果實。（3）收集被害落果，而燒却之。

近來美國方面，對於 codlin-moth, Carpcapsa pomonella 之一種果蠹，防除甚爲注意。因彼方勞力缺乏，人工昂貴，故套袋之法，應用困難。僅灑佈砒酸鉛藥液一二次、乃至五六次而已。

（六）天牛（the borer, Oberea japonica）春夏之交，成蟲於枝幹部，嚙破樹皮而產卵；產後仍將外皮掩覆。自後孵化而爲幼蟲，卽侵入枝幹材部，由下漸次向上，蛀食組織而爲害；并於入孔部，排泄木屑狀之蟲糞；故易於覺察。成蟲體長約六分許，體色淡黃，頭黑色，鞘翅細長，底翅橙黃，他部暗色。幼蟲、長約一寸許，色黃，八月下旬化蛹，卽此越冬，翌春羽化。防除之法；（1）捕殺成蟲（或於清晨搜捕之；或於黃昏時，用白布誘殺法，亦可。）（2）產卵之嫩梢，剪除而焚却之。（3）用細鉛絲，曲其先端爲鈎，插入孔內而捕殺之（4）用雷公藤、或百部草根；（此兩種藥品，各處藥材店內均有發賣，且價甚低廉。）堵塞孔部，幼蟲嚙食卽行殄斃。（5）用紅燐自來火頭，堵塞穴孔；幼蟲嚼之，卽斃。

（6）用除蟲菊粉，注菜油揉拌，以之堵塞穴孔。外用黏土堵塞；幼蟲嚙除蟲菊粉時，亦卽殄斃。

(7)孔內塞以精酸鉀之小塊;或注以二硫化炭、或洋油等液體;而將孔口用石灰黏土堵封之。

(七)花邊蟲(lace bug, Tingis pyri)花邊蟲(一名軍配蟲)之幼蟲及成蟲,均集生蘋果葉之背面攝取樹液而爲害。成蟲暗褐色長約一分二釐翅之脈紋頗似花邊,故有花邊蟲之稱。年中發生三次,常於葉脈部組織中產黃色之卵冬季、成蟲潛伏落葉內而越冬。防除之法; (1)用除蟲菊浸出液所製之石油乳劑液;稀釋三四十倍而灑佈之。 (2)用松香曹達所製之混合劑,(松脂一磅苛性曹達「sodium hydroxyde, NaOH」十兩;水三升半。製時,先將苛性曹達溶解於水,然後投入已經粉碎之松脂,再行煮沸二十分鐘左右,即得黑褐濃厚之藥液。)稀釋三十倍而灑佈之。 (3)冬季搜集落葉雜草,而燒却之。

(八)巢蟲(Yponomeuta mallinella)五六月頃,新梢伸長之際,發生頗甚。常於枝上張絲而作巢;羣集而食葉。幼蟲黑色,成蟲於八月間羽化,產卵枝上而越冬。防除之法,於發見作巢食葉之際;連巢帶蟲,摘除而焚却之可也。

第十一章　採收及包裝

第一節　採收

蘋果採收之時期，因地方之氣候品種之特性，以及樹齡之老幼栽培之方法，而其遲早不一。自其大概言之；同一品種暖地成熟之期，較之寒地爲早。同一地方，晚熟品種，自較早熟、中熟、爲遲。此固採收時期之遲早相差顯著者也，更自樹齡及栽培之方法言之；樹齡老者成熟之時期較早；草生地者，較之耕耘地爲早；此採收時期之遲早相差，不甚過殊者也。自其成熟之度言之，採收時已完全成熟者；謂之樹上熟度（hard ripe）。採收之後，尚須稍置，以營後熟兼適貯藏者；謂之食用熟度。（eating ripe）卽最適生食之採收時期也。採收過遲，往往肉質粗糙，漿液減少，品質低劣，不耐貯藏。故美國方面蘋果採收之時期，近來有漸取早採之風。且應用炭化氫（ethylene C_2H_4）之氣體，以促蘋果追熟之作用。（按炭化氫用普通方法製造，則代價較昂，如由煤氣中提取則價值甚廉。）

俾提早成熟而便運輸，有早應市場之利，鮮途中損失之弊；斯科學應用之效也。我國方面，農民智識，尚屬幼稚；科學方法之應用，有待指導。此種追熟之方法，目下尚難普及。則採收標準，自以適期爲當。而採收適期之標準，大概如次。

（一）果梗易於分離　果梗部既易於分離，宜即行採收，否則易於落果。

（二）紅蘋果之色澤　據美國農部之調查，凡紅色種之蘋果，其底色表現之程度，爲採收時期適當與否最良之標準。凡果實之未熟者，果而底色，概呈黃綠；反之，如成熟過度，則現暗黃色；其成熟適度者，則呈淡黃或鮮黃色，及其他應有之色澤。但此色澤之表現，與氣候之如何，亦有關係。如天氣晴朗，則着色較早；如陰雨連續，則着色較遲。故採收之際，於此亦宜注意；無俾過遲，或失太早。是以有分次採收者，雖勞費較多，而果品優良，售價亦可較昂。

（三）黃蘋果之色澤　黃綠色品種之蘋果，以果實適大時爲採收注意之標準。宜俟其底色尚未全現時採收之，如底色充分發現而後採收；則失之過熟，品質不良。亦有因果實成熟之度不齊，而分二三次採收者。殘留果實，有發育增大之利。

（四）種子之色澤　蘋果種子之色澤，亦可為熟期適否之一種標準。大抵種子變褐色時，即為果實成熟之徵；但不能完全以此為據，否則易致失期。因未熟之蘋果，亦有種子呈褐色者也。

（五）落果之情形　蘋果落果之情形，亦與成熟之時期有關；如麥金斗、瓦琴南、湯金王、等之品種，往往於成熟之前，易於落果。又如富麗等之品種，則因風易落。落果之現象雖同，落果之性質各異；此點亦宜注意。

自採收之方法言之；樹幹不甚高大之果樹，可用手摘取。其較高大而不及攞取者，可用臺架或梯攀登而採收之。他如自然形整枝之大樹，攞取不便，宜用笊形長柄之特製採收器而採收之。採收時所最應注意者，勿令損傷花芽，及壓傷果面。採收時所攜帶之容器；或小籠，或提籃，或帆布袋，或手提淺木箱，可各隨當地材料供給之便利而採用之。籃籠之編製較粗者，內部宜用綿或布襯墊；俾令果面不致損傷，是為至要。貯藏用之蘋果，採收摘取時，及容器移轉之際，尤宜仔細。

第二節　包裝

（一）　蘋果之容器

蘋果、爲比較的易與包裝運輸便利之果品，惟以果皮薄弱，果肉脆軟，如外部加以壓迫，則內容易致損傷。是以包裝容器，以堅牢之木箱爲最適；以其耐運輸而適致遠也。我國北方一帶，煙臺天津等埠，所用蘋果容器，概採柳條製籠；取其材料易得，製造簡便，且船舶輸運較之火車之震動爲少也。茲將該項容器之構造，及美國日本所採之容器；并述於左，以供參考。

（a）我國北部地方所採之容器

我國煙津等埠，所採蘋果包裝用器，大別爲二。一爲蘋果容器，用以裝置蘋果者也；一爲林檎容器，用以裝置海棠花紅、等之果實者也。蘋果容器爲一種柳條製之矮簍，直徑一尺三寸許，高約一尺一寸，簍之上下，均用軟草襯蓋，內容蘋果三十餘斤；簍蓋亦係圓形，製自柳條。林檎容器，爲一種筐式狹簍，作提籃形，簍高一尺五寸，口徑一尺二寸，底徑一尺餘，上闊下狹；內容果品約五十餘斤。

（b）美國方面之蘋果容器

北美方面蘋果包裝所用之容器，大別爲二。一爲桶式，二爲箱式，茲分別述之。

桶，美國及英領加拿大等處，使用頗廣。桶之木材，概用榆製。厚約六分，板幅一英寸乃至四英寸。其内容之大小，美國所用與加拿大方面，略有不同。

（甲）美國式（内容百夸脫）

兩端直徑	十七又四分之一英寸	高	二十八英寸半
中央部周圍	六十四英寸		

（乙）加拿大式

兩端直徑	十七英寸半	高	二十九英寸
中央部周圍	六十英寸		

桶之構造，如水泥桶；中央部膨大，兩端較細，每桶用鐵帶四圈，以緊之。桶可橫臥，彼此重積，故於船舶運輸，亦甚方便。

箱、爲較前項進步之包裝，凡優良果品及運輸遠地者，莫不舍桶而採箱。箱之大小構造，雖未能一致，

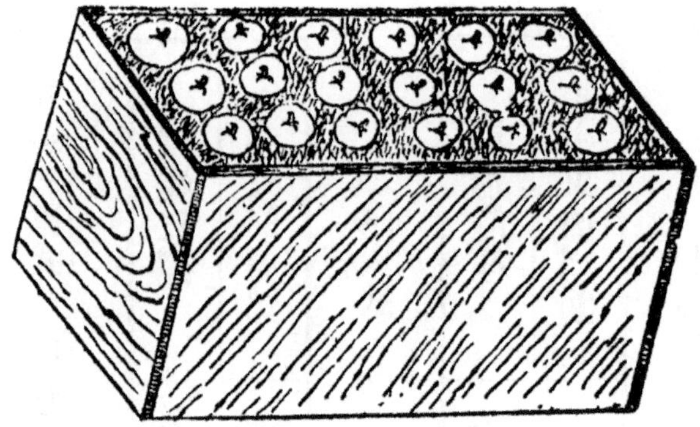

第三十四圖　蘋果包裝用木箱

就中以華爾佛頓（Z. Woolverton）氏式爲最佳。氏曾費十餘年之試驗，覺所製各箱，以此爲最適用。其箱之構造，及法度如次。（內容二千二百立方英寸。）

高（以外爲準）　十一英寸　幅（以內爲準）　十英寸

長（以內爲準）　二十英寸

此項蘋果箱，能容直徑二英寸半之蘋果，約一百二十八枚；謂之大號箱，亦有內容僅及此數之半者，謂之小號箱；所以與大號者區別也。

加拿大蒙特利爾（Montreal, Canada）地方，多賞用郗佛特（R. W. Shepherd）氏式之蘋果箱。箱之構造，頗爲精巧，可供包裝優良果品之用。箱之大小，視果實品種之大小而略有差異，普通一箱之內容，自一百九十六個乃至二百二十四個，箱及果

實之總重，自六十磅乃至七十五磅。箱之內部用厚紙，（馬糞紙等）彼此隔離，如包裝雞卵然；俾果實相互間，不致直接壓迫。

（c）日本之蘋果包裝容器

日本以東北一帶，爲蘋果主要之產地；包裝容器，大概用箱。箱之構造，雖因地方之習慣而略有不同，通常以內容四十磅者爲標準。箱之材料，用松板或杉板；前者材料低廉，而失之笨重，且往往因樹脂分泌而影響於果實之品質，故有以杉木板代用者，惟價格稍昂貴耳。板之厚度，兩端部六分，兩側、及底蓋，均以五分爲標準。

箱之法度（以內爲標準）

（甲）內部容積一千九百七十立方寸

深　一尺　幅　一尺　長　一尺九寸七分

（乙）內部容積二千立方寸

深　一尺　幅　一尺　長　二尺

(二)　塡充及包裝

蘋果容器桶與箱之構造不同，包裝之方法亦異；茲分述之。

裝箱　蘋果當裝箱之先，預將果實梗部，短剪然後每個以紙包之作爲裝箱之預備。箱之底部，預用稻草或麥稈襯墊，然後將果實緊密並列；果實每個之周圍，用適當塡充材料，以間隔之。第一層陳列旣竣，即置第二層；緊列果實，塞置塡充材料，如第一層。如此順次層積將果實充分緊綁，以防運輸時之搖動。俟儲箱將滿，上部更以麥稈或其他相當物品覆蓋之；然後用蓋釘定。至果實裝置之方法，或採平置，或採橫置；均無不可。

內容四十磅之蘋果箱，所裝果實之個數，因果實之品種，及階級之高下，而互有不同；已如前述，塡充材料，普通多用鉋糠、木屑；亦有用乾草者，但甚少耳。釘蓋旣竣，外部更以繩縛之。

裝桶　美國方面，以桶爲容器者；操作之際，較費手術，必須熟練。一般生手，往往因手術不精，而果實易肇損傷。裝桶之法，先取果實二三十個，每個果梗向下，輪狀排列桶內；俟二三層排列旣竣，然後由其他容器內，逐漸傾入之。時時動搖，免生空隙；一俟貯果將滿，更擇形狀整齊之果實；輪狀平列，果梗向上，一如底部果實之放置。惟最後一層之果實，較桶緣略高；然後用蓋壓緊而固締之。

參考書

L. H. Bailey: The Standard Cyclopedia of Horticulture.

J. H. Gourley: Textbook of Pomology.

V. R. Gardner, F. C. Bradford, and H. D. Horker: The Foundamentals of Fruit Production.

U. P. Hedrick: Systematic Pomology.

S. A. Beach: Apples of New York.

J. W. Gowen: Self-Sterility and Cross Sterility in the Apple.

O. M. Morris: Studies in Apple Pollination.

J. P. Stewart: The Fertilization of Apple Orcnards.

种苹果法

拓殖六郎　最新果树园艺　　熊谷八十三　果树繁殖论

谷川利善　满州之果树

农业及园艺

一百六十八

王雲五主編

萬有文庫

第一集一千種

種蘋果法

王太乙著

發行兼印刷者　上海寶山路　商務印書館

發行所　上海及各埠　商務印書館

中華民國十九年十月初版

The Complete Library
Edited by
Y. W. WONG

APPLE GROWING
By
WANG T'AI I

THE COMMERCIAL PRESS, LTD.
Shanghai, China
1930

B五八三分

種柑橘法

曾勉 著

商務印書館
民國二十年

種柑橘法

曾勉著

農學小叢書

種柑橘法

目錄

種柑橘法

第一章　緒論

一　柑橘類之內容

柑橘類果實，吾國自古栽培，屬芸香科（Rutaceæ）柑橘屬（Citrus），以其性狀頗相類似，故果樹栽培學上總稱之曰柑橘，常概括而論述之。關於柑橘類之分類，依學者研究，諸說紛紜，莫衷壹是，茲就美國園藝植物學家休謨（H. Harold Hume）氏所舉之普通分類法，先行開列於次，藉以略悉其梗概焉：

（1.）枸橘（trifoliate orange, Citrus trifoliata）

(2.)酸橙 (sour orange, Citrus vulgaris)

(3.)柑橙 (sweet orange, Citrus aurantium)

(4.)蜜柑 (mandarin orange, Citrus nobibis)

(5.)文旦 (pomelo and shaddock, Citrus decumana)

(6.)金橘 (kumquat, Citrus japonica)

(7.)佛手 (citron, Citrus medica)

(8.)檸檬 (lomon, Citrus limonum)

(9.)辣蜜 (lime, Citrus limetta)(會譯)

二　柑橘二字之釋義

吾國柑橘二字，細玩其義，頗饒趣味，且可知此類果實，早爲人類所貴重，足見古人造字，固有所自，非偶然也。原來柑字從甘，古作甘。廣雅云：「瑞金（按柑一名瑞金或名瑞聖奴）未經霜，味酸，一經霜後，始熟味甘，以味名也。」開寶本草云：「柑未經霜時猶酸，霜後甚甜，故名柑。」朱梅溪詩註云：「他果非無甘者，惟柑從甘言最甘也。」左傳云：「甘心快意。」字從甘者言其味悅人口，色悅人目，氣悅人鼻，譽悅人耳，乃透人之甘果也。劉基爲柑者言，異心有喻也。橘字從矞矞者，雲色也。橘實皮赤瓤黃，有似矞雲之象，故得名也。春秋運斗樞云：「璇樞星散爲橘。」本草云：「橘從矞，音鷸，諧聲也。」又「雲五色爲慶，二色爲矞，矞雲外赤內黃，非煙非霧，郁郁紛紛之象；橘實外赤內黃，剖之香霧紛郁，有似乎矞雲，橘之從矞，蓋取此意也。」

三　栽培柑橘之利益

栽培柑橘，大有利益，與他果相較，奚啻霄壤之別。茲就余個人管見所及，栽培柑橘，有以下諸種之優點，試申述之：

(1.)冬時成熟　凡百果實，盛產夏秋，一屆隆冬，悉歸凋零，獨柑橘於此時，燦然成熟，以供吾人之食用，諺云：「立不踰膝好種橘。」極言其結實遲緩之不能久待也。

(2.)品質佳良　韓非子曰：「夫樹橘柚者，食之則美，嗅之則香。」呂氏春秋云：「果之美者，有江浦之橘。」考柑橘之果實，採之風味照座，劈之香霧噀人，皮薄味珍，脈不黏膚，食不留滓。蘇軾食柑詩云：「露葉霜枝翦寒碧，金盤玉指破芳辛，清泉蔌蔌先流齒，香霧霏霏欲噀人。」

(3.)栽培容易　柑橘生長茂盛，管理簡單，勞動無過激而饒興趣，作業且清潔而極輕便，毫不使人嫌忌而生厭倦心也。

(4.)富貯藏性　柑橘爲果類中之最富貯藏性者，苟貯藏得法，每涉寒暑而不潰，可靜待時機，或運輸遠方，以待善價而沽。

(5.)風景優美　柑橘開花盛夏，懸實高秋，花似白雪，實比黃金，既蓊茸而葳蕤，且參差而芳馥。周元範詩云：「離離朱實綠叢中，似火燒山處處紅，影下寒林沉綠水，光搖高樹照晴空。」

(6.)獲利溥厚　史記貨殖列傳云：「蜀漢江陵千樹橘，其人與千戶侯等。」亦可知栽培柑橘，乃經營事業之一大端。其獲利誠非淺尠也。專就溫州一隅而論，據甌海關調查，每年柑橘由溫州輸入上海，不下四百萬斤，甌柑品質並不甚佳；苟再從事改良，獲利豈有限量！試觀美國所產臍橙，運銷歐亞各地，及日本所產溫州蜜柑，每年輸出加拿大美國西伯利亞蒙古東三省等處爲數至鉅，其增益於一國之經濟也可知矣。

(7.)有益衛生　吾國古代醫學謂柑橘之甘者，潤肺；酸者聚痰，消渴，開胃，除胸中隔氣。據最近學者研究，咸以柑橘含有生活素(vitamin)，能治神經炎症及預防壞血病等每人一日食柑橘三枚，不但增進健康，且可抵抗疾病云。

第二章　性狀

柑橘類植物，與他種果樹，其性質及形狀，乃大有不相同處，學者常另闢一柑橘類植物學(Citrus botany)而研究之，今將柑橘類植物體上之各主要部分，就其普通之特徵分別論述之：

（一）根

柑橘類果樹之根與其他植物，稍有不同，根毛缺乏，即在纖維根與吸收根上，亦罕見及。吸收根比較粗大，叢生成羣，發育甚易，施肥及中耕時，偶受傷損，再生作用亦極迅速。表土淺處，鬚根發生近在地面。主根深入土中，支持枝幹，抵禦強風，爲纖維根幹部間水分

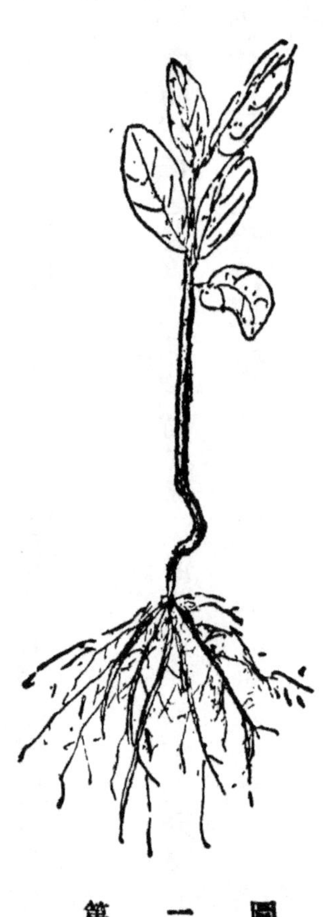

第一圖

及食料溝通之要道。大直根對於樹之生長，無甚關係，幼時移植常因切斷。柑橙類（sweet orange）之支根發生多而酸橙類（sour orange）常以二三直根深入土中。此外有所謂曲根者，非正根也，因幼苗當成長時苗牀土壤，未曾築碎，硬粒過多，根部不能伸展，至拳曲而成Z字形，對於柑橘生理上，殊有妨礙，是故苗圃整地，須反覆叮嚀行之方可（第一圖。）

（二） 枝

柑橘初生之枝，概作綠色，漸老則漸濃；惟強壯之枝，略帶黃褐。無論何時所發，其初概爲三稜形，翌年變圓，或終老而呈稜角性者。春枝多而微小，且不生刺；夏秋反是。柑橘發芽，一年四季，陸續不斷，因氣温之關係，而有一定之時期：普通第一期在春季三四月，謂之春芽；第二期在六七月間，謂之夏芽；第三期在八月至九月，謂之秋芽；除以上三回外，極温暖地在十一月間，尙能發芽伸長，稱之冬芽。四季之中春芽生長肥滿，大抵二三寸至七八寸，必爲結果枝。温州蜜柑一枝上僅開一花，易言之，一枝上僅結一果而已；甜橙類酸橙類以及文旦類一結果枝上可開多數之花蕾，能結二個以上之果實（第二圖。）夏秋芽與春芽大異，伸長肥大，春芽所發之枝梢爲圓柱狀，夏秋芽所生之枝條，概帶稜角性，時達一尺乃至三尺以上者，所謂徒長枝是也，易亂樹姿，無裨結果，且能阻礙春芽之發育，爲害顯然，惟善爲修翦，尚可利用。枝梢伸長之程度，溫熱帶較爲旺盛，漸至寒冷地，則順次微弱。亦有依種類及性質之不同而生差異者，如文旦類檸檬類，樹姿旺盛，發育迅速；反之金橘類樹形較爲低矮，

第二圖(A)

溫州蜜柑結果枝着花之狀

第二圖(B)

甜橙類結果枝着花之狀

且發育亦較遲緩。枝梢發生之狀態，亦有不同，温州蜜柑枝多下垂，夏橙檸檬等則多具豎立性。又柑橘之枝條，其外皮常具葉綠素，一年之內，自春徂秋，葉鮮脫落，所謂常綠樹，與其他一般落葉樹，秋季蓄積多量之同化養液，以備過渡春冬及製造新芽者又有不同。

(三) 葉

柑橘類植物除枸橘外，概爲常綠樹，易言之，即新葉未放，老葉不凋之謂也。少葉老葉，每年隨時可以凋落，其最普通時期爲春期生長後，四月至五月間。平常柑橘之葉，視枝梢之種類而異，其生於結果枝者，留在樹杪有十五個月之久，其生於直立旺盛之發育枝者，有至三四年而常青，其生於幼苗之上者，苟保護得法，管理周到，

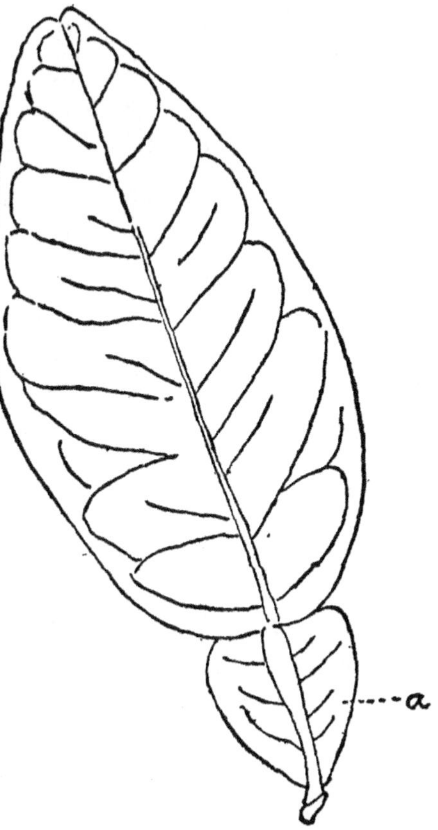

第三圖 (a) 翼葉

經數年而不萎一葉，移植時稍為刪除，藉減蒸發作用。至於枸橘，大抵秋季落葉，冬季僅存裸條而已，迨翌年春季，始發芽抽葉。至於葉之形狀，常因品種而不同，文旦類葉柄多具有翼葉，甜橙類較小，佛手類則付闕如（第三圖）。翼葉之生於強梢者，闊而長；生於結果枝者，短而狹。甜橙葉為全緣，檸檬及辣蜜，則具鈍鋸齒。氣孔生於葉之背面，塵埃無以為害。其猶有一特徵者，即葉之組織中，具有多數腺體，雖不突出葉面，然肉眼亦可察見，分泌香油 (aromatic oil)，易於揮發，新落之葉，其香可聞，且可藉其香而辨別品種，在苗圃內其砧木有為酸橙，或為甜橙，可以依其香而斷定之。

（四）刺

多數柑橘之特徵為具有尖而且柔之刺。柑橙幼苗具刺最多，收穫及修翦等作業，大有妨礙；枸橘之刺短而且粗，密生枝部；栽培之柑橘，刺較稀少。刺生在葉軸上，其大小隨枝條而不同：生長於旺盛之發育枝，其刺長；生於結果枝者，其刺短，不易辨識。華盛頓臍橙 (Washington navel) 及攸立卡檸檬 (Eureka lemon)，均為無刺之品種，但於徒長枝上則間或見之。刺不獨有妨收果之工作，且對於果實之本體，亦有害焉，風來樹動，果觸刺而傷，病菌因此乘隙而進，當氣候乾燥時，傷痍易於癒合，爲害較輕。近據育苗家言，選擇無刺之芽條，以作接芽，刺可減少，是乃未經科學試驗之證明，未敢遽爾認爲確當不誤者也。

（五）花

柑橘之花，美大芳香。色蠟白，檸檬與佛手，其瓣稍帶紫色。花概完全。萼三裂或五裂。花瓣自四片至八片，厚而多肉。受精後，子房膨大，花瓣卽行殞落，且具油腺。小蕊多數，自二十至六十不等，花絲必多少聯合。大蕊及其柱頭，顯而易見，分泌乳白質頗盛。其下部之蜜糟，亦有同樣之分泌。花粉金黃色，分量頗豐。柑橘之花概生於當年枝上，檸檬金橘則間有生於老年枝之上者（第四圖）。文旦與柑橘三四月間開花，每株早遲，恆不一致，過期開放之花，品質惡劣，失其常態；在檸檬樹

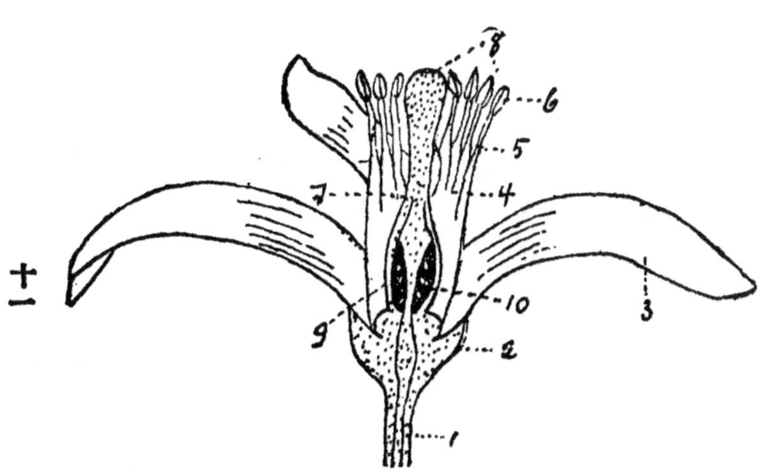

第四圖　1 花梗　2 萼片　3 花瓣　4 雄蕊
5 花絲　6 葯　7 雌蕊　8 柱頭　9 子房　10 胚珠

上，花有各種，其能結果者花完全，大小蕊俱備，有大蕊退化而雄蕊膨大發達者。檸檬自開花以至結實，成熟須經過九個月，然有經過六個月即能成熟者，亦有經過一年果皮始變黃色者。

（六）果

據波那維亞（E. Bonavia）氏言：「柑橘果實由葉二輪變成，其一輪變為果皮，其他一輪變為心皮及瓤囊。每一心皮即由一葉摺疊而成，兩端在果之中軸相遇，種子即生於斯。瓤囊數目頗不等，即同

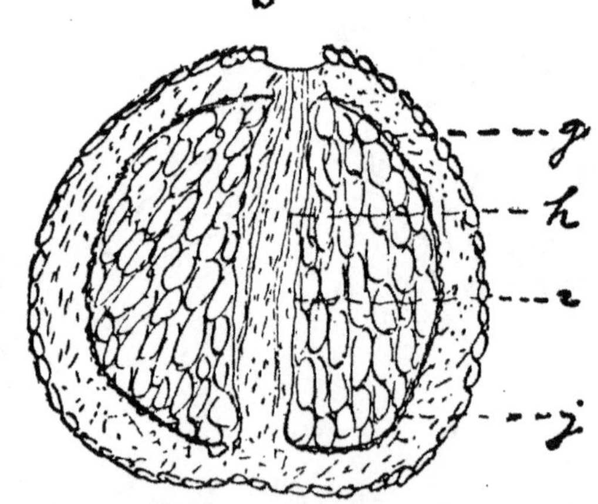

第五圖　(A) a油胞 b果皮 c瓤囊 d砂囊 e種子 f果心 (B) g橘絡 h維管束 k內瓤 j外瓤

一品種亦有差異。每一心皮內之砂囊爲葉之油腺所變成，乃多細胞之組合體，維管束由莖部穿入果皮之海綿組織，即供給養分於砂囊焉。」果皮特具油胞，突出表面，光滑可愛，頂部萼仍遺留，基部間具有臍狀物者，如華盛頓臍橙是（第五圖）。柑橘類果實與其他果實無異，亦有呼吸作用，採收後水分及二養化炭發散，體積縮小，重量減輕，倘保存得法，常有至一年而不潰者，中含果糖及枸櫞酸 (citric acid) 甚富。

（七） 種子

柑橘種子多爲卵圓尖形或卵圓鈍形，其面光滑，有微突起，文旦類種子較爲粗大扁平，而有縐紋，每瓤內具種子有自一粒而至數粒者，每果內有完全缺乏者，如溫州蜜柑華盛頓臍橙是，有至五十多粒者，如枸橘是。柑橘類種子尚有一種特徵，即多數種子，其能自每一種子內發生幼苗一至十以上者，就植物學上言之，稱爲多胚，因胚囊內發現無定胚故也。吾人於苗圃內每粒種子，各自分播，仍見發生多數幼苗於一處者，即以此故。

第三章　分類

第一節　種屬

柑橘屬(Citrus)爲芸香科中發達最高，蕃育最旺者。其中變種，不期而出；是以研究植物與園藝者，苦難斷定，追蹤溯源，孰爲雜交之原始者，尙屬茫然，因此各自探究，別爲門類，參考羣籍，差異特多。最近貝力(L. H. Bailey)氏將金橘另別爲金橘屬(Fortunella)，置枸橘於枳屬(Poncirus)，其分類法如次。

柑橘屬（Citrus)

C. medica—citron

C. taitensis—Otaheite orange

C. Limonia—lemen

C. aurantifolia—lime

C. maxima—grapefruit; shaddock; pomelo

C. Aurantium—sour or Seville orange

C. sinensis—orange

C. nobilis—

var. deliciosa—mandarin and tangerine orange

var. unshiu—unshiu or satsuma orange

C. mitis—Calamondin orango

金橘屬 (Fortunella)

F. margarita—oval kumquat

F. japonia—round kumquat

枳屬 (Poncirus)

P. trifoliata— trifoliate orange

以上所舉，不過表示分類方法之不一，本書仍當依休謨氏所舉之分類法爲標準，茲將各種之特性順述如次：

(一)枸橘　樹形矮小，枝條聳直，高約十二至十五英尺；嫩枝具稜角性，漸老則漸圓；刺堅挺，互生；葉冬季凋落，由三小葉合成；花芽藏於鱗片內；花單生或對生，普通先葉而開，瓣五個，黄綠色；果淡黄粗糙，而蓋以短毛；種子極豐。

(二)酸橙　樹形矮小，枝梢緻密，高約二十至三十英尺；新梢嫩綠色；刺小而尖，互生，老梢粗肥堅實；葉互生，單葉，經冬不凋，卵圓形而先端稍尖，具有特異之香氣，葉柄處生有一至四英寸長之翼葉；花開於葉腋，成繖形，瓣具異香，油胞頗顯明；果初爲橘色，後變紅色，分瓤甚小，味酸而苦；種子扁平。

(三)柑橙　樹冠緻密，成圓錐形，高約二十五至四十英尺；樹皮灰褐色；刺約一至二英寸長，肥而且尖；葉卵形或長卵形，面平滑而色光亮，全緣或稍具鋸齒；花開於葉腋，聚而或散，常不一定；果長圓形或扁圓形，色稍紅，皮平滑，汁稍酸；種子長倒卵形，多少無定。

（四）蜜柑　樹形矮小，高不過二十英尺，樹冠圓密，枝條間有下垂而成柳狀者；樹皮淡褐色，小枝淡綠色或作深綠色，圓形或角狀，纖細短小，或具尖銳之刺；葉小披針形或橢圓形，葉柄短縮，翼葉或具或不具；果扁圓形，由橘色而至淺紅色，分瓤易於劈開，果皮亦頗易剝離；種子略具喙形，內具多胚。

（五）文旦　樹高達二十至四十英尺，樹冠圓形或圓錐形，樹幹直徑爲十八英寸許；樹皮光滑，灰褐色；嫩葉及幼枝淡綠色；葉卵形，革質，葉柄耳狀，翼葉廣闊；花單生或聚生，具芳香，常有二十朵而在一處者；果形大，梨狀，扁圓形，長圓形不等，肉蜜色或紅色，汁液有甜有酸，間亦有苦者；種子大粒，面具皺紋。

（六）金橘　灌木，高僅八至十二英尺，枝梢分歧，樹冠緻密；幼枝淡綠色，具稜角形，老而變圓，間有具尖銳之刺；葉披針形，基部尖銳，頂端鈍圓，正面濃綠，反面色較輕淡；花單生或對生；果長圓形或正圓形，直徑不過一英寸，油胞顯明，果皮內部甘而可食，汁極酸；種子微細，爲數不多。

（七）佛手　或稱枸櫞，灌木或小樹，高達十英尺許，幹短弱而枝錯雜；樹皮淡灰色；刺短縮；幼梢光滑，紫青色；葉大形約四至六英寸長，其色綠，上下二面，濃淡判然；花小羣生一處，爲數不等；花冠內部白色，外部略帶紫色；果黃色，皮粗糙，長自六英寸至九英寸，間有凹凸而呈手狀者，味極酸且苦，頗呈香氣；種子肥滿光滑。

（八）檸檬　爲小形樹，高自十英尺至二十英尺，樹冠開展；枝條圓形或具稜角形；樹皮淡灰色；幼梢光滑，呈淡紫色，葉常綠，具鋸齒，基部翼葉缺乏；花單生，間有對生者，花冠外部紫色；果實成熟，不拘何時，呈長圓形，兩端略尖，皮極薄，色淡黃，表面粗糙，或平滑，長約三英寸，汁液頗酸，分瓤尖長；種子卵形光滑。

（九）辣蜜　灌木或小形樹，枝條具刺，交錯而生，或向地下垂；刺細小尖銳，而極豐富；樹皮灰褐色；幼梢淡綠，漸老漸濃；葉長卵形，邊緣稍具鋸齒；花小形，常自三至十朵聚開於葉腋，花冠內外部，均呈白色；果圓形或長圓形，皮薄色淡黃，汁液酸，肉瓤呈淡綠色；種子小，頂端尖。

第二節　品種

柑橘品種，何止數百，東西各國，均有調查記載詳細，查考甚易；吾國素無是等專門學術之機關，雖有佳種，大半湮沒無聞，殊可惜也！今將中日美三國著名品種，擇其最重要者述之：

(一) 中國種

甌柑　原來祇有一種，後因接枝之採取不同，致樹形果實，時有歧異。就樹形而論：有矮性與高性之別；就果實而論，有平頂與高頂之分。然此四者，不過爲品質上之辨別，不可作種族上之分類也。矮性平頂爲良種；高性高頂爲全懶生或半懶生種（所謂懶生者卽不生果之謂也。）其中良種，枝幹橫生，四面展開，微有下垂，故樹形矮而作圓形，成長極速，枝葉茂盛，春期所發之葉，作尖形，夏秋所發者較圓且大，且向前捲橫生，色濃綠而有光澤，果爲圓形稍扁，初生者果形雖大而不美觀，且蒂端稍隆起，漸老則漸平，每顆重四五兩，管理如得當，年年結果，碩大蕃滋。

黃巖蜜橘　係黃巖之澄江兩岸及澄江支流兩口沿岸之特產，本地人稱之日本地早橘，品種最佳，爲柑橘中大王，無論廣橘福橘甌橘，均莫能與近田野遍植，一望成林，幹高丈餘，葉作長卵形，端尖，夏秋開花，實扁圓，秋末成熟，呈美麗之黃赤色，徑約二寸許，較福橘略大，皮粗厚，瓤多液，而味甘如蜜。

新會橙　出廣東新會，果形中大而圓，皮薄而滑澤，紅黃色，有灰色暈，底平，有環紋隱約可辨，瓤囊極薄，不易分離，肉色淸白，味甘香，富汁液，產於老樹者無核。

沙田柚　原出於廣西容縣，今移之廣東封川德慶等縣，果形巨大，爲倒卵形，底平，蒂部堆起成臃腫之狀，皮粗糙而厚，色黃，瓤囊頗厚，沙囊甘香，有蜜味，水分較少，食時無渣，上品也。

潮州柑　出廣東潮州，形大而皮厚，紅於丹砂，瓤囊頗厚，味甘而不香，汁液亦少，遠不如甌柑。

金橘　以甬產爲最佳，日本稱之曰寧波金柑，或名唐金柑，產於廣東者亦不惡，爲長橢圓形，或正圓形，皮色紅黃，果肉瓤囊不分離，味酸，惟皮尙帶甘味，不大常食，多供糖製蜜漬之用，產於温州者曰金彈。

福橘　產於福建之福州，實扁圓，色深紅，味微甘酸，皮薄而滑，油胞粗大，汁液不豐。

四會柑　出廣東四會，形如甌柑而略扁，皮色金紅，瓤囊極薄，沙囊可粒粒分離，味極甘香如蜜，皮可入藥，是爲陳皮。

南豐橘　產江西南豐縣，爲諸橘中之最小者，直徑不過一英寸，皮薄瓤多，味雖甘而汁不豐，果皮赤色，蒂部稍突起。

廣東檸檬　形圓而小，皮厚味酸，取其汁爲調味用，及製清涼飲料，果皮可製油。其品種有白檸檬與紅檸檬之別：白者樹多刺，葉小而薄，果皮熟時青黃；紅者樹刺不多，葉大而厚，果皮熟時朱紅。

（二）　日本種

温州蜜柑　此爲中古時代自我國地方傳入於日本之橘，與今日浙江温州所產之甌柑，完全不同，切不可混視。樹性強健，極豐產，果大爲扁圓形；果面濃橙黃色，稍滑澤，油胞稍大而凹入，果皮薄，瓤囊之數普通十一乃至十二，無核子，沙瓤短大，漿液多，甘酸適和，風味優等，自十一月初旬至十二月採收，可貯藏至三月。近年日本大分縣發現早生温州，爲温州蜜柑中之一變種，品質優良，成熟期早，故栽培面積，漸次擴大。

金年九母　原爲臺灣種，果圓形，果皮橙黃色，緊密，油胞中密，沙瓤細長，漿液多，甘酸相半，雪柑一種，尤爲日本甜橙類中之最著名者，質軟漿多，味頗甘美，洵佳品也。

紀州蜜柑　或稱小蜜柑，又稱圓蜜柑，果實扁圓形，果皮橙黃色，表面滑澤，油胞粗大，瓤囊十個內外，每囊具二三個核，甘味強，漿液稍少，樹勢健旺，枝梢細密，據學者研究，與我國黃巖蜜橘，有血統之關係云。

鳴門柑　此中有大鳴門與金鳴門二種，果實大，果皮橙黃色，甘酸適度，漿液豐多，且具芳香，種子扁大，二月乃至四月採收。

獅柚　或稱檑柚，亦稱大柚，果實大，圓形，頂部有輪狀之突起，果皮鮮黃色，多凹凸之瘤狀，頗粗糙，漿液殊多，味亦甘美，一月乃至二月成熟。

(三)　美國種

華盛頓臍橙（Washington navel）　樹性強健，豐產，果稍大，形平均重半斤許，形狀圓形，乃至短橢圓形，頂部有臍，故有Navel之名。果面橙黃色，稍滑澤，果皮薄，瓤囊數九至十三個，其皮極薄，無核，肉質柔軟，多漿，甘酸適和，有芳香，熟期自十二月至翌年二月，可以貯藏至五月。自本種之芽變性而生有一種曰湯卜遜之改良橙（Thompson's improved navel）者，爲美國加利福尼亞人湯卜遜所選出，其與普通種異者，樹性稍弱，入結果期稍早，果實之熟期亦稍早，油胞小，果面甚滑澤。

瓦稜薩晚生（Valencia late）　樹性強健，豐產，果實中等大，爲倒卵圓形，向果梗部稍小，果面橙黃色，稍滑，果皮薄，果肉稍橙黃色，多汁，甘酸適和，香味優等，雖有核而其數少，不過三乃至六個，亦間有無核者，自四月始得以採取，而以六月爲其最適當之熟期，如至期不採，任其在樹上，可直至十一月，隨時供食。

（附）暹羅蜜橘　樹性不明，果大，爲不正之球形，果面爲橙黃色，甚粗糙，果皮中等厚，與瓤囊極易分離，瓤囊約十個，汁多而味甘，酸味極少，核不甚多，品質優等，十二月成熟。

第四章　風土

第一節　氣候

柑橘類與他種果樹，稍異其趣，原爲熱帶產，性好溫暖，溫度逾高，大可發揮其固有之特性，據日本某農學家言，高溫可使柑橘味甘，皮薄，實大而結果早。考柑橘類中最嗜高溫者，莫如柑橙，其次爲文旦佛手，更次爲金柑柚類，在比較低溫下尚能生存者，厥爲枸橘，俗稱枳實，古人所謂「橘逾淮而化枳」良有以也。吾國東南諸省，最適柑橘栽培，廣東福建及浙之溫台二州等處，均盛產，過浙而北，則鮮聞焉，湘贛蜀等省，雖可栽培，但成績未甚佳良。

柑橘類當開花時，日間宜晴明，且無西北風，方可結實蕃滋；倘遇大雨連綿，沖洗花粉，又無蜂蝶之媒，其結果必少，落花後若遇久雨，亦多有殞果之危。收穫時，天氣良否，與柑橘之品質優劣，有莫大關係；蓋收穫前半月及正收穫之時，天氣須乾燥，若遇久雨，則果中水分過多，易招腐敗，大損販賣之路，且味淡不甚佳。

第二節　地勢

柑橘類所需之地勢，大致與蘋果同。平坦地與溪谷地管理雖較便，但有霜害之虞，且空氣之流通不良，易罹病蟲害。傾斜地不但空氣流通，且受日光最多，而排水亦良好。因此不受霜害及病蟲害，品質最上。傾斜地就位置言之，更有山背山腹山麓之分，普通山腹爲最優，山背受風之害較易。傾斜度以十度乃至三十度爲最適，過於傾斜，不利栽培。若取平坦地爲柑橘園，須以便於排水爲原則。在屋畔樹林左近之地設園者，須選其向東南或正東正南者爲宜，若西北遼闊而東南有障礙物，對於日光空氣兩無取者，不得闢爲園地。

第三節　土壤

柑橘類品種甚多，適地亦異，重黏土地下水停蓄過多，任何品種皆難發育良好。各種有名之品種，其產地之土質，多爲砂質壤土，或黏質壤土，因其表土疏鬆適宜，温熱與水分之透徹自由，且富於養分之吸收及保蓄；但過鬆之土如石礫，雖利於温熱與水分之流通，而對於吸收保蓄則不足，乾旱時且有裂果之虞，須加人工改良後方可適用。

第五章　繁殖

第一節　砧木育成法

（一）　砧木之種類

柑橘種子，播於土中，亦可發芽成長，但遺傳力甚弱，易於變種，故未有作繁殖之用者。繁殖柑橘，概用接木法，而砧木則用枸橘。枸橘作砧，有數利焉：（1）根系最佳，主根能深入土中，細根多，牛蒡根少，養分吸收盛。（2）成木甚速，得早供砧木用。（3）接木後結果速。（4）結實豐富，品質佳良。（5）樹姿低矮，管理便利。（6）抵寒力大，能使接穗變強外，且能止早春之生長。（7）可以抵禦爛根病（日名裙腐病）。

上述二種，乃我國及日本所常用者，考諸美國園藝學書籍，尚有其他四種，可作柑橘之砧木，譯述如下：

(1)酸橙 (sour orange) 耐寒性強，生長健旺，能生多數根，深入地中，即過於乾燥之砂質土，亦能生長，以此爲砧木成長迅速，枝條上傾，結果隨年齡而增加。

(2)柑橙 (sweet orange) 根淺，大抵僅一尺五寸以內，適於乾燥地或瘠薄地，假使栽植於卑溼地，爛根病易於發生，耐寒性弱，但成長迅速，樹姿整正，頗呈美觀。

(3)粗質檸檬 (rough lemon) 耐寒性弱，僅限於熱帶或亞熱帶而已，樹性強健，成長迅速，根部發育良好，但以此爲砧木，果實酸味增多，甘味反減。

(4)酸柚 (grapefruit) 抵寒力弱，根深入土中，乾燥之區特宜，根爛病絕無。

(二) 種子之處理

枸橘種子爲卵圓尖形或卵圓鈍形，其面光滑，有微突起，或乾後而外皮起皺紋，長度爲三四分，寬爲一二分，厚約八九釐，其形狀常不一致，有胚一，子葉二，或較多者，九月之候，枸橘之果實變黃，乃由樹上一一採下，埋積地上，蓋以菰蓆，預防乾燥，直至果肉腐敗，瓤囊與外皮分離爲止，然後以足踏破，用河水淘洗，浮去皮殼，滌淨汚物，置陰處略乾，即可播於苗牀，或選排水佳良之地與細土交互藏儲，以防水蒸氣由仁發散，因種子過於乾燥，發芽力頓失也。

(三) 苗圃

播種之地，宜向東南，西北須有屏障，以絕寒風，土質爲砂質壤土，肥沃而疏鬆，且水分適宜，方能發芽容易，生長迅速，拔苗時不致傷損。土地既選定，乃將土翻覆耕鋤，成爲細末，並去草根，掘起寬五六寸而長隨便之畦，以備移植幼苗之用。養苗之地，須隔十餘年方可再作苗圃。蓋苗圃耕鋤極勤，土粒自細，夏令亦無雜草生於其上，當拔苗時，其賸餘之根，亦每完全取出；且苗木需肥甚大，故土壤物理性與化學性，皆因變壞，非無故也。

(四) 播種及移苗

上述苗圃，係供苗木發芽後移栽之用，非直播種子者也。直播種子之地爲苗牀。播種期早者當年十二月，遲者翌年二月下旬乃至三月中旬。苗牀須擇陰溼向東南之地，掘溝整地，一如前法；然後將種子條播其上，乃蓋細土藁稈，以防乾燥之虞，若遇久旱，須洒水使潤，惟不宜過溼，如此管理，至次年清明，自然發芽長成。發芽後卽將敷藁除去，免有幼莖軟弱及拳曲等弊。苗長數寸，澆以稀薄糞尿一二次，促其成長，以待移植。移植宜在九十月間苗長八九寸時；苗牀中苗之排列宜疏，若過密發育常不健旺，且往往主根深入，不生鬚根，移苗手續更多困難。移植時須擇微雨之天，將砧木加意拔起；若土壤乾燥而無微雨，須先灌水使溼，免致拔時傷根；根面貼以泥土，毋使外露，然後運至苗圃；未栽入前，最好將主根翦短，則細根旁生根系始佳；横開畦土作溝，將苗放入，稍帶傾斜，覆以原土，踏之使實，每行距離爲一尺四五寸，株間僅寸餘，栽畢敷以藁稈，若氣候乾燥，更須灌水，毋使枯死。苟將幼苗大小強弱，先行分開栽培，則接木時不致有大小參差妨礙操作之弊。

（五）　苗圃管理

移植後，經數月，藁稈逐漸腐敗，雜草滋生，須中耕數次，薙去雜草，並鋤鬆其土，然後再行蓋藁，並施肥二三次。夏時宜厚敷藁稈防止過熱，有礙鬚根之蔓延。如遇乾旱，須常灌水，使其潤溼，始得發育迅速。冬間亦宜蓋草；倘遇嚴寒，必用藁稈遮蔽其枝葉，美國有將行間溝土翻起，向樹旁堆壅，以防凍害者。此外如早期停止耕耘，使新木成熟，足以耐寒，亦栽培法之善者也。

第二節　接木法

（一）　砧木可接之年齡及時期

八九月間苗木移植後，至翌春幹部尚屬太小，不適於用，須待第三年春天，始可接木。接木之時依方法而有別，概自春分節至穀雨前；再後則難接活。此時溫度概在華氏表五十五度上下，氣候以微雨陰天爲宜，切忌晴天而多燥風之日。芽接與桃李同時，約在九月上旬，過遲則癒合作用遲緩，芽易萎縮乾枯，殊難活着；熱帶則須稍早，約在六七月間，以此時剝皮容易而癒合亦迅速也。根接普通分春秋二回。春期柑橘未發新芽以前，行幼苗根接法，最爲適宜。

（二）　取枝

據養苗家言，柑橘之優劣，概由接枝選擇而異，如採自未結果之幼樹，或雖在已結果之樹，而採其夏秋二季之梢，或梢之過於強壯者，油胞特大而皮性輕浮者，或生於陰翳之處，發育不良者，接後非僅難活，卽活亦多不結果，若採自衰老之樹，則更不足論。故所用之枝，須取自五六年以上壯樹，去年春期所發之枝，且在樹面飽受風霜，發育強壯，皮性堅實，長達尺餘者，用翦截斷其部，去其葉片，僅留頂葉二三張，以數十條作一束，用稻草縛住，包以溼蓆，毋使露風，接時亦須置於箱中，今日取下，明日用之，不可久貯；至於受病蟲害之樹，其枝葉亦不宜取，蓋各種病蟲傳遞之方，雖不一而足，然由接枝與砧木而傳遞者，亦不少也。

至於芽接所用之芽條，亦須謹慎選擇。其芽須飽滿豐圓，更須取自結果枝。在檸檬樹上，尚易尋獲此項標準之芽條，而在柑橘樹上則頗難，因柑橘樹能結果之枝，未必生飽滿肥健之芽條也。是故於一年以前，預施翦伐，俾結果枝易於發生，但不可過度，過度則徒長枝勃發，弄巧反拙，仍遭失敗。芽條以長一尺，粗若鉛筆者爲佳，其過老者則多盲芽，不易醒發。芽之成熟，務須一致，條以無刺爲佳，葉片須去淨。取下時先埋於砂土內，過二三個月之久，乃可使用。

（三）　接木之方法

接木方法，在我國多用枝接法，芽接根接，則未曾見；在美國多用芽接法，在日本除芽接與枝接外，間有用根接法者，茲將三法統述如左：

（1）枝接法（branch-grafting bud）如行此法，先以利刃截斷砧木，使面成傾斜，復以刀直剖表皮，微微撥起，再去木質一薄層，而後選大小相當之枝，視其有肥美二個芽相連者，用刀自此二芽相距之中部起削，至第三芽旁而截斷之，使成楔形，插入砧木隙中，以蔴繩或搥軟之稻草徐徐纏繞之，更封以接蠟，包以油紙，遮蔽風雨及日光（第六圖）。此法簡便，每日二人可接七百株左右，接後若有鳥雀啄破包紙，須設法驅除之；又宜時常觀察，見有砧木發芽，即行除去，否則養液被奪，上輸不繼，則枝易於枯死，是爲至要。接後至立夏，眞芽必漸萌發，可將油紙揭開，使其自由伸長，若揭之太早，芽頗嬌嫩，易至枯死，過遲有傷幼芽，總以小心爲佳。又苗圃之土，接枝時經人踐踏，非常堅實，接畢宜仔細鋤鬆，敷以廐肥與稈藁，至芽長數寸，施稀薄糞尿一次，以後每月施糞尿一次。若有

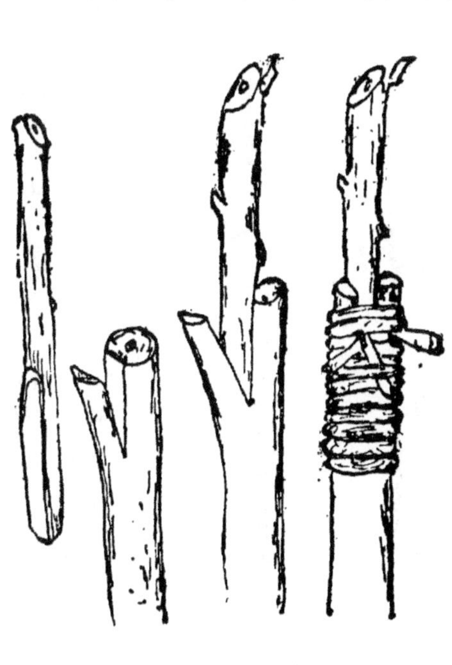

第六圖　接枝

雜草發生，宜小心芟除，除後亦宜敷藁，或卽以草敷之。害蟲有鳳蝶幼蟲，蚜蟲，畫葉蟲，天牛等，宜勤於驅除，免傷枝葉，致礙發育及外觀。如此殷勤料理，至冬季必有佳良之苗木焉。

(2)芽接法 (grafting or budding) 此法因芽條之形狀，可分爲鉤狀接法，與楯狀接法。對於三角形之芽條，可用鉤狀接法，其剝皮法普通有ㄱ形與L形二種。對於圓柱形之芽條可用楯狀接法，此法剝皮有T形與⊥形二種。砧木剝皮之後，卽將芽條先去綠葉，留葉柄切下接芽。芽條切下，附帶木質部少許，暫放口中，以防水分蒸發，同時將砧木離地一寸五分乃至二寸五分許之部分剝開丁字形，然後將切芽插入，翦短葉柄，包以蠟布（第七圖）。手術畢後，經一星期後，檢察葉柄，如觸手脫落，且芽仍呈綠色者，則爲接活之證；如葉柄變

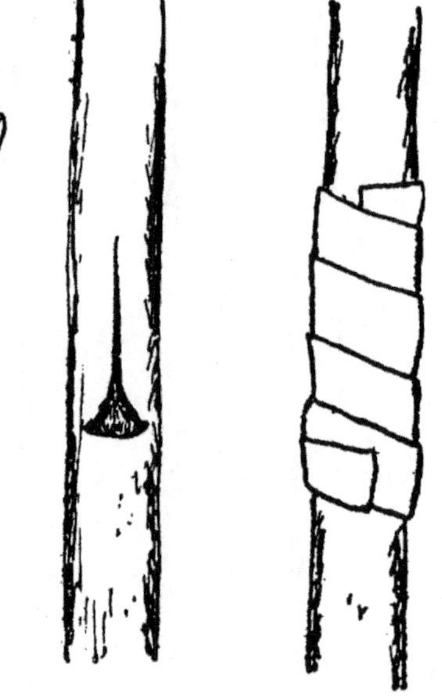

第七圖　芽接

黑，雖未枯落，已屬無望。其已接活者，除去蠟布，待發芽之後，剪去上部枝梢，以助新穗之發育。

（3）根接法（root-grafting） 根接法僅用以恢復樹勢。柑橘樹本年歲長遠，自然漸老，幹根不能生長旺盛，用枳殼或柚之三四年苗適度斜切，將母樹之根部削上五六分，深入木質，即用枳殼或柚苗插入接合部用繩繫之，安置妥當，然後覆土。樹之大者，即接以數本亦無妨也。（第八圖。）

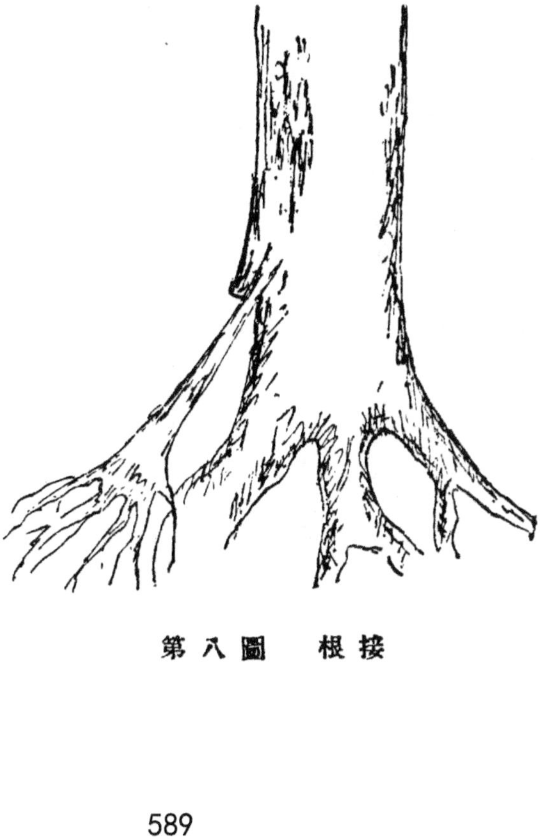

第八圖 根接

（四） 苗木未移植之處理

砧木自嫁接後，在苗圃培養至冬季，已爲完全之苗木，次年春間，即爲移植適當時期，若此時無人購買，亦須假植別地，若在苗圃經過二年，則大傷發育，有損外觀。當移植前一月，施糞尿一次，以促其發芽，並可使老葉之色，更呈濃綠，外觀加美。

第六章　整地

第一節　開山法

在荒山栽培柑橘，須先劃定地段，芟除亂草雜木，或爲減省人工計，放火焚燒之，然後將土從深耕轉，上下反覆，任其暴露空中，一經冬日降霜，自易風化。山陂之傾斜者，須造成階段，每階段之周圍，攔以粗石，以防土砂之崩壞。有時卽利用雜木亂草以作邊緣，而圖保障者亦無不可。只須截短草木，不必剷除淨盡。缺乏巖石之山地，階段之邊緣，以植茶樹或桑樹，亦屬經濟。階段層數因傾斜大小而異，斜度較急之山地，階段之層數可較多。階段之幅，普通以六七尺爲宜，可栽種一列，如幅達一丈二三尺者，可種二列。階段既成，同時開溝，以便排水。排水溝之深度，須達三尺以上。排水溝距離，因土質不同：如係黏土，須相距三丈；如係壤土，相距五丈；如係砂土，相距七丈。新開山地，未經人工種植，土壤未甚老熟，遽行栽培柑橘，結果定難佳良，故非搬運肥土及施用肥料不爲功。推其原因，蓋以未經種植之土壤，大多含有酸性物質，不適幼苗之發育。可先行栽培別種作物之適於酸性者，如大麥牧草之類，經過一年以上，其害可以減少；或施用消石灰，以中和酸性，或改良土壤之物理性質，亦無不可。

第二節　開園法

柑橘園地，設係水田，前年所種之作物，悉屬水稻，次年欲闢爲柑園，當晚禾登場後，卽將表土耕起，較稻田稍深，暴露於寒氣陽光中，使土壤疏鬆。耕之深淺，視地勢之高低而異，地高者以深爲宜，低者寧淺耕而多培土。其深淺之度：深者八九寸，淺者五六寸。冬春間天氣晴燥，可連耕二三次，耕後可無別種處理；若天氣晴燥，可先將蓋土搥擊，或將土塊拾起，堆積一處，以供需用，免致春雨連綿，土壤溼潤，不便槌擊。此外排水溝亦宜在田耕起後，卽行開成，使田水排出，不致淤積田間。柑橘園整地之早晚，視其年氣候如何，與土壤之乾溼及面積之廣狹而異。天氣晴燥，土壤乾溼適度，自宜着手整地，若面積廣大，更須從早，蓋時屆清明，天氣不免多雨，操作深感不便，而土壤又過於潮溼，翻轉鎍碎，均非易易，故有適當時機，無論面積大小，總以早行爲是。

整地前春耕之有無，亦須視當地氣候之良否及工作之精粗而異，若去冬多雨，已耕之田，土壤被水浸沒，至春始晴，土壤結成乾塊，整地前耕田之手續，固不可省，精細者可連耕二三次，使土壤疏鬆，即當冬令天氣晴燥，土壤已輕鬆，亦可於整地前再耕一次，耕後始可築墩。此時土之燥溼適當，方可便於操作，過溼則黏附器具，且難堅實。又土壤一經踐踏，有害土性；過燥則槌之粉碎，無黏結之力，故須澆水二三次，使之透溼，復經半日，然後槌擊之。總而言之：與其過溼，毋寧過燥，蓋稍費手續，而無害於土性也。

初植之幼樹，土壤最要粉碎，故預備蓋土之外，掘畦時墩旁四圍之土，亦須較別處更細，否則雖能發根，仍難蔓延，而枝葉不克暢達。夫犂耕之次數多者，土亦鬆軟，當乾燥時掘之，頗易粉碎，惟溼土掘畦，最所大忌，蓋質堅粒粗而孔大，最不利於種植。凡水田改爲柑橘園，其初年土壤，終難粉碎，須耕種二三年，然後漸次疏鬆。

栽植柑橘，最好築墩，南方氣候多溼，尤屬必要之圖。墩之大小高低，由地勢及土質而異，就水田而論，高燥而排水利便者，其墩之高，約一尺以內，卑溼而排水不便者，約一尺五六寸左右，又砂土宜低，黏土宜高臨時酌定之可也。墩之形狀，概下寬而上窄，不拘其高低如何，下部約二尺左右，上部漸尖小頂端鈍圓，如覆釜然。墩貴緻密堅實，故築墩時土須燥溼適宜，方好槌實，若久雨過溼，須先堆草待燥，至適度然後槌之，方得堅硬，並須表面平滑，而無凹凸。

墩之排列距離，即柑橘之行列距離，距離測定後，即樹二尺長之竹枝於栽植之點，將其周圍已耕之土去淨稻根，掘細之，堆積於竹枝之旁，此時竹枝適在中心，堆畢拔去竹枝，復將周圍餘剩之土挖開，以免槌時踐踏。或有用重黏土築墩，幼樹植後，頗難發展，殊非善策。

築墩方法，考諸東西書籍，均未之見，溫州一帶，栽培柑橘，概行築墩，究其利益，概有三焉：（一）柑橘性忌潮溼，凡田間淤水積久不涸，必能致柑橘於死地。夫柑橘園地由稻田改設者，地既平坦，而地下水位又高，若挖穴栽植，根必浸水，補救之法，惟在地面築墩高尺餘，以栽植柑橘，方無大害。（二）凡樹根發達良否，影響枝葉甚大，若不築墩，而心土又疏鬆，勢必直根深入，支根鮮少，於是樹形不整，結果不多，而管理上又有諸多不便，故築墩與柑橘之樹形頗有關係。（三）直根下行，支根不生，若施肥料，吸收少而散失多，而樹之獲益不大，今堆土築墩，使根不下行，而支根旁生，則樹之四周，多有細根，施用肥料，散失較少，亦計之得也。

墩築畢後，即行造畦，將墩圍住，法以墩旁之土，逐行向內，堆積成畦，但墩之四圍泥土，更宜細鋤，圍墩四周，獨留墩頂於外，不可掩蔽。畦之高低不拘，視地勢及表土厚薄如何而定。畦之全體須較墩高二三寸，若表土深厚之田，行之尤便，蓋表土深厚，即可築成一定高一定闊之畦，以免將來培土，倘低地而表土淺薄者，亦須築成一定高之畦，惟狹其畦幅，另日培土於其兩旁，使闊度增加，則根部自然發達。至畦之形式與普通種菜之畦不同，中央稍高兩旁漸斜，則水易下洩。畦面土宜碎而平，其橫斷面如◠形（第九圖。）

築墩造畦後，不數日即行栽植者，僅以雜草遮於墩頂，亦可保護。若有半月之久，雜草上宜更用大泥塊三四塊蓋之，以保溼潤，方免墩頂龜裂。倘天氣久晴，墩頂間有龜裂者，須於栽植前修補之。

第九圖　a 墩　b 畦

畦有橫直二種，直者畦線由河面直達園內（此乃專指園地貼近河岸者，）兩旁鑿明渠各一，以防園外稻田之水浸入，是謂保障渠。園中之水即由畦瀆中直達於河，其通路亦在畦瀆之中，如施肥收穫一切搬運等事皆由此而進出。畦之橫者，河面直達園內，作路一條，路之兩旁各鑿明渠一條，其園繃外部之四圍，再鑿明渠，以防外來之水，畦成後其兩端各接路旁明渠，而園中所有積水，皆由畦瀆流入渠中而達於河。其出水口與支脈之多寡，視園地面積而異，普通稻田每五六畝園中設明渠一條，四圍各一條，出水口一個，餘可照此推算。若在屋畔或低地宜多設幾條。總以大雨止後，積水速乾為度（第十圖。）

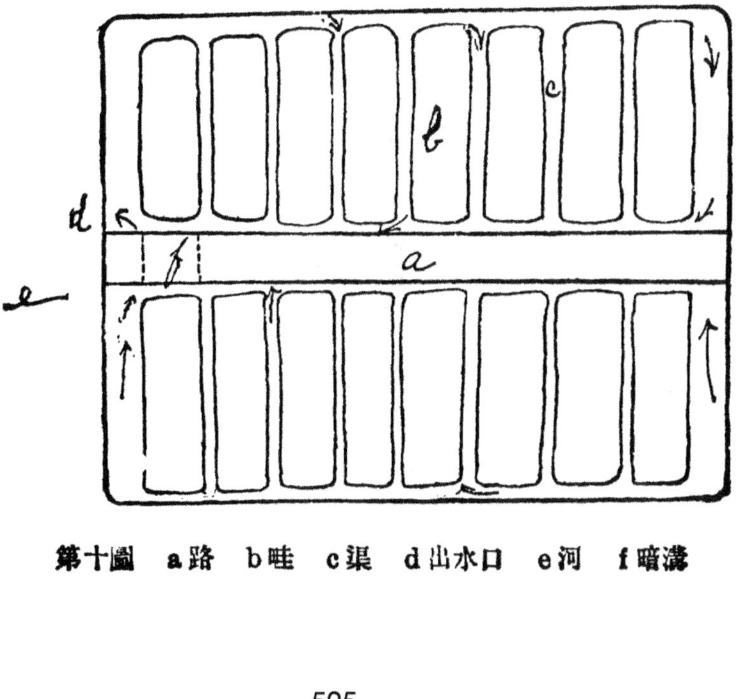

第十圖　a路　b畦　c渠　d出水口　e河　f暗溝

第七章 栽植

（一） 苗木可栽之年齡及時期

砧木當春間接活後，明春卽可掘出栽植。凡園內已接活之苗木，不必再經假植，因幼苗距離太密，掘時根部受傷，植後難望恢復。苗當移植之時，其大小無一定，概由其砧木之大小，根力之強弱，嫁接之先後，與夫接後之管理周到與否而異。其最大者高約二尺左右，小者則僅四五寸上下，過高大之苗木，非完全佳種。

栽植之時期，視該年之氣候寒暖，芽之大小而異。春季栽植過早天氣尙寒，芽亦未發，植之不免全株枯死；遲則幼芽長大，植後倘遇乾燥之氣候，新芽易致枯死，且株全難望恢復。最好之時機，在春分清明之間，氣候和暖，芽長一二分時爲宜。栽時氣候以微雨或陰霾爲最宜。若天氣晴明，操作者須技術格外熟練，且須小心翼翼，善爲調度，植後方不致受傷。又栽植時，若値久晴又多西北風，管理上必感困難。大雨之日，管理雖較容易，而作業上所感不便，與晴天亦同。且畦土一經踐踏，常呈凹凸不平，土壤受害尤大。且氣候變遷原無一定，欲選適當之氣候實難；若時已至，勢難再延，栽植與否，則全在管理者臨時機變耳。

（二） 苗木掘後之管理

苗旣掘起，卽將附根之土去淨，再選佳良者，置於籮中，每籮約盛百六七十株，以草蓆遮蓋其上，免日曬或雨淋之弊。裝置旣畢，卽可搬運本園實行定植；若運往別地，須經三四日之久者，附根之土，不可除去，須再黏細土於根部，溼之以水，外部再裹以草蓆，貯箕中，方可搬運。

（三） 苗木之選擇

選苗時所應注意之點，卽在根幹枝葉四部。根部以鬚根多其色黃而主根甚細者爲佳，植後易於恢復，發育迅速；若僅有大根一二條，而鬚根極少，且呈黑褐色者，枝葉雖高大，植後發育必難佳良。枝幹以肥大而色綠，分枝繁茂，具有矮性之態，且接痕特別肥大，而帶黃色者爲佳；若主幹挺立，分枝長而弱，無自立之勢，向上發生，而少細枝，且具高性之態者，非十分佳種。葉以短而圓，呈濃綠鮮明而有光澤之色，葉肉厚而柔，且向前捲曲，發生稠密者爲佳；若形長而尖，向上發生，色黃而無光澤，葉肉薄而粗硬，發生稀疏者，非發育不良，卽爲劣種。

（四）未栽前之設備

栽植前一二日，將墩上之遮蓋物撤去，復將墩旁四圍畦土，輕輕翻開，積於四旁，狀如仰盂，使墩頂多露於外，約三分之二，則栽植時鬚根便於分布，亦可多蓋土壤。若墩面龜裂，須用土填之，以槌擊實，始可栽植。

支柱與軟藁爲栽植柑橘必要之品，因苗木初植，墩上蓋土之壓力甚微，根部最難堅實，一受衝動，卽被推倒，故須用支柱插入墩中，紮以軟藁，使之固定。支柱以竹爲之，長一尺四五寸，闊七八分，上端削去四角之鋒，下端削成尖形，以便插入土中，至於厚薄亦須適當，約四五分爲宜，竹之下段過厚者，宜削薄之，上段過薄者棄之勿用，削畢以五十條爲一束，預備竹竿多少，其數須較墩爲多，以免臨時不足。軟藁以潔白稻草（色不白則纖維不韌）去淨草衣，溼以水，徐徐除軟待用。

（五）苗木之分配

選苗之時，不過選其品種之優劣，然對於苗形之大小，未可隨意去留，惟過小之苗可去而勿用。栽植時宜將大小分開排列，不可混雜。蓋大者發育速，小者發育遲，若混同栽植，在初二三年間，雖風光尙屬透通，發育上無多窒礙，然參差不齊，有傷外觀，迨二三年以後，則其小者雖成長，然終不能與大者等量發達，以致日光空氣養分皆被侵奪，於是大者愈大，小者愈小，生理與經濟皆受窒礙。排列法概以大者植於園中，小者植於四周，使多受風光，易於發育。然有按苗之大小循序排列成行者，植畢觀之，宛如體操之排隊然。其方向則視地勢而異，在一面臨河之園，以大者列於田內，小者列於河邊；如遠河之區，以大者列於西北，小者列於東南。蓋河邊與東南方向，空氣流通，陽光充足，成長較速，至成林後，大小自然一律。

（六八）　栽植之距離及方式

栽植距離於造墩時，須先規定，一墩一株，不可臨時更易。柑橘普通距離，以一丈二尺乃至一丈五尺爲標準，用柚砧而土質佳良之處，有與以一丈八尺之距離者。文旦類生長力強，宜一丈八尺之距離。

至其方式，視地方情形，栽培面積，苗木多寡而異，近今所通行者，不外下列四種：

(1)正方形植 (square) 四方距離相等者（第十一圖）。

(2)長方形植 (rectangular) 前後與左右之距離相差者。

(3)三角形植 (triangular) 三方之距離相等者。

(4)梅花式植 (quincunx) 正方形或長方形之中心再種一樹者。

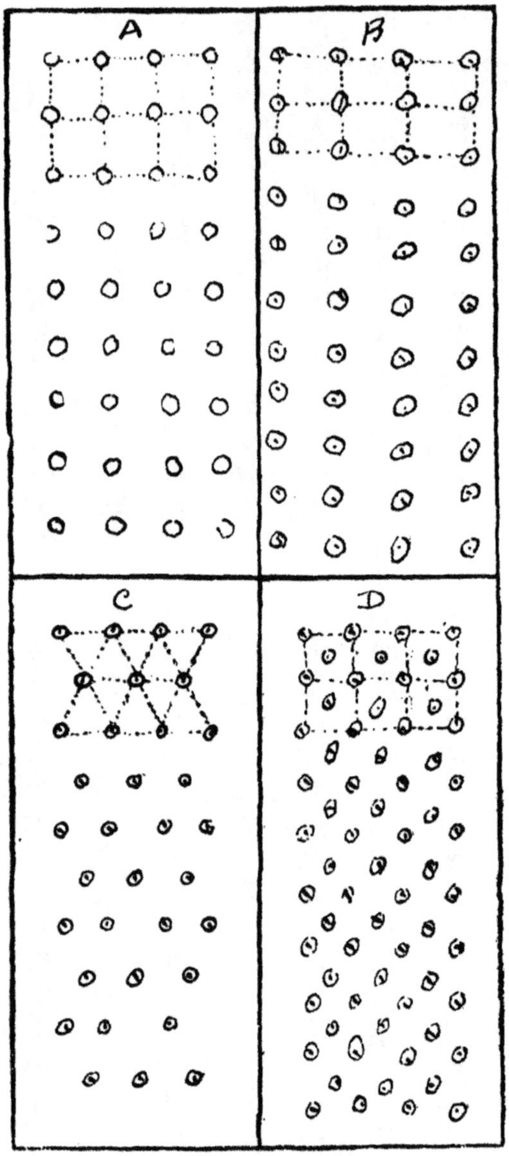

第十一圖

A 正方形

B 長方形

C 三角形

D 梅花式

以上四種方式，用之最廣者，厥爲正方形植與三角形植二種。今欲土地最經濟的利用者，宜採用正角形植。蓋柑橘樹冠之外周，常爲圓形而增大，如樹間距離相同，不論三角形植與正方形植，樹冠相接，枝條交錯之時期尙無所異。而一定面積內得栽植之株數，三角形植者多，而正方形植者較少也。雖然正方形植者，栽植之株數少，則各樹之根之吸收面積，與枝所占領之空間俱較多，至樹老成後，較三角形植者能維持其勢力稍久；是以土地豐裕經營不甚精密者，概採用正方形植。此外長方形植，則爲欲於樹間之土地，永久利用栽培其他作物。至梅花式植，栽植柑橘不大適宜。

（七） 栽植之方法

栽植前一日，將苗木運來，微洒以水，即日或翌晨將苗之大小選就，移置園中，安放樹蔭下，勿使日曬，如無樹蔭，亦須以他物遮蓋之。植時先大而後小，逐一分置墩上，幷用支柱插入墩之中心，竹青向西北方，上留四五寸，插畢，將苗木貼於支柱，其主根向西北方，鬚根鋪張四周，若主根卷曲不平，難能妥貼於支柱及墩面者，可將苗木取下，削去墩土成凹形，以陷入其大根，總以平服妥貼無空隙爲要，切勿用力屈折，致傷其根；倘根已平服，而枝葉仍稍傾斜，此則無甚關要，亦不必用力屈折，強使端正。安排已畢，乃用軟藁紮定於支柱上，即時蓋以細土，厚約三寸，以足再三踏實，又以稀糞尿勻澆其上，務使溼透根際爲度，再用腐熟堆肥每株約二掘勻鋪其上，復加細泥一層，而後敷以稻草或亂草於根旁，以防土中乾燥及減少雜草之發生，且防表土之團結。其他利益不一而足，此後殷勤管理，一週後即可恢復。

（八）栽植後之管理

栽植後若遇天氣乾燥，須每隔一二日清晨澆水一次，每株約半杓，澆至二三次，宜間用稀糞尿一次，如此管理，一星期後，自然復元，新芽亦漸發生；若逢下雨，此手續可省。全園苗株，都已復元；若有時猶有數株呈枯萎狀者，亦事實所常見。蓋廣大園地，管理未免不周，凡此種幼苗，色微黃，面向前捲，葉柄下垂，即爲未復元之證，補救之法，在於引水。又此時常有砧木之芽發生，宜時常巡視田間，見有抽芽者，則摘而去之，倘任其成長，則養分被奪，必致苗於枯死，或發育不良。此種情形，自植後至一年內，發現最多，須宜注意。然至二三年後而仍發芽者，亦常有之。

（九）排水

園地過溼，則土面時被水浸淹，空氣温熱，難能流通，肥料分解遲緩，終至根部不能發育，枝葉因而衰弱，且爲病蟲害之誘因，雖土壤溼潤與否，有由地勢表土心土及降雨量之不同而生殊異，然仍以園内設溝排水使土乾燥爲是。每當春夏之間，河水泛溢，此乃南方之常事，每致園中之水淹沒畦面，雖有溝渠，亦無濟於事，此時一二年幼樹，最爲危險，須將排水口塡塞，以水車向外汲出之，汲後復滿，則復汲，必使水無淹沒園地爲度。河水稍涸出水口可以流通，始可去其塡塞物，任其自然排水，壯年柑橘若患水淹者，亦宜照法行之，毋稍或忽。

（十）灌漑

柑橘本喜旱而惡溼，然過燥亦受其害，故選擇柑橘園之地勢，宜在灌漑便利之處。倘土中水分不足，養分難於吸收，則夏梢不能充分老熟，秋梢亦不能乘時萌發；待旱極雨來，秋梢始發，則爲時已晚，梢未老熟，冬寒已至，秋梢之頂端盡被凍死，遂致樹本生長不旺，而結果因之延遲。故每年六七月間，不拘土壤是否乾燥，根際均宜敷藁，以保持水分。倘遇久晴，而敷藁下之土乾燥，宜每隔二三日，澆水一次；既澆水二三次，亦須澆稀薄人糞尿一次，以免表土固結。若結果時遇旱，則果實頗難肥大，旱極雨至，易有裂果之危；此時表土若現白色而呈龜裂狀者，須中耕灌水，以補救之。

灌水園地先將渠口塡塞，以水車汲水灌之，先滿渠中而後漸由畦瀆通入，灌至半畦高爲度，次日水則滲入土中無復存者。至於山地及傾斜地之柑橘園，雨水易於流失，每年夏季，至少須灌水一次，除挑運澆灌外，無他法。

凡幼樹遇旱或初植時呈枯萎狀者，宜用引水法。乃於樹旁置小罇一，滿盛以水，復用廢布翦成長條約七八寸，布之中部纏繞樹幹一圈，兩端放水中，使水由毛細管作用而上升，沾溼樹皮，由樹皮而下流至根部，供其吸收。罇中水乾卽時加入，使繼續無間斷。但布條繞樹之處，須與罇口相平，過高難於滲上，過低則吸水太速，易於乾涸。

第八章 施肥

第一節 施肥次數

幼樹時代，根系未甚發達，吸收力弱，施肥宜量少但因發展迅速，故次數又宜多。如此養分可繼續供給方無礙其生機。反之增加施肥量，減少施用回數，非但生長遲緩，或發生理病，且養分散失，徒耗金錢，非所宜也。以是二月至九月間，須每月施肥一次，自十一月至次年正二月間，樹當休眠時代，吸收力更弱，施肥尤宜減少。壯樹根部遠行，吸收力強，結果滿樹，且有三期之發梢，所需養分，較前必多，且根部蔓延，遍及畦面，養分吸收，面積廣大，故年中雖只施四五次，而每次施用量，則須加多。柑橘長至十四五年，普通爲衰老時期，施肥較壯樹宜多行二三次，方能果實碩大，樹勢強壯，壽命亦得以延長。

第二節　施肥時期

幼樹施肥目的，在於樹本迅速生長，而多發枝葉，故施肥宜得時，否則雖多下肥料，亦不得完全發育。施肥之最好時期，爲發梢前後；發梢前施肥，有提早新梢發育之效；發梢後施肥，可使新梢充分老熟，并可促生下次新梢。熟諳發梢性者，自能選適當時機，順次施行，則新梢陸續發生，無春夏秋冬之別。但每期發芽之早晚，概由施肥之早晚而異，春期施肥在二月間，能助花芽肥大；夏期在五月，能助夏梢之發生及果實之肥大；秋期在七月，能助果實充分成長，且促秋梢提早萌發，將來不致受凍；冬期在收穫後，能使樹勢恢復，枝幹强健。此外如在收穫前一月添施一次，成熟期雖稍延緩，而果實之風味色澤形狀等，則增加甚多，且耐貯藏。每次施肥宜在上旬或中旬，方得提早發芽，倘延至下旬或來月，下次發芽，必致延遲；然有外界之境遇不適於施肥者，亦可稍爲變通也。

第三節　肥料種類

肥料種類，因時期之不同，而施用亦異，在二三月間則僅用糞尿；四五月糞尿之外，宜兼用廐肥或別種乾肥一次，以接濟所需之養分（若六月施用廐肥，則有燥熱之患，樹之生長，頗受窒礙，故施用廐肥等乾燥物宜在四五月以前十月以後爲良。）六七八等月間，若雨量均匀，可照常每月施糞尿一次，倘遇氣候晴燥，宜以稀薄者月給數次，並再用水灌漑，此時無論氣候如何，施用河泥一次，亦爲要事，其效能使秋梢生長肥美，土壤加厚，且可代灌漑，若在春間施用河泥，不免有過溼之弊，故幼樹施用河泥，只此一時；九月用糞尿一次，以助秋梢成熟；十月至十一月間，施糞尿後，宜再加廐肥或堆肥一次，一則保持土温免受寒凍，二則使養分溶溶分解，分布土中，至翌年冬寒初退，春肥未施，被樹吸收，可早發梢。壯樹春期肥料以糞尿爲主，因其效速，能促發芽開花；夏期肥料人糞尿之外，可兼用河泥，廐肥，堆肥，油粕，骨灰，毛羽等物（任取其一則可，）以助果實之肥大及夏梢之萌發；秋期施人糞尿及河泥各一次，以助秋梢與果實之生長，幷可省灌漑之勞；收穫以前使果實風味變好，亦可施人糞尿一次；收穫後可兼施糞尿與廐肥或別種固體肥料。老樹肥料宜用富含硝素者，然後新梢繁茂，結果必多。

第四節　施肥方法

施肥方法視樹之長幼而定，第一年幼樹自栽植後每次施肥，只可直施土面，若表土為雨水沖實，可輕輕鋤鬆，以便滲透，至七八月施河泥時，始可掘根旁四圍之土作輪溝，其深以至第一層蓋土為度，待施後泥乾，須即覆土，冬期施用廐肥，亦可照法行之。又此次表土掘開，每見正幹旁有細根在蓋土中發生者，即宜翦去，否則此根發達，真根失其效用，受害非淺。二三年後春期施肥，亦宜翻開，使新根不致上行，秋冬二期如之；惟夏期不宜掘溝，免致根部曠傷。輪溝之大小，則隨樹齡之長幼而異，掘時宜用鋤自幹旁將土向外耙開，至枝梢末端處為止，掘畢周圍高起，中部凹陷，若河泥或別種肥料加入，不致有外洩之虞。掘時一切舉動，均宜慎重，否則搖動樹本，雖施肥料，而仍得不償失，非所宜也。壯樹根部深遠，枝葉暢茂，果實纍纍，常減少施肥次數，增加施用量，故每次施肥，非掘溝不可。凡五六年以上之柑樹，不止作輪溝而已，須將畦面之土向兩旁掘開，積集畦畔，畦中適成長溝，其深淺與中耕同，因時常中耕之表土，無鬚根存在，若過深則傷根，肥料不拘乾溼，皆沿溝而施，株邊宜少，株間宜多，因此時鬚根皆在株間，如此施肥，易被吸收，否則不能完全有效，施畢亦須卽行覆土，免致日曬雨沖及臭氣散逸養分損失等弊。老樹施肥方法，概同壯樹，茲不再贅。

第五節　施肥應注意之事項

施肥應注意之事項，述之如下：對於幼樹（一）無論何種肥料其濃度須適宜，過則有傷，不及則無效。（二）糞尿常混有渣滓，施給時宜去淨。（三）施糞尿時不可汚染枝葉。（四）四周宜均勻，不可偏施一方。（五）炎夏時施糞尿宜在早晚，不可於日中行之。（六）施乾肥時亦宜四圍均勻，且須腐熟，而無粗塊爲佳。對於壯樹（一）此時所需養分甚多，而施肥之回數減少，以是濃度與用量宜先規定，不可任意。（二）此時樹大勢旺，雖有糞尿之渣滓，亦屬無妨，但勿汚枝葉及果實而已。（三）生長七八年之樹，濃蔭蔽地，夏時雖在日中施肥，亦屬無妨。（四）四五年之樹結果常近地，掘溝與施肥時，均宜特別注意，勿使農具及肥料觸濺果實，觸果則皮受傷，易招黴爛，染汚則有減色澤，此二者不可不特別注意也。

第九章　修翦

第一節　結果習性

欲求柑橘結實碩大蕃滋，年年無間者，管理上注意之點，固非一端，然其最著者，莫如修翦。然不知樹之結果習性，冒昧從事，未有不弄巧反拙者，故修翦之先，不可不研究其習性。

柑橘爲果樹中結果遲緩者之一，其發育須五六年而後漸次結果者也。柑橘普通四月中旬左右發芽，漸次生長而爲新梢，此等枝梢，得分發育枝與結果枝之二者，而發育枝依其生長之程度，可別爲徒長枝與結果母枝之二種。結果母枝概於春季發育生長，而不生花，其發育中庸組織充實者，普通翌年能自此發生結果枝，故特以母枝或種枝名之。

(一)結果母枝　結果母枝生於春季或夏季，不如徒長枝之盛於伸長，其年內即充分發育，近於頂端二三腋芽，特發育膨大，此卽爲花芽（按此類花芽開放時，先抽枝葉，故一名混合芽，）至翌春能自此生結果枝者也。檢視母枝上花芽之多少，卽可預知翌年結果之多寡也，但一處抽出數枝者，樹形不免失之過密，此時須翦去其部分，凡良好之結果母枝，最遲者於七月生長，自五六寸至一尺內外，若發生於七月以後者，其發達不充分，至翌春每不能生良好之結果枝。

（二）結果枝　結果枝常自母枝頂端三四腋伸長而來，（第十二圖）就中頂端一二葉腋發生者，生長較自其下發生者佳良，而結實亦較多，且所結之果亦較大；就一樹言之，樹

第十二圖　結果枝 a b 結果母枝 c d e 結果枝

頂所結之果大而味佳；就一枝言之，枝梢之先端所結者大而佳；而一結果枝上亦然，頂端所生者果常大，而其質亦佳，此因樹之生長點者營養豐富故也。結果枝通常與發育枝同時發生，抽出時其頂端及葉腋有花蕾基部有四五葉者也。柑橘常自上年生長之母枝，抽枝開花，結果枝與母枝每年交互發生，即自母枝生結果枝，自結果枝再生母枝。就一枝言之，有隔年結果之習性，此因結果之枝大部分之養液，消費於果實之生長，其腋芽發育不佳，翌年遂不能抽出結果枝，此自然之理也。然本年結果之枝，翌年再生結果枝，而開花結果者，亦非絕對無之，此在小果之品種，往往見之，惟其所結之果之色澤香味大小，自難與完全之母枝所生之結果枝之果實相匹敵也。

(三)徒長枝　徒長枝發育旺盛，往往四季生長不絕，尤以夏秋二季爲最烈，組織不充實，葉間甚長而粗大，呈淡綠色，而爲三角柱形，其發生之位置，以梢端及下部爲多，枝葉發達，過於旺盛，年內既不能結果，即至翌年春季於其上發生結果枝者亦絕少見。此類枝梢，幼樹時代發生最多，結果之樹，受某種刺激時，亦常發生徒長枝，徒長枝生長過盛，掠奪樹液，紊亂樹形，減退結果，爲栽培上所最大忌者也。

此外更有所謂贅枝者，狀極弱小，由葉腋間抽出，或單獨自生，若任意留置，決無生結果枝之望，故母枝充分存在時，此類枝梢，務須翦去；然贅枝中亦有翌年春季生出母枝者，故無母枝存在處，不妨擇其適宜者留存之。

第二節　修翦之時期

柑橘修翦，每年概行兩次：第一次自收穫後迄翌春發芽前，收穫後樹正休眠，樹液之交流緩慢，似可爲適當之修翦時期；惟冬寒將至，生長之機能停止，切口難於癒合，則易有凍死腐敗之虞，故仍以早春始至，發芽前半月爲最適當之期。蓋此時天氣漸暖，切口既不受凍，又易癒合，翦後樹液流動，卽可輸入有用之枝，而發強壯之梢，將來結果必碩大而蕃滋，若發芽後翦枝，則養分損失，已屬不貲。第二次翦枝在春梢充分老熟後，恰在五月中下旬，此次翦枝，一則去其內部纖弱贅枝，使養分不費，且果實飽受風光，易於肥大；二則枝幹受刺激，必發強壯夏梢，又可減少天牛之產卵，其他功用，不一而足。

第三節　修翦之方法

柑橘如前所述，任其自然，即不爲修翦，亦能得相當之結果，但完全不行修翦，究非進步之栽培法，故按其樹性施以相當之翦枝法，實屬有利無損者也。茲將翦枝上幾要點縷述之如左：

（一）結果母枝之翦定

結果母枝之先端，明年抽出結果枝，自無修翦之必要，如伸長達七八寸以上者，當視作徒長枝，不妨從先端翦去一二寸，對於新梢之發育，極有利益，又有

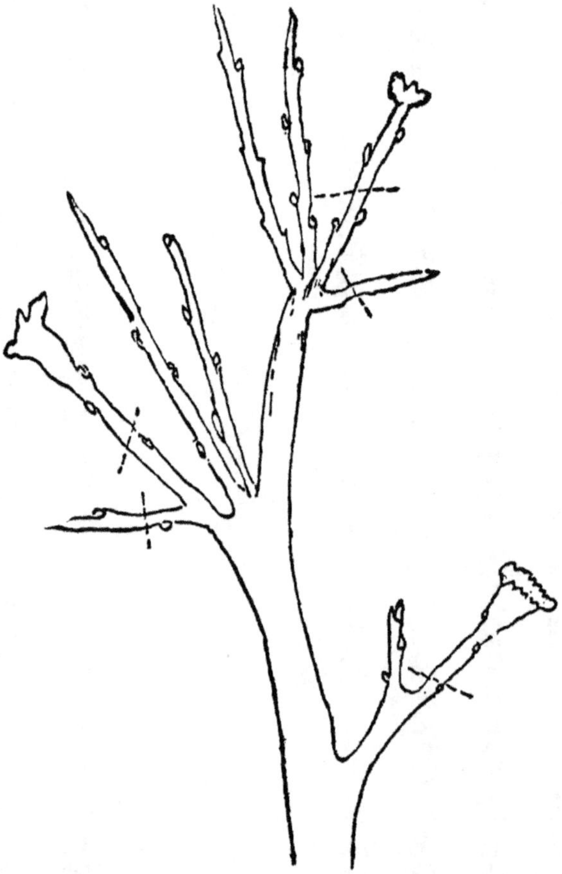

第十三圖　結果枝之翦定

一處發生多數母枝者，如放任不翦，則枝條複雜有礙結果，須去其弱者而留其强者。

（二）結果枝之翦定　結果枝頂端結果之後，翌年概不克爲結果母枝，再抽出結果枝，是以果實採收時，宜乘便留最下部一二芽翦截，使養液集注於所留一二芽，得以發生健全之母枝；又細長瘦弱者，則從基部翦去，若結果枝之存在處枝條過密者，亦宜全部翦去。

（三）徒長枝之翦定　徒長枝生長過强，其上不生花芽，而最易致樹形錯亂，若放任之，不行修翦，則僅於先端抽出萌枝，其下部常不發枝而空虛，故宜適度翦短之，以防此弊。普通依其周圍之狀態而去其三分之一，乃至二分之一；如有樹冠之一部分缺陷，賴徒長枝以補充者，須稍長翦定；其由主幹主枝直接伸出者，或由母枝之先端突發者，察樹冠全體之狀況而酌量短切之；惟幼樹所生之徒長枝爲構成樹形所不可少，不可濫行翦截。

（四）密枝之翦定　枝條過密，則養分不敷分配，光線互相阻礙，均難得完全之發育，柑橘常自一葉生多數之枝，致枝條之過密，故翦枝對於此點，宜極爲留意，將過密之處，删翦其一部，使所留之枝，得爲健全發育而爲佳良母枝，此外萌枝初生時，爲之行一部分之除萌，得以預防枝條之密生也。

（五）枯枝之剪定　壞枝及密枝，時加修翦，枯枝發現則甚少，但因光線及空氣之不能充分通透者，及發生枝枯病者，多量枝梢，一時枯死，如聽其自然，大有損於結果，宜翦截之。

（六）裙枝之翦定　柑橘達結果年齡後，枝梢橫張，下垂地上，中耕除草施肥等工作，均有妨礙，離地稍高者，用支柱安置之，其在下部者，則翦去之。

（七）大形枝之翦截宜避　柑橘之再生作用甚弱，傷口之癒合較桃梨爲難，且常自傷口滲出樹膠，致附近組織之枯損，故大形枝之翦截，而生大傷口者，務宜避忌之。

第十章 管理

第一節 中耕

中耕之次數，視管理之精粗而異。通常每年行中耕四次或五次：第一次中耕在正二月間施春肥時，耡鬆表土待雜草枯死而後行施肥；四五月間土壤經雨水浸實且雜草繁生，宜行第二次中耕；至七八月間行第三次；收穫後行第四次。若雨量多而雜草茂，宜於每兩次之間，行淺耕一次，剷除雜草，免耗養分。耕之深淺，視土質與地勢而異，高地與砂土宜深，低地與黏土宜淺，深者七八寸，淺者五六寸，每次耕須一致，則根不傷。

中耕宜注意之事，首在保護樹之根部，又幼年之樹根未遠行，樹本未甚固定，無論地勢土質如何，根部四圍一尺之地，不宜過深，免致受傷。至樹漸大，圍範漸廣，所有空處，概須深耕，使土質疏鬆，根易暢達，且不致蔓延於畦面。中耕時在近幹處，舉動更宜小心，若輕忽從事，搖動樹本，受害匪淺。每次耕後，須將畦之原式照舊做好，畦瀆之草亦當同時芟除，加入畦旁。要之：柑橘園中耕農夫須擇細心者爲妥，若鹵莽之人，舉動粗忽，非但有上述之害，卽果實枝葉亦被傷損，雖作事迅速，常得不償失也。

第二節　間作

夏季間作之作物：爲大豆、小豆、西瓜、甜瓜、胡麻、山藍、蕎麥；冬季間作者：爲葱頭，蕪菁，韭以及各種菜類。凡栽作物，須先考察氣候地勢土質如何，病蟲害之多少，柑橘之年齡以及社會之嗜好，而後擇相當之作物種之，方可有益無損。如近城之區，土地高燥輕鬆且少病蟲害者，夏時種瓜，冬時種菜，自然獲利豐富。在偏僻之地，運輸不便，雖有土質適宜之園，可栽山藍、葱頭、胡麻等作物，每年獲利，亦不爲少。然不適宜之處，除夏時僅可種荳外，冬時多任地面休閑。

柑橘園所種作物，務求矮性而生長期短，吸收力不甚強者爲佳。對於幼樹最有益者，爲西瓜甜瓜二種；因其蔓匍匐地上，旣不妨枝葉，又能助根之發育，然以近城之地最初二三年種之爲宜。豆科植物種之獲利雖微，而有增加土中氰素之效，亦頗有益。他如搭棚之瓜荳，或根菜（蕪菁葱頭不在此例，因根常在表土也）以及大麻、芸薹、玉蜀黍、蠶豆、豌豆、棉花等深根作物，若植於柑園，則大有害於幼樹之發育。

柑橘樹下栽種作物，僅有幼樹時代自第一年起至第三年爲止，再後不宜種植。此二三年之中，所種作物，亦因年齡及樹勢而不同。樹根之蔓延及枝葉開展，所佔面積逐年增加，若連年栽培同種作物，必大礙柑橘之發育；且不行輪作，對於作物亦無大利。如山藍等作物，只宜於第一年第二年時；因此作物，根強葉茂，佔地甚大，若第三年尚栽，則於柑橘之發育有礙。他如瓜類作物，根雖不遠，而蔓之伸張力甚強者，若在第一年種之，則易有纏繞幼樹之弊，若至第二三年時，枝已上生，下部稍空，種之無妨。

作物與柑橘距離遠近，亦爲要事，每有無識之農人，密栽作物，致幼樹被害者不少；然徒保幼樹之發育，而非常疏種，亦非經濟，故宜酌量適中辦法，方可兩無受害，而達間作之目的。以是種植之先，宜察作物之種類，枝葉之高低疏密，生活期之長短，及樹之年齡，而斟酌其距離，然後決定株間行列。

茲列一表，俾更易明瞭焉。

年齡	第一年			第二年			第三年		
種法／作物種類	兩樹間行數	每行穴數	畦中或畦畔	兩樹間行數	每行穴數	畦中或畦畔	兩樹間行數	每行穴數	畦中或畦畔
瓜類				瓜類之種法與別種不同兩樹間種一穴每穴西瓜二株甜瓜三株			兩樹間只一穴每穴西瓜一株甜瓜二株		
六月小豆	三	六—七	畦中兩畔	三	六—七	畦中兩畔	二	六—七	畦中
七月黃豆	三	五—六	同前	三	五—六	同前	一—二	五—六	同前
八月黃豆	三	五—六	畦中	二	五—六	畦中	一—二	五—六	同前
赤豆	二	四	畦中兩畔	一—二	四	畦中	一	四	同前
綠豆	三	四—五	同前	二—三	四—五	畦中兩畔	一—二	四—五	同前
胡麻	三	四—五	畦中	二	四—五	畦中			
山藍	三	四	同前	二	四	同前			
蕃蔘	三	四—五	畦中兩畔	三	四—五	畦中兩畔	二	四—五	畦中
菸	二	三—四	畦中	一	三—五	畦中			
葱頭	四	六—七	畦中兩畔	三	六—七	畦中兩畔	一—二	六—七	畦中

蕪菁	三	四—五	同前	三	四—五	同前	一—二	四—五	畦中
芥菜	三	四—五	畦中	二	四—五	畦中	一	四—五	畦中
白菜	四	五—六	畦中兩畔	三	五—六	畦中兩畔	一—二	四—五	同前
雪裹紅	三	四—五	同前	三	四—五	同前	一—二	四—五	同前
葱韭	四	五—六	同前	三	五—六	同前	一—二	四—五	同前

第三節　敷草

敷草者：即散布堆積雜草藁稈塵芥等於園地之謂也。日美諸國，認爲必要之作業。其利固多，而害亦不少，當視其地勢（傾斜之程度方向及階段之有無、）土質（礫之有無多少，表土之深淺，地下水之高低及心土之狀態、）肥料、資金、勞力等如何而斟酌施行之可也。茲先舉其利數點如左：

（一）預防土壤之乾燥。

（二）遮斷蒸發之過度，以防雜草之繁滋。

(三)以防土砂肥料及養分之流洩。

(四)表土淺石礫多之園地，敷草後，次第腐朽埋沒，可以供給土壤之有機質。

(五)冬期嚴寒，防止溫度之底下，免受寒害。

至於其害亦不輕微，地勢平坦，表土深而養分富者，敷草之後，足以阻礙肥料之分解，有機質供給過度，徒長及柔弱之枝條，易於繁生，有礙耕耘及根部之發育，且爲病蟲害之棲息所。至敷草時應注意之事項，臚列於後，以資參考：

(一)表土淺乾燥易之園地，須施行之，於傾斜地尤屬必要。

(二)傾斜地西南兩面須較多；東北兩面少量已足。

(三)有機物缺少或土壤瘠薄之地，施行最爲有效。

(四)每年六月至九月，及自十二月至翌年二月爲敷草必要之時期。

(五)前年之敷草，冬季及春季爲一局部之埋沒。

(六)敷草以不見地表爲度，厚施亦無不可。

（七）平坦肥沃之地，幼樹間可以敷草；至於成樹，無施行之必要。

（八）病蟲害猖獗時，不必敷草；園地須清潔，方免其害。

第四節 防霜

降霜爲栽培柑橘之所大忌，美國加州每年所受霜害之損失，爲數甚鉅。考柑橘樹之各部分，其受霜害情形，各有不同，先述如左：

（一）葉 葉受霜害，大率捲縮，如缺乏水分然。受害較輕者，尙能恢復原狀，懸留樹杪；苟迭次遇霜，葉益捲縮，終至脫落。平常上部先凋，漸及下部，落葉後如再遇寒，尤屬危險。

（二）枝 落葉過多，影響幼梢，但大枝無甚關係。苟樹正在休眠時期，禦寒力較強。大枝遇溫度驟降時，始受害，上部枯死，樹形因此縮小。

（三）幹 樹幹之抵寒力較其他之各部分爲強，樹形小其幹亦小，而受霜害亦易；但平常四英寸直徑之樹幹，與八英寸者無大差異。接木之癒合部不宜使其暴露於土外。

(四)果　果初受害時，皮現淡白色，及後發現青黴，全果因之損壞。果受霜害後，搬運貯藏，均非所宜，果汁缺乏，品質惡劣，不能供食用。

防霜方法，美國人研究最精，本書限於篇幅，不能盡爲介紹，茲將簡單易行者略述之：

(一)接木法　台木與接穗，頗有密切之關係，耐寒性强之台木，大足以影響於接穗。枸橘、酸橙、及柚，均係耐寒性之强者，大可利用，以作台木。

(二)堆土法　堆土於樹幹之近旁，亦係保護之一端，堆土小樹時，其頂部須稍露於土面，否則窒息不通，大有礙於生育也。

(三)燒火法　於兩樹之間，用木材、煤油、破布等發火成煙，使彌漫於園內，破除霜害，成效最著。

(四)遮蓋法　所需用之材料及應用之方法，視其地情形如何而定，有用玻璃棚架造成走廊式者，有用帆布製成天幕者，更有僅用玉蜀黍之乾梗圍遮樹身者，對於防霜，各有其利。

第十一章 採收

第一節 採收之時期

採收時期，頗不一致，早則未適宜成熟，收下之果，色澤風味，均不優美；遲則充分老熟，樹之養分消耗過度，礙及次年結果，且遇霜害，不耐貯藏。普通甌柑在小雪後十日內外，此時採果爲最適當。蓋此時果實，向日之面，呈橙黃色，背日之面，尙帶綠色，採之最宜；若待全果現橙黃色而後採收，則爲過晚之證。亦有因地勢肥料管理樹齡等情形之不同而採果有早晚之異者，如受日光直射之園，多施燐鉀肥料，樹齡在十年以上，而管理又得當者，採收可較早。

採收時天氣如何，與貯藏及風味，最有關係，如遇不良之氣候，人力困難左右。惟採摘時宜選雨止之日著手，採下後，放置空氣流通之處一二日，使水分稍爲蒸發，然後堆積之。若晴明之日，朝露未晞，亦不宜採摘，須待完全乾燥後，方可行之。此皆是防腐之一種手續也。

第二節　採果之方法

收穫時，以右手持翦，左手執果，然後就其原位以翦端插入蒂部稍遠之處，而截斷之。切不可在較遠之處，卽伸手執果，拉至身前而後翦斷。翦下後復以翦截去其蒂使與果頂相平，不可稍高，其斷面亦須平滑，不可作尖銳狀，免致彼此相觸，破傷果皮，而開腐敗之路。若有劣等之柑橘，如形狀特小，或不整齊，或附有蟲病而果皮粗糙者，宜隨卽剔去，另置一器，勿與良果相混雜，致外觀有損，而礙銷路。若此時不選，收畢再選，最不便利，且果常翻動，損傷必易。

第三節　追熟作用

當採收之先，宜備一室或數室，內無地板，四壁彌縫，無燥風吹入，且絕鼠類，掃除清淨，四圍張以舊蓆，中置高櫈數張，以爲行走之路。布置既畢，將採下之果由盛器移入室中，輕輕傾出，堆積約二尺高，其表面以平坦無凹凸之狀者爲佳。待全室遍鋪，卽以蓆遮蔽其上，遮時人立櫈上，自內而外，須全面掩蔽，勿留一隙。如是經若干日，乃變鮮明橙黃色，而有特別光彩，此即爲追熟作用是也。若不遮蔽，則乾癟無光，大失外觀；且難變色。但此時水分發散力最大，果皮上生有水珠，亦無礙也。至變色時間經過之久暫，概視其年之氣候樹齡肥料等而異，在乾燥之年壯樹多施燐鉀者，變化較速。既變色，遮蔽不宜去，免致乾癟，且窗戶不宜久開，以防燥風之吹入。

第十二章　害物

第一節　傷害

柑橘類果實，皮薄漿多，易受機械等之害，下列數種，栽培家及貯藏者，應注意及之：

(一)刺傷　多數果實，因風來樹動，易受刺傷；苟遇降雨，致起腐爛，晴時則結成疤痕，有損外觀。無刺者可免此患；有刺者，須留意處理及防風。

(二)翦傷　採收時，苟用尖利翦刀，偶一不慎，誤觸果皮，自受傷害。近今都改用圓頭式，輒以此故。

(三)土傷　果實產生過於豐盛，下部枝條，每不能支持，下垂及地，強風吹來，枝多搖盪，果與土接觸摩擦，因生疤痕；故須用竹竿類以維持之，或翦去之。

(四)肩傷　兩果並生，易惹此患，輕則色澤變化，重則痕跡顯明，故摘果一法，亦屬重要。

(五)耕傷　中耕除草時，下垂枝條因工作往來，易與機械接觸，亦易受傷，須設法避之。

(六)蒂傷　剪取果實，蒂部殘留太長，搬運貯藏，亦足碰傷，故剪蒂時，須與頂部相齊。

(七)暵傷　果樹向陽部，枝條縮短，果實成畸形，皮厚色白，皮肉密接，不易剝離，在山谷之內部，氣候加熱，硬黑之斑點，因此而生。

(八)雹傷　栽培柑橘區域，雹鮮發現，然亦間或有之。雹後繼以天雨，果實之懸於樹杪者，將多生一種青綠色之黴菌。

第二節　病害

(一)　褐腐病 (brown rot, Pythiacystis citrophthora)

此病爲害柑橘類最烈，有時竟可超過百分之三十。常於包裝後爲害果實。果實腐爛之後，發酸極易，且有臭氣。一箱內有一枚腐爛，不久卽可蔓延全箱。清潔果園亦易沾染此病。防治之法，爲於園土上施行覆蓋或種護土作物。在包裝室中，用福爾摩林液消毒。

（二） 瘡痂病 (scab, Cladosporium citri)

此病爲農學界所知，不過二十餘年，常爲酸橙類之害。多侵害幼嫩之枝葉及果。受害之部分，如爲葉片，則捲而不展，如爲果實，則生瘡痂，形狀不等。瘡痂初現時作黃斑點，漸呈褐黑色，終發生潰裂。防除法：（1）燒卻斑葉病果。（2）注意土壤排水及限制氰肥料。（3）布波爾多液及鹽基性炭酸銅液，可預防此病。

（三） 黑腐病 (black rot, Alternaria citri)

此病爲害柑橘類較輕，常於成熟前果實變爲深紅色及異常之大，與未受病之果，顯然有別。病菌常果皮之微裂及臍窪侵入，遂使皮以內腐爛。防治之法，只有將受病之果及其枝葉，加以焚燒。

（四） 枯枝病 (die-back)

此病發生於早春，幼梢於數寸內枯死，足以減少結果，或果實至中途殞落，或果實形態漸變惡劣，果皮粗剛，美色全無。防除法：（1）多施有機質肥料。（2）注意中耕除草。（3）燒除枯枝。

（五）芽萎病（anthracnose, wither tip, Colletotrichum glocosporioides）

此病先於葉片上作黃色之斑，周緣作圓形內藏黑色之菌絲及胞子。受病深者，頂芽枯萎，葉片脫落而死。常爲害檸檬樹，亦爲害果實。防治法須將受害之枝斫去，受害之果須即焚燬。撒佈波爾多液亦能預防。

（六）地衣類（lichens）

凡植柑橘之區，溼氣及温度高者，皆足以使其發生；故許多柑橘，其樹幹及大枝上，皆有地衣蓋蔽之，是種植物着生，既失美觀，又礙健康，雖非寄生物，然能禁絕換氣之自由，且可爲害蟲及其卵之淵藪。防除法（1）每隔一二年去除一次，用硬刷浸肥皂水刷之。（2）用波爾多液噴射樹幹。

第三節　蟲害

（一）介殼蟲（scale insects）

種類甚多，不能盡述，其中最重要而習見者有三：（1）棉介殼蟲，爲扁卵圓形白色棉質，故名。

(2)茶褐色圓鱗片蟲，雌蟲圓形，背稍隆起，淡褐色，或暗黃色，被有外緣灰白色之鱗片；雄蟲淡褐色或暗褐色，有長橢圓形之鱗片。(3)長介殼蟲，形細長頭廣幾分，被有淡黃色或暗褐色之鱗片。防除法：(1)春夏當各蟲發生時，可噴射石油乳劑松脂合劑等藥液治之。(2)冬季用蜻酸毒氣燻之。(3)行枝梢之翦定，使風光透徹。(4)瓢蟲寄生蜂及寄生菌有助於除蟲者要保護之。

(二) 蚜蟲 (aphis)

蚜蟲種類甚多，普通寄生於柑橘者，爲黑色赤褐色或綠色，春期四五月間由卵孵化，羣生於新梢葉裏及花梗基部，能使花果落下，且阻礙葉之開張，發生極不規則，一年之中，常與新芽而共現。防除法：(1)用肥皂液塗布或噴射。(2)噴射稀薄石油乳劑及松脂合劑皆有效。(3)瓢蟲繁盛時有捕殺蚜蟲之力者，當保護之。

(三) 天牛蟲 (Melanauster chinensis)

全體深黑藍色，其面有數條黑色縱線，且有許多大小不等的白色斑點，脚黑色，強而有力，有褐色觸角，六七月間出現於樹幹。防除法(1)捕殺成蟲。(2)於樹幹基部二尺以下之處，用棕竹皮或黏土新聞紙之類包繞，使不能產卵。(3)用小刀刳去樹幹下部之破裂部。(4)以百部根一小片，閉塞蟲孔，頗有效。

(四) 鳳蝶 (Papilio zuthus)

成蟲體軀細長，圓筒形黃色有黑色背線，四翅寬大，黃色之地生黑色條紋及斑紋，頗美麗，普通春季所發生者，比夏季發生者爲小。防除法：(1)幼蟲稚弱時，可噴射除蟲菊加用肥皂劑撲殺之。(2)葉上之卵幷枝幹上之蛹，都可捕殺：(3)成蟲用捕蟲網擲殺之。

王雲五主編

萬有文庫

第一集一千種

種柑橘法

曾勉著

發行人 王雲五 上海寶山路五〇一號

印刷所 商務印書館 上海寶山路

發行所 商務印書館 上海及各埠

中華民國二十年四月初版

The Complete Library

Edited by

Y. W. WONG

THE CULTURE OF CITRUS FRUITS

BY TS'ÊNG MIEN

PUBLISHED BY Y. W. WONG

THE COMMERCIAL PRESS, LTD.

Shanghai, China

1931

二九四四分